普通高等学校“十三五”规划教材

智能仪表设计
开发与应用

主　编　马飒飒

副主编　孙会琴　宋祥君　薛智宏

西安电子科技大学出版社

内 容 简 介

本书基于设计实例详细介绍了智能仪表的基本原理、设计方法和设计过程。全书共7章，内容包括智能仪表的基本组成和设计方法，微控制器的选择，输入输出接口设计，人机交互接口设计，总线及接口电路设计，软件系统设计，以及包括温度检测系统、通用仪表测试仪、矿井瓦斯监测报警定位系统和智能家居控制系统的智能仪表设计与应用实例。本书的编写兼顾传统设计方案和新技术的发展，以技术手册为基础，以接口电路设计方法为重点，设计实例均通过了实验室的调试。

本书可以作为电气类、测控类、自动化类和电子信息类等专业的相关教材，也可以供从事仪器仪表设计、制造和使用方面工作的技术人员参考。

图书在版编目(CIP)数据

智能仪表设计开发与应用/马飒飒主编. —西安：西安电子科技大学出版社，2018.5

ISBN 978-7-5606-4893-4

① 智… Ⅱ. ① 马… Ⅲ. ① 智能仪器 Ⅳ. ① TP216

中国版本图书馆CIP数据核字(2018)第068475号

策划编辑 刘小莉

责任编辑 张 倩

出版发行 西安电子科技大学出版社(西安市太白南路2号)

电 话 (029)88242885 88201467 邮 编 710071

网 址 www.xduph.com 电子邮箱 xdupfxb001@163.com

经 销 新华书店

印刷单位 陕西华沐印刷科技有限责任公司

版 次 2018年5月第1版 2018年5月第1次印刷

开 本 787毫米×1092毫米 1/16 印张 14.5

字 数 341千字

印 数 1～2000册

定 价 33.00元

ISBN 978-7-5606-4893-4/TP

XDUP 5195001-1

前言

以微型计算机(单片机)为主体，将计算机技术和检测技术有机结合，形成了新一代的微机化智能仪表。随着计算机技术、微处理器技术、总线技术和通信技术的发展，智能仪表发展迅速，广泛应用于生产生活的各个领域。

“智能仪表”是电气类、测控类和自动化类相关专业的主要课程之一，通过学习该课程，学生可以明确智能仪表的结构、功能和开发过程，掌握基于微处理器的智能仪表系统设计方法。

全书共7章，第1章简要介绍了智能仪表的基本功能、结构和软硬件设计思路；第2章讲述了微控制器的选择，以51系列单片机和基于ARM内核的STM32微控制器的特点以及DSP数字处理器的特点为重点；第3章介绍了智能仪表的输入输出接口设计，分析了开关量、模拟量的采集与输出电路，详细分类介绍了基于并口和串口的A/D和D/A采集电路的设计，并针对应用实例涉及的模拟量的采集分析了传感器和信号处理电路的设计；第4章介绍了人机交互接口设计，不仅给出了常用键盘和显示器接口电路，同时增加了触摸屏、语音输入、LCD显示器等接口设计，丰富了人机交互能力；第5章讲述了总线及接口电路设计和常用的无线数据传输技术，介绍了RS-232C总线/RS-485总线、USB总线、I^2C总线、CAN总线、ModBus现场总线等通信协议和接口设计，主要介绍了红外无线传输技术、射频识别技术、ZigBee无线传输技术和远程无线通信GPRS及通信模块；第6章主要介绍了模块化的软件编程设计方法；第7章以设计与应用实例为基础详细地论述了微控制器的最小系统设计、温度检测系统的设计、通用仪表测试仪的设计、基于ZigBee的矿井瓦斯监测报警定位系统的设计和智能家居控制系统的软硬件设计及调试结果分析。

本书兼顾传统设计方案和新元件、新技术的发展，以51单片机为基础，增加了STM32单片机及其接口的设计；以通用的并行接口为基础，增加了串行接口电路设计方案；以串口通信接口设计为基础，加强了无线通信的应用；以技术手册为基础，以接口电路设计方法为重点，减少了原理性的论述。本书设计实例均通过实验室调试。

本书由马飒飒任主编。马飒飒编写了第 5 章；孙会琴编写了第 1 章和第 2 章；薛智宏编写了第 3 章和第 7 章；宋祥君编写了第 4 章和第 6 章。在此，对于提供设计实例的指导教师和学生表示感谢，对参加本书校对和编写的相关人员表示感谢。

由于编者水平和教学经验有限，疏漏和不足之处在所难免，恳请读者批评指正。

编　者

2017 年 12 月

目　录

第1章 绪 论

仪器与仪表是获得信息的重要工具。钱学森院士对新技术革命做出了论述："新技术革命的关键技术是信息技术。信息技术由测量技术、计算机技术、通信技术三部分组成。测量技术是关键和基础。"仪器与仪表是应用各种物理或化学原理和定律，通过各种形式的传感器及测量转换装置、测量技术，用以测量各种物理量、物质成分、物性参数等的器具或设备。仪器与仪表通常具备参数输入和显示功能，也有自动控制、报警、信号传递和数据处理等功能。仪器与仪表这两个词的应用并无严格的区别。它们是人们按照各自的习惯和使用来定义的某类装置的名称，仪表与仪器术语间的区分很不明显，故本书统称为仪表。

仪表的发展已有悠久的历史。古代的仪表在很长的历史时期中多是用以定向、计时或供度量衡用的简单仪器。随着自然科学的发展，各种仪表也以不同的背景和形式逐渐形成，其测量的范围越来越广，精度越来越高。随着近代电子工业的产生和发展，仪表与电磁学原理及电子技术的应用结合得更加紧密。半导体集成电路及计算机的出现为仪表的发展提供了更加广阔的发展空间。超大规模集成电路、新型传感器、单片机及各种嵌入式操作系统的快速发展，引起了仪表结构的根本性变革，形成以微型计算机(单片机)为主体，将计算机技术和检测技术有机结合的新一代微机化仪表，又称"智能仪表"。

智能仪表有别于传统仪表的特征体现在以下几个方面：

(1) 内含微处理器，具有总线结构，具备一定的数据存储和处理能力，可进行自动处理和故障判断；

(2) 交互式可编程运行，具有良好的人机对话能力；

(3) 具有外部通信接口；

(4) 结合了智能控制技术或算法。

智能仪表不仅能完成多种物理量的精确显示，同时可以带变送器输出、继电器控制输出、通信、数据保持等多种功能，还能简化仪表电路，提高仪表的可靠性，更容易实现高精度、高性能、多功能的目的。

随着科学技术的进一步发展，仪表的智能化程度越来越高，出现了许多结构简单、体积小、功耗低、功能强、性能高的智能仪表。虚拟仪器等新技术的应用使得智能仪表的发展日新月异，使其向着多功能、多样化、小型化、网络化、智能化的方向迅猛发展。

仪表的相关产品包括：温度仪表、流量仪表、压力仪表、机械仪表(称重、转速、测厚)、液位仪表、有纸/无纸记录仪、分析仪表、校验仪表等。

1.1 智能仪表的产生与发展

1.1.1 仪表的发展历史

人类进化史上的重要标志是发明了工具，而近代自然科学研究是从人类发明了能够进行测量的仪表这类工具，才真正开始突飞猛进的。

十七、十八世纪，科学家发明了可以测量温度的温度计，然后才诞生了热力学理论。十九世纪，人们又发明了测量电流的仪表，才发展了电磁学研究。二十世纪是核物理学时代，众多核物理探测仪表的发明才使原子核这种微观世界的研究成为现实。

建立在近代科学技术之上的电气工业就更离不开仪表了。随着人类活动领域的迅速扩大，科学探索的不断深入，以及工业生产过程向更高的精确度、更快的节奏、更复杂的功能和更苛刻的使用环境及可靠性要求的方向发展，传统的仪表越来越不能满足和适应人们多种多样的需求和发展。同时，除了科学研究和工业生产，家庭生活以及社会服务体系等方面的需求，也使仪表的应用越来越普及，人们对它们的要求也越来越高。而且，电子计算机的出现，把人类带入了信息时代，也使得仪表的领域出现了重大的变化，迎来了新的发展机遇。智能仪表就是在这一背景下出现的，它可以说是传统仪表的最新升级版本。

迄今为止，如果简单地划分，仪表的出现与发展经历了三代。

第一代是模拟式仪表，例如沿用至今的动圈式指针调节仪、指针式万用表、弹簧压力表等。它们的基本结构都是电磁式，即基于电磁测量原理，使用指针来显示最终的测量结果。这类仪表不管其原理和结构如何，都有一个共同的特征，就是直接对模拟信号进行测量或控制。

第二代是数字式仪表，如数字电压表、数字频率计、数字式温度显示调节仪等。数字式仪表与模拟式仪表相比，在原理和结构上发生了根本性的变化，其基本原理是将模拟信号转化成为数字信号进行测量和控制，并且大量采用数字集成电路，最明显的技术进步是 A/D 转换、D/A 转换和十进制数码显示。数字式仪表能给人以直观的感受，响应速度和测控精度也比模拟式仪表提高了许多。尽管如此，这一代仪表的实时功能仍然十分简单，也不具备数据分析处理、程序控制、记忆以及人机对话这类高级功能。

第三代是智能仪表。所谓智能仪表，实质上是以微型计算机为主体代替传统仪表中常规的电子电路而设计制造出来的一代新型仪表，即 Meter Based Microcomputer（基于微型计算机的仪表）。微型计算机的置入，使得这类测量控制仪表不仅能够解决传统仪表不能解决或不易解决的问题，而且能够实现一部分人工智能的工作，例如记忆存储、四则运算、逻辑判断、命令识别、自诊断、自校正等，更高级的智能仪表还能够实现自适应、自学习以及模糊控制等功能。

1.1.2 智能仪表的分类

智能仪表分类的方式有很多，也没有统一的标准。如果从功能用途和智能化程度两方面划分，智能仪表均可分为三大类。

1. 按功能用途分类

传统仪表(以工业自动化仪表为例)按照功能用途可以分为检测仪表、显示仪表和调节仪表及执行器等。

智能仪表按照功能用途可以分为三大类：智能化测量仪表(包括分析仪表)、智能化控制仪表和智能化执行仪表(智能终端)。

2. 按智能化程度分类

含有微型计算机或微处理器的智能仪表，其智能化程度不同，层次就有较大的区别。

初级智能仪表除了应用了电子技术及测量技术以外，其主要特点是应用了计算机及信号处理技术。更严格地讲，还应用了测量数学。这类仪表已具有了拟人的记忆、存储、运算、判断及简单的决策功能，但没有自学习、自适应功能。初级智能仪表从使用角度看，已具有自校准、自诊断、人机对话等功能。目前，绝大多数智能仪表可归于这一类。

模型化仪表在初级智能仪表基础上，又应用了建模技术和方法。它是以建模的数学方法及系统辨识技术作为支持。这类仪表可以对被测对象的状态或行为做出估计，可以建立对环境、干扰及仪表的参数变化做出自适应反应的数学模型，并对测量误差(静态误差或动态误差)进行补偿。模式识别作为状态估计的方法而得到应用。这类仪表具有一定的自适应、自学习能力，目前有关这类仪表的技术与方法及其工程实现问题正处于研究中。

高级智能仪表是智能仪表的最高级别。人工智能的应用是这类仪表的显著特征。这类仪表可能是自主测量仪表。人们只需要告诉仪表要做什么，而不必告诉它怎么做。这类仪表多运用模糊判断、容错技术、传感器融合、人工智能、专家系统等技术。这类仪表应有较强的自适应、自学习、自组织、自决策、自推论的能力，从而使仪表工作在最佳状态。

1.2 智能仪表的结构与功能

1.2.1 智能仪表的结构

智能仪表可以看作是一种具备测控功能的特殊的微型计算机系统。但由于完成的任务和使用的场合不同，各种智能仪表的硬件、软件系统有着很大的差别。有简单的只含几个芯片和少量程序的仪表，如多功能显示仪表；也有包含大量复杂芯片、软件丰富、外设齐全的大型仪表，如色谱分析仪表。一般智能仪表在硬件结构上都有共同的特点，即包括主机电路、过程输入输出通道、人机接口和通信接口等。智能仪表硬件结构图如图 1-1 所示。

主机电路由微机(包括微处理器 CPU、程序存储器 ROM、数据存储器 RAM、输入输出接口 I/O、定时器/计数器)及扩展电路组成。主机电路是智能仪表区别于传统仪表的核心部件，用于存储程序和数据、执行程序并进行各种运算和数据处理及实现各种控制功能。

过程输入输出通道包含模拟量和开关量(数字量)两种信号输入输出通道及各自的转换接口电路。其中，模拟量输入通道一般由信号预处理电路、多路开关 MUX、采样/保持器(S/H)以及 A/D 转换器(ADC)等构成，用于对被测控的对象的物理信息进行处理变换，使之转换成适合于微机接收的开关量并输入给微机。模拟量输出通道一般由 D/A 转换器(DAC)、输出保持器以及功率驱动电路等构成，用于将微机处理过的数字信号还原成模拟量信号输出。开关量输入输出通道用于输入输出脉冲量和开关量信号，一般包括光电隔离、电平转换等电路。

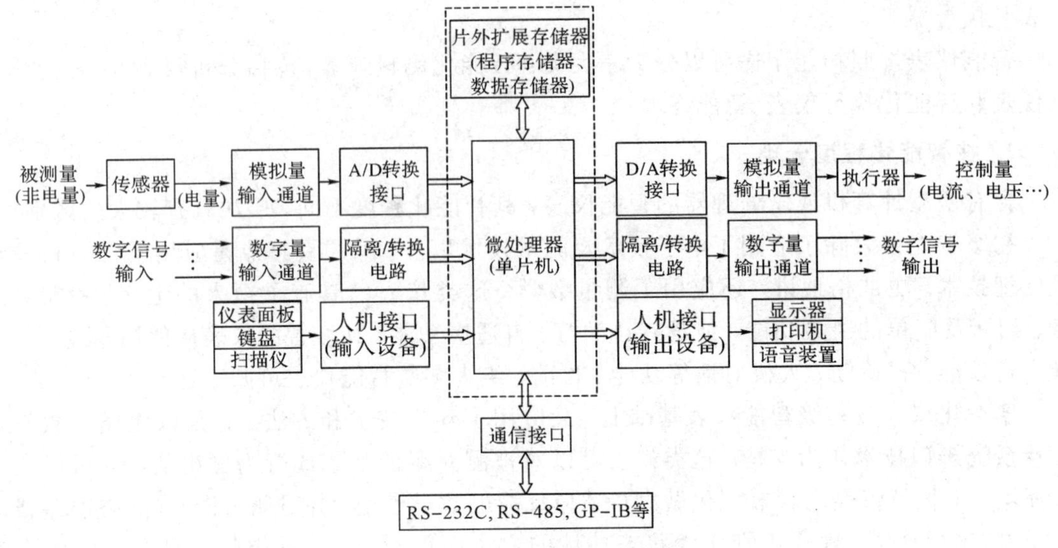

图 1-1　智能仪表硬件结构图

人机接口是仪表输入输出设备的接口电路，用于实现操作者和仪表之间的沟通和联系。

通信接口实现了仪表和仪表之间、仪表和其他设备之间的信息交换，这也是智能仪表优于传统仪表的特殊功能。通信接口包括可实现串行通信和并行通信两种通信方式的电路。

1.2.2　智能仪表的功能

智能仪表的工作过程就是仪表内的 CPU 按照预先编制并调试完成的系统软件，执行各种系统功能的过程。智能仪表的突出功能表现在两个方面：一方面，由于它具有自动测量、实时在线测量、综合测量的能力，并且可通过数据处理实现自动补偿、自动校准、自动分段、数字滤波、统计分析等功能，因而大大提高了系统的测量精度与控制精度，拓宽了仪表的应用范围；另一方面，智能仪表所特有的人机对话、数据通信、故障诊断、掉电保护、大容量存储等功能更是常规仪表所无法比拟的。智能仪表能实现的主要功能如下。

1. 极大地提高了仪表的准确性

仪表的优劣主要体现在"准确性(精度)"和"正确性(可靠性)"两个方面。传统仪表大多是实时地完成一次性测量，就将测量结果显示或指示出来，因此测量结果的准确性只能取决于仪表硬件各部分的精密性和稳定性水平。当该水平降低时，测量结果将包含较大的误差。例如：传统仪表中，滤波器、衰减器、放大器、A/D 转换器、基准电源等元器件，不仅要求精度高，而且要求稳定性好，否则其温度漂移电压或时间漂移电压都将全部反映到测量结果中去。事实上，这类漂移电压是不可能被彻底清除的，人们在提高仪表元器件的稳定性和可靠性方面付出了巨大的努力，但收效并未达到理想的期望值，而智能仪表就能解决这些难题。智能仪表具有如下能力：

(1) 具有自动校正零点、满度和切换量程的能力。智能仪表的自校正功能大大降低了因仪表零漂和特性变化所造成的误差，而量程的自动切换又给使用带来了方便，并且可以提高(仪表显示)读数的分辨率。

(2) 具有快速多次测量的能力。智能仪表能对多个参数(模拟量或开关量信号)进行快速、实时检测，以便及时了解生产过程的各种工况。

(3) 具有自动修正各类测量误差的能力。许多传感器的特性是非线性的，且受环境温度、压力等参数的影响，从而给仪表带来误差。所以，用常规仪表来实时地修正测量值误差是较为复杂的工作。在智能仪表中，只要掌握这些误差的规律，就可以靠软件来进行修正。比如，测温元件的非线性校正，热电偶冷端的温度补偿，气体流量的压力补偿等。利用智能仪表微处理器的运算能力和逻辑判断能力，在一定算法下可以消除或削弱的误差还包括随机误差、系统误差、粗大误差等。

2. 保证了仪表的可靠性

所谓测量的可靠性，是指仪表的测控工作必须在仪表本身各个部件完全无故障的条件下进行。而传统仪表在其内部某个或某些部件发生故障时，并不能报警或通知使用者，所以在这种情况下，传统仪表给出的测量结果的显示值或执行的控制动作显而易见是不正确的。智能仪表在解决这个问题，提高仪表可靠性，保证测量结果正确性方面采用了突破性的自诊断功能。这样，智能仪表如果发生了故障，不但可以自检出来，而且可以判断出发生故障的原因，并提醒使用者注意。智能仪表具有以下自检能力：

(1) 具有开机自检能力。每当智能仪表接通电源或复位时，仪表即进行一次自检过程，在以后的测控过程中将不再进行自检。开机自检的项目一般包括：对面板显示装置的检查，对插件牢靠性的检查，对 RAM 和 ROM 的检查以及对功能键是否有效的检查等。

(2) 具有周期性自检能力。为保证仪表运行过程中的正确性，智能仪表要在正常工作过程中，不断地、周期性地插入自检操作。这种自检完全是自动进行的，并且是利用仪表工作的间隙完成的，不干扰正常的测控任务。除非检查到故障，否则周期性的自检是不会被使用者觉察到的。

(3) 具有键控自检能力。很多智能仪表的面板上还设置了一个专门的自检按键，使用者可依据需要用这个按键来启动仪表的自检程序，自检内容也可以根据仪表的功能及特性设计，甚至可以让使用者自己选择自检项目，以更方便快捷地完成一次故障诊断工作。

无论哪种自检过程，一旦检测到仪表存在某些故障，就都以特定的方式发出警示，提醒使用者注意。比如，借用仪表的显示装置(LED 或 LCD 等)显示当前的故障状态和故障代码。为了更加醒目，往往还伴随着灯光闪烁，甚至有声音报警。仪表的自检项目越多，仪表的可维护性也就越好。

3. 提供了强大的数据处理技术

智能仪表能够对测量的数据进行存储、整理、运算及加工，这种数据处理能力是它功能强大的表现之一，具体表现在以下三个方面：

(1) 具有改善测量精确度的能力。在提高仪表测量精确度方面，大量的工作是对随机误差及系统误差进行处理。传统的方法是用手工方法或借用外部计算机对测量结果进行事后处理。这种事后处理不仅工作量大、效率低，而且往往会受到一些主观因素的影响，使处理结果不理想。智能仪表则采用各种数学算法软件对测量结果进行及时的在线处理，因此可以获得很好的效果，不仅方便、快速，而且避免了主观因素或人为因素的影响，使测量的精确度及处理结果的质量都大为提高。同样地，智能仪表不仅实现了各种误差的计算和补偿，还很方便地解决了非线性校准等问题，这都是传统仪表难以实现的。

(2) 具有对测量结果再加工的能力。对测量结果再加工，可使智能仪表提供更多高质量的信息，这也是智能仪表多功能优点的体现。例如，一些测量信号在某些专用仪表上可以进行查找排序、统计分析、函数逼近和频谱分析等，不仅可以实时采集信号的实际波形，还可以在显示器上复现，在时间轴上进行图形的展开或压缩，或按时间选择一定范围内的报表等。这类仪表多用在生物医疗、语音分析、模式识别等领域的分析和使用中。

(3) 具有数字滤波的能力。通过对主要干扰信号的特性进行分析，采用适当的数字滤波算法，可以将淹没于干扰信号中的有效信号采样提取出来，使智能仪表能抑制低频干扰、脉冲干扰等各种干扰的影响。

4. 丰富了仪表的多种先进功能

智能仪表的测量过程、软件控制及数据处理功能使“单台多用”的多功能化易于实现，同时又为仪表引进先进的科学技术提供了可能性。智能仪表的多种先进功能如下：

(1) 具有实现复杂的控制规律的能力。智能仪表不但能实现 PID 运算，还能实现各种更复杂的控制规则，例如串级、前馈、解耦、纯滞后、非线性、自适应、模糊控制、专家控制、神经网络控制、混沌控制等。因此，人们只需要一台智能仪表就能满足不同控制系统的需要。

(2) 具有多种输出形式的能力。智能仪表的输出形式可以多种多样，例如数字显示、指针指示、棒图、符号、图形、曲线等显示方式，也可以增加打印记录、语音、声光报警等装置，还可以输出多点模拟量或开关量，实现对多种对象的控制。

(3) 具有掉电保护的能力。智能仪表内装有后备电池和电源自动切换电路，掉电时能自动将电池接至 RAM，使数据不致丢失；也可以在仪表存储器上选用电可改写的只读存储器 EPROM 来代替 ROM 存储重要数据。上述两个方法均可以实现仪表掉电保护的功能。

(4) 具有数据通信的能力。智能仪表可以按照标准总线协议，与其他智能仪表或其他具有通信功能的设备方便地实现互联。这样就可以把若干仪表组合起来，共同完成一项大规模的测量任务。另外，可以把智能仪表挂在主控计算机总线上作为从站，形成一个集散控制系统。这样不但提高了复杂系统的工作效率，而且还将控制功能分散到各个智能仪表中，增加了系统的可靠性，系统的控制软件开发的费用也远远低于集中型控制系统。

(5) 具有灵活改变仪表的能力。在一些不具备微机的常规仪表中增加器件或变换线路，也能或多或少地使之具有上述智能仪表所具有的某种功能，但这往往要增加很大的成本。而智能仪表标准化的硬件设计、可以改变的软件模块，使其性能的提高、功能的扩大及更改都比较容易实现。通过更换或增加少量的硬件模块，甚至不需要改动硬件，只修改监控程序就可以使智能仪表的性能随之改变。低廉的单片机芯片使这类仪表具有很高的性价比。

(6) 具有友好的人机对话功能。智能仪表使用键盘代替传统仪表中的切换开关，操作人员只需通过键盘输入命令，就能实现某种测量功能。与此同时，智能仪表还可以通过显示器将仪表的运行情况、工作状态以及对测量数据的处理结果及时告诉操作人员，使仪表的操作更加方便、直观。

1.3 智能仪表的设计开发过程

研制与开发一台智能仪表是一个复杂的过程。这一过程包括：分析仪表的功能要求，拟制总体设计方案，确定硬件结构和软件算法，研制逻辑电路，编制程序，调试仪表和测试仪表的性能等。为了保证仪表质量和提高研制效率，应在正确的设计思想指导下进行仪表研制的各项工作。

智能仪表设计的主要内容通常包括硬件设计、软件设计及仪表结构工艺设计三大部分。智能仪表的研制步骤大致可分为三个阶段：

(1) 确定任务、拟制设计方案阶段。确定设计任务和仪表功能，完成总体设计，确定硬件类型和数量。通过总体方案论证，做好设计准备。

(2) 硬件、软件研制及仪表结构设计阶段。该阶段的工作包括硬件电路设计和模板研制，应用软件设计和程序编制，印制板组装、调试，软件调试。

(3) 仪表总调、性能测定阶段。该阶段的工作包括硬件、软件仿真联调，联机调试排除故障，整机组装，样机性能测定、评价，设计文件编制。

1.3.1 设计原则

1. 模块化设计

针对智能仪表的复杂性和综合性，以及它的功能要求和技术经济指标，智能仪表研制采用模块化设计原则，自顶向下地按仪表功能层次把硬件和软件分成若干个模块，分别进行设计和调试。这些相互独立的模块完成后，再按照一定的方法连接起来进行总调，必要时可做些调整，以构成完整的仪表，实现数据采集、传输、处理和输出等测控功能。

这些硬件和软件模块还可以根据所设计的仪表的特殊性与特殊功能继续细分，由下一层次的更为具体的模块来支持和实现。模块化设计的优点是：一方面，无论是硬件还是软件，每个模块都相对独立，故能独立地进行研制和修改，从而使复杂的研制工作得到简化；另一方面，有助于研制工作的分解和设计研制人员之间的分工合作，提高了工作效率和研制速度。

2. 模块的连接

上述各种软硬件研制和调试之后，还需要将它们按一定的方式连接起来，才能构成完整的仪表，以实现既定的各种功能。软件模块的连接一般是通过监控主程序调用各种功能模块，或采用中断的方法实时地执行相应服务模块来实现的。硬件模块的连接方式有两种：一种是以主机模块为核心，通过设计者自定义的内部总线(数据总线、地址总线和控制总线)连接其他模块；另一种是以标准总线连接其他模块。

3. 功能规划和指标确定

对于智能仪表，还要考虑硬件、软件协调优化设计方案。某些特定的功能任务既可以硬件实现(辅之以少量软件)，也可以靠软件实现(辅之以少量硬件)。在处理实际问题时，究竟应该选择硬件还是软件来完成任务，需要做具体分析，不能一概而论。需要特别注意的是，在智能仪表的设计中，不能过多地着眼于以软件代替硬件，如果简单的硬件电路能解决的问题，则不必用复杂的软件取代，只有复杂的硬件电路才需要考虑用简单的软件来优化。一般来说，硬件越多，成本越高，而且由器件、焊点、接插件形成的潜在故障点就越多，使仪表可靠性降低，而以软件为主，虽能提高可靠性，降低成本，但要耗时耗力编制调试程序，过多的软件任务也会增加微处理器的负担，影响实时处理的速度。所以，必须综合考虑仪表的工作原理、技术性能、成本价格、开发周期、工作环境、功耗、连续运行时间、平均无故障率等实际要求，以确定性能良好的硬件、软件协调的设计方案。

1.3.2 硬件设计和调试

硬件电路设计时，尽可能采用典型线路，力求标准化；电路中的相关器件的性能需匹配；扩展器件较多时，需设置线路驱动器；为确保仪表能长期可靠运行，还需要采取相应的抗干扰措施，包括去耦滤波、合理走线、通道隔离等。现在，硬件设计人员都采用计算机辅助设计(CAD)方法绘制电路逻辑图和布线图。完成电路设计，绘制好布线图后，应反复核对，确认线路无差错，才可加工印刷电路板。电路板制成后仍需仔细校核，以免发生差错，损坏器件。

如果逻辑电路设计正确无误，印刷电路板加工完好，那么功能模板的调试一般来说是比较方便的。模板运行是否正常，可通过测定一些重要的波形来确定。例如，可检查单片机及扩展器件的控制信号的波形与硬件手册所规定的指标是否相符，由此断定其工作正常与否。

1.3.3 软件设计和调试

软件设计要注意结构清晰，存储区规划合理，编程规范化，以便于调试和移植。同时，为提高仪表的可靠性，应实施软件抗干扰措施。在程序编制过程中，还必须进行优化工作，即仔细推敲、合理安排，利用多种程序设计技巧，使编制的程序所占内存空间较小，执行时间较短。

软件编制和调试同样使用开发工具，利用开发装置丰富的硬件和软件系统来编制与调试，可提高工作效率及应用软件的质量。

1.3.4 智能仪表结构设计

智能仪表结构设计和常规仪表结构设计类似，包括仪表造型、壳体结构、外形尺寸、面板布置、模块固定和连接方式等。结构设计应尽可能做到标准化、规范化、模块化。此外，对仪表的工作环境和制造维护的方便性也应给予充分的注意，使制成的产品既美观大方，又便于用户操作和维修。

本 章 小 结

智能仪表是含有微型计算机或者微型处理器的测量仪表，具有数据的存储、运算、逻辑、判断及自动化操作等功能。智能仪表的出现极大地扩充了传统仪表的应用范围。智能仪表凭借其体积小、功能强、功耗低等优势，迅速地在家用电器、科研单位和工业企业中得到了广泛的应用。

智能仪表分类的方式有很多，也没有统一的标准。如果从功能用途和智能化程度两方面划分，智能仪表均可分为三大类。按照功能用途分，它可以分为：智能化测量仪表(包括分析仪表)、智能化控制仪表和智能化执行仪表(智能终端)。如果按智能化程度分，它可分为初级智能仪表、模型化仪表、高级智能仪表。智能仪表在硬件结构上一般包括主机电路、过程输入输出通道、人机接口和通信接口等。智能仪表极大地提高了仪表的准确性，保证了仪表的可靠性，增强了数据处理能力，丰富了仪表的功能。

智能仪表的研制与开发过程包括：分析仪表的功能要求，拟制总体设计方案，确定硬件结构和软件算法，研制逻辑电路，编制程序，调试仪表和测试仪表的性能等。为了保证仪表质量和提高研制效率，应在正确的设计思想指导下进行仪表研制的各项工作。

思　考　题

1. 什么是智能仪表？智能仪表的主要特点是什么？
2. 简述智能仪表的分类方式及各分类的内容。
3. 简述智能仪表的结构。
4. 智能仪表对数据处理的具体表现如何？
5. 智能仪表的研制步骤分为几个阶段？分别是什么？
6. 智能仪表的设计原则是什么？

第 2 章　微控制器的选择

2.1　微控制器概述

微控制器(Micro Controller Unit, MCU)是将微型计算机的主要部分集成在一个芯片上的单芯片微型计算机。微控制器诞生于 20 世纪 70 年代中期，经过 40 多年的发展，其成本逐渐降低，性能不断完善，其应用已经遍及各个领域。

微控制器可从不同方面进行分类：根据数据总线宽度可分为 8 位机、16 位机和 32 位机；根据存储器结构可分为哈佛结构和冯·诺依曼结构；根据内嵌程序存储器的类别可分为一次性可编程(One Time Programable, OTP)ROM、掩膜 ROM、可擦除可编程 ROM (EPROM)、电可擦除可编程 ROM (EEPROM)和闪存 Flash；根据指令结构又可分为复杂指令集计算机(Complex Instruction Set Computer, CISC)和精简指令集计算机(Reduced Instruction Set Computer, RISC)。

复杂指令集计算机(CISC)中单片机的数据线和指令线分时复用，指令丰富、功能较强，但取指令和取数据不能同时进行，速度受限、价格高。常用的单片机有 Intel 的 8051 系列、Motorola 的 M68HC 系列、Atmel 的 AT89 系列、Winbond 的 W78 系列、Philips 的 P80C51，它们一般应用于控制关系较复杂的通信产品及工业控制系统。

精简指令集计算机(RISC)中数据线和指令线分离，取指令和取数据可同时进行，指令线一般宽于数据线，执行效率高；指令多为单字节，程序存储器空间利用率高，有利于小型化设计。常用的芯片有 Microchip 的 PIC 系列、Zilog 的 Z86 系列、Atmel 的 AT90S 系列、Samsung 的 KS57C 系列、台湾义隆 EM-78，它们一般用于控制方式较简单的家电产品。

2.2　微控制器的选择方法

微控制器的选择要考虑的主要因素有以下八个方面。

(1) 应用领域。一个产品的功能、性能一旦定制下来，其所在的应用领域也随之确定。微处理器的选择一般要考虑产品工作的温度、湿度等条件。

(2) 自带资源。自带资源包括主频是多少，有无内置的以太网 MAC，有多少个 I/O 口，自带哪些接口，是否支持在线仿真，是否支持 OS，能支持哪些 OS，是否有外部存储接口。芯片自带资源越接近产品的需求，产品开发相对就越简单。

(3) 可扩展资源。如果硬件平台要支持 OS、RAM 和 ROM，那么对资源的要求就比较高。有些芯片内置存储容量比较小，这就要求芯片可扩展存储器。

(4) 功耗。低功耗的产品既节能又节财，甚至可以减少环境污染，它有如此多的优点，因此低功耗也成了芯片选型时的一个重要指标。

(5) 封装。常见的微处理器芯片封装主要有 QFP、BGA 两大类型。如果产品对芯片体积要求不严格，最好选择 QFP 封装。

(6) 芯片的可延续性及技术的可继承性。目前，产品更新换代的速度很快，所以在选择时要考虑芯片的可升级性，应该考虑知名半导体公司，然后查询其相关产品，再作出选择。

(7) 价格及供货保证。有些芯片处于试用阶段，其价格和供货就会处于不稳定状态，所以选择时应尽量选取有产量的芯片。

(8) 技术支持。一个好的公司的技术支持能力相对比较有保证，所以选芯片时最好选择知名的半导体公司生产的芯片。

2.3　Intel 51 系列单片机

Intel 公司于 20 世纪 80 年代初研制出 51 系列单片机，并于 20 世纪 80 年代中期以专利形式将 8051 内核转让给 Atmel、Philips、Analog Devices、Dallas 等公司。国内市场上常见的 8051 内核单片机型号有：Atmel 公司的 AT89C51/52/54/58，AT89S51/52/54，AT89C1051/2051/4051，AT89C51RC 等；Philips 公司的 P8031/32，P80C51/52/54，P89C51/52/54/58，P89C51/52RX2 等；Winbond 公司的 78E51/52/54/58B，78E516B，78E58 等；Analog Devices 公司的 ADuC812/824/816 等；Dallas 公司的 DS80C310/320/390，DS87C520/530/550 等。

8051 的基本结构包括 1 个 8 位算术逻辑单元、32 个 I/O 口、4 组 8 位端口(可单独寻址)、2 个 16 位定时/计数器、1 个全双工串行通信、5 个中断源、2 个中断优先级、128 字节内置 RAM、独立的 64 K 字节可寻址数据和代码区。每个 8051 处理周期包括 12 个振荡周期，每 12 个振荡周期可用来完成一项操作，如取指令。计算指令执行时间的方法：把时钟频率除以 12 并取倒数，然后乘以指令执行所需的周期数，最后得到每条指令所需的时间。

2.3.1　AT89C51 / AT89C52 简介

AT89C51/ AT89C52 单片机与 Intel 公司的 80C51 单片机在引脚排列、工作特性、指令系统等方面完全兼容。

1. 单片机的主要特点

AT89C51 在内部参数上具有以下特点：

(1) 内含 4 KB Flash 闪速存储器。

(2) 具有 128 B 的内部 RAM。

(3) 具有 32 根 I/O 线。

(4) 具有 2 个 16 位的可编程定时/计数器。

(5) 具有 5 个中断源、2 级优先权的中断结构。

(6) 具有 1 个全双工的可编程串行通信接口。

AT89C52 单片机与 AT89C51 的主要区别如下：

(1) 内含 8 KB Flash 闪速存储器。

(2) 具有 256 B 的内部 RAM。

(3) 具有 3 个 16 位的可编程定时/计数器。

(4) 具有 6 个中断源。

(5) 具有 2 个全双工的可编程串行通信接口。

2. 单片机引脚图及其功能

AT89C51 引脚如图 2-1 所示。

• V_{CC}：供电电压。

• GND：接地。

• RST：复位输入。

• XTAL1：反向振荡放大器的输入及内部时钟工作电路的输入。

• XTAL2：来自反向振荡器的输出。

• $\overline{PSEN}$：外部程序存储器的选通信号。

• $\overline{EA}$/VPP：当$\overline{EA}$保持低电平时，只访问外部程序存储器，不管它是否有内部程序存储器。当$\overline{EA}$端保持高电平时，首先访问内部程序存储器。一般情况下，为利用片内存储器，$\overline{EA}$外加高电平。

• ALE/$\overline{PROG}$：当访问外部存储器时，地址锁存允许的输出电平用于锁存地址的低位字节。在 Flash 编程期间，此引脚用于输入编程脉冲。通常，ALE 端以不变的频率周期输出正脉冲信号，此频率为振荡器频率的 1/6。因此，它可用作外部输出的脉冲或用于定时。

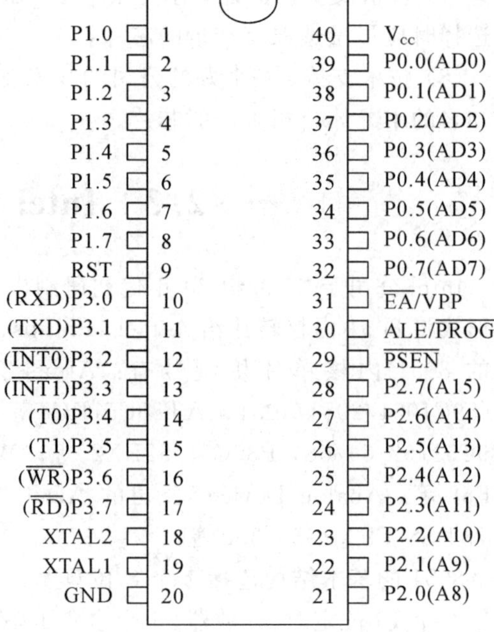

图 2-1 AT89C51 引脚图

• P0 口：8 位，漏极开路的双向 I/O 口。当单片机扩展外部存储器及 I/O 接口芯片时，P0 口作为低 8 位地址总线及数据总线的时分复用端口。P0 口也可以作为通用的 I/O 口使用，但需要加上拉电阻，这时它为准双向口。当 P0 作为通用 I/O 输入时，应先向端口输出锁存器写入 1。P0 口可驱动 8 个 LS 型 TTL 负载。

• P1 口：8 位，准双向 I/O 口，具有内部上拉电阻。P1 口是专为用户使用的准双向 I/O 口。当 P1 作为通用的 I/O 口输入时，应先向端口锁存器写入 1。P1 口可驱动 4 个 LS 型 TTL 负载。MOSI/P1.5、MISO/P1.6 和 SCK/P1.7 也可用于对片内 Flash 存储器串行编程和校验，它们分别是串行数据输入、输出和位移脉冲引脚。

• P2 口：8 位，准双向 I/O 口，具有内部上拉电阻。当单片机扩展外部存储器及 I/O 口时，P2 口作为高 8 位地址总线用，输出高 8 位地址。P2 口也可作为普通的 I/O 口使用。当作为通用的 I/O 口输入时，应先向端口锁存器写入 1。P2 口可驱动 4 个 LS 型 TTL 负载。

• P3 口：8 位，准双向 I/O 口，具有内部上拉电阻。P3 口也可以作为普通的 I/O 口使用。当作为通用的 I/O 口输入时，应先向端口锁存器写入 1。P3 口可驱动 4 个 LS 型 TTL 负载。

此外，P3 口还具有第二功能：

P3.0：RXD(串行输入口)；

P3.1：TXD(串行输出口)；

P3.2：$\overline{\text{INT0}}$(外部中断 0)；
P3.3：$\overline{\text{INT1}}$(外部中断 1)；
P3.4：T0(计时器 0 外部输入)；
P3.5：T1(计时器 1 外部输入)；
P3.6：$\overline{\text{WR}}$(外部数据存储器写选通)；
P3.7：$\overline{\text{RD}}$(外部数据存储器读选通)。

2.3.2 AT89C55WD 简介

AT89C55WD 是一个低电压、高性能 CMOS 8 位单片机，内置 AT89C52 微处理器，片内含有 20 KB 可反复擦写的 Flash 只读存储器和 256 B 的随机存取数据存储器(RAM)。该器件采用 Atmel 公司的高密度、非易失性存储技术生产，兼容标准 MCS-51 指令系统，引脚兼容工业标准 AT89C51 和 AT89C52 芯片，适用于多数嵌入式应用系统。AT89C55WD 的主要功能特性如下：

(1) 兼容 MCS-51 指令系统。
(2) 20 KB 可反复擦写(超过 1000 次)的 Flash ROM。
(3) 32 个双向 I/O 口。
(4) 256×8 位内部 RAM。
(5) 3 个 16 位可编程定时/计数器中断。
(6) 时钟频率 0～33 MHz。
(7) 2 个串行中断。
(8) 硬件看门狗(WDT)。
(9) 2 个外部中断源。
(10) 可编程串行通道。
(11) 2 个读写中断口线。
(12) 4～5.5 V 的工作电压范围。
(13) 软件设置了睡眠外中断唤醒功能。

2.3.3 CC2430/CC2431 简介

CC2430 单片机是 TI(德州仪器)公司生产的一款专用于 IEEE 802.15.4 和 ZigBee 协议通信的片上系统解决方案。它具有 1 个 8 位 CPU(8051)，主频达 32 MHz，具有最大 128 KB可编程 Flash 和 8 KB 的 SRAM，内置 1 个 8 通道 8～14 位可编程 A/D 转换器、4 个定时器(其中包括一个 MAC 定时器)、2 个 USART、1 个 DMA 控制器、1 个 AES128 协同处理器、1 个看门狗定时器、1 个内部稳压器和 21 个可编程 I/O 引脚(可配置为通用 I/O，也可配置为外设专用引脚)。CC2430 的主要特点如下：

(1) 高性能和低功耗的 8051 微控制器核。
(2) 集成符合 IEEE 802.15.4 标准的 2.4 GHz 的 RF 无线电收发机。
(3) 32 KB、64 KB、128 KB 在线系统可编程 Flash。
(4) 多通道的 DMA 控制器。
(5) 8 通道 8～14 位可编程的 A/D 转换器。

(6) 带有 2 个强大的支持多组串行协议的 USART。

(7) 1 个符合 IEEE 802.15.4 规范的 MAC 定时器，1 个 16 位定时器和 2 个 8 位定时器。

(8) 21 个通用 I/O 引脚，其中有 2 个具有 20 mA 灌电流和拉电流能力。

(9) 18 个中断源，每个中断都被赋予 4 个中断优先级中的某一个。

(10) 集成了 4 个振荡器用于系统时钟和定时操作：一个 32 MHz 晶体振荡器、一个 16 MHz RC 振荡器、一个可选的 32.768 kHz 晶体振荡器和一个可选的 32.768 kHz RC 振荡器。

(11) 低电流功耗(运行在 32 MHz 时，接收模式下的电流损耗为 27 mA，发射模式下的电流损耗为 25 mA)。

(12) 在休眠模式时仅有 0.9 μA 功耗，外部中断或 RTC 能唤醒系统。

(13) 在待机模式时，功耗少于 0.6 μA，外部中断能唤醒系统。

(14) 较宽的电压范围(2.0～3.6 V)。

2.4 ARM 系列单片机

2.4.1 ARM 的概念及其发展

ARM 英文全称为 Advanced RISC Machines，它是英国一家电子公司的名字。该公司成立于 1990 年 11 月，是苹果电脑、Acorn 电脑集团和 VLSI Technology 的合资企业。ARM 也可以理解为一种技术。ARM 公司是专门从事基于 RISC 技术芯片设计开发的公司，作为知识产权供应商，它们本身不直接从事芯片生产。世界各大半导体生产商从 ARM 公司购买其设计的 ARM 微处理器核，根据各自不同的应用领域，加入适当的外围电路，从而形成自己的 ARM 微处理器芯片进入市场。目前，总共有超过 100 家公司与 ARM 公司签订了技术使用许可协议，其中包括 Intel、IBM、LG、NEC、SONY、NXP 和 NS 等公司。2017 年 6 月 20 日，ARM 在中国北京正式对外宣布对其 DesignStart 项目进行升级，即日起，中国客户使用 ARM Cortex-M0/M3 处理器内核不再需要向 ARM 付任何授权费用，只需支付版权费用。

2.4.2 ARM 处理器的主要特点

ARM 处理器的主要特点有耗电少、功能强、16 位/32 位双指令集和合作伙伴众多，具体如下：

- 体积小、低功耗、低成本、高性能。
- 支持 Thumb(16 位)/ARM(32 位)双指令集，能很好地兼容 8 位/16 位器件。
- 大量使用寄存器，指令执行速度更快。
- 大多数数据操作都在寄存器中完成。
- 寻址方式灵活简单，执行效率高。
- 指令长度固定。

ARM 微处理器在较新的体系结构中支持两种指令集：ARM 指令集和 Thumb 指令集。其中，ARM 指令长度为 32 位，Thumb 指令长度为 16 位。Thumb 指令集为 ARM 指令集的功能子集。但是，与等价的 ARM 代码相比较，Thumb 代码可节省 30%～40%的存储空间，同时具备 32 位代码的所有优点。

2.4.3　常用 ARM 处理器

ARM 公司设计的 CPU 内核及其架构包括 ARM1～ARM11 以及 Cortex。其中，广泛应用的有 ARM7、ARM9、ARM11 以及正在被广大客户接受的 Cortex 系列。以 Cortex 内核为例，截止 2010 年初，已发出 69 份授权，其中 Cortex-M3 内核发出的授权最多，达 29 份。这 29 家公司包括 Actel、Broadcom、TI、ST、Fujisu、NXP 等公司。它们在标准的 Cortex-M3 内核基础上进一步扩充 GIO、USART、Timer、I^2C、SPI、CAN、USB 等外设，共同推动基于 Cortex 内核的嵌入式市场的发展。

意法半导体(STMicroelectronics)是较早在市场上推出基于 Cortex 内核的微控制器产品的公司。该公司设计生产的 STM32 系列产品充分发挥了 Cortex-M3 内核的低成本、高性能的优势，融入了 ST 公司长期的技术积累，并以系列化的方式推出，方便用户选择。STM32 系列基于专为要求高性能、低成本、低功耗的嵌入式应用专门设计的 ARM Cortex-M3 内核。按内核架构分，STM32 系列可分为 STM32F103“增强型”系列、STM32F101“基本型”系列和 STM32F105、STM32F107“互联型”系列。

增强型系列的时钟频率达到 72 MHz，是同类产品中性能最高的产品；基本型系列的时钟频率为 36 MHz，具有 16 位产品的价格和比 16 位产品大幅提升的性能，是 32 位产品用户的最佳选择。这两个系列都内置 32 KB 到 128 KB 的闪存，不同的是 SRAM 的最大容量和外设接口的组合。当 STM32 时钟频率为 72 MHz 时，从闪存执行代码，功耗为 36 mA，相当于 0.5 mA/MHz。

1. STM32F103ZET6 简介

STM32F103ZET6 微处理器采用了 ARM 公司为实现高性能、低成本、低功耗的嵌入式应用而专门设计的 ARM Cortex-M3 内核。

STM32 的型号说明：以 STM32F103ZET6 这个型号的芯片为例，该型号的组成为 7 个部分，其命名规则如表 2-1 所示。

表 2-1　STM32 型号命名规则

序　号	名　称	规　　则
1	STM32	STM32 代表 ARM Cortex-M3 内核的 32 位微控制器
2	F	F 代表芯片子系列
3	103	103 代表增强型系列
4	Z	这一项代表引脚数。T 代表 36 脚，C 代表 48 脚，R 代表 64 脚，V 代表 100 脚，Z 代表 144 脚，I 代表 176 脚
5	E	这一项代表内嵌 Flash 容量。6 代表 32 KB Flash，8 代表 64 KB Flash，B 代表 128 KB Flash，C 代表 256 KB Flash，D 代表 384 KB Flash，E 代表 512 KB Flash，G 代表 1 MB Flash
6	T	这一项代表封装。H 代表 BGA 封装，T 代表 LQFP 封装，U 代表 VFQFPN 封装
7	6	这一项代表工作温度范围。6 代表－40～85℃，7 代表－40～105℃

STM32F103ZET6 芯片的特点如下：

(1) 基于 ARM Cortex－M3 核心的 32 位微控制器，LQFP－144 封装。

(2) 512 KB 片内 Flash(相当于硬盘)，64 KB 片内 RAM(相当于内存)，片内 Flash 支持在线编程(IAP)。

(3) 高达 72 MHz 的频率，数据、指令分别走不同的流水线，以确保 CPU 运行速度最大化。

(4) 通过片内 BOOT 区，可实现串口下载程序(ISP)。

(5) 片内双 RC 晶振，提供 8 MHz 和 32 kHz 的频率。

(6) 42 个 16 位的后备寄存器(可以理解为电池保存的 RAM)，利用外置的纽扣电池，可实现掉电数据保存功能。

(7) 支持 JTAG、SWD 调试，配合廉价的 J－link 在线测试，实现高速低成本的开发调试方案。JTAG(Joint Test Action Group，联合测试工作组)是一种国际标准测试协议(兼容 IEEE 1149.1)，主要用于芯片内部测试；SWD(Serial Wire Debug)是一种仿真调试模式。

(8) 多达 80 个 IO 口(大部分兼容 5 V 逻辑)，有 4 个通用定时器、2 个高级定时器、2 个基本定时器、3 路 SPI 接口、2 路 I^2S 接口、2 路 I^2C 接口、5 路 USART、1 个 USB 从设备接口、1 个 CAN 接口、SDIO 接口，可兼容 SRAM、NOR 和 NAND Flash 接口的 16 位 FSMC 总线。

(9) 3 路共 16 通道的 12 位 A/D 输入，2 路共 2 通道的 12 位 D/A 输出，支持片外独立电压基准。

(10) CPU 操作电压范围为 2.0～3.6 V。

2. STM32F051R8T6 简介

STM32F0 系列产品基于超低功耗的 ARM Cortex－M0 处理器内核，整合增强的技术和功能，瞄准超低成本预算的应用。该系列微控制器缩短了采用 8 位和 16 位微控制器的设备与采用 32 位微控制器的设备之间的性能差距，能够在经济型用户终端产品上实现先进且复杂的功能。

STM32F051R8T6 是一款使用 ARM Cortex－M0 内核的中低容量的 32 位微控制器，内置 64 KB 的闪存、8 KB RAM、RTC(实时时钟)、定时器、A/D 转换器、D/A 转换器、电压比较和通信接口。在目前的微控制器市场上，STM32F0 系列的控制芯片让使用 8 位和 16 位的客户拥有 32 位微控制器的先进性能并且延续了 STM32 优秀的 DNA。 STM32F0 系列芯片因为其自身的实时性能、低动态功耗、先进架构、外设接口，迅速占领了整个微控制器市场，即使在低成本市场也有着相当的优势。

STM32F0 系列微控制器具有以下优点：

(1) 代码执行速度快，实际应用性能优异；代码执行效率高，内存占用率低。

(2) 连接性能优异，模拟外设先进，支持各种应用。

(3) 时钟源灵活可选，拥有快速唤醒的低功耗模式，可以降低动态功耗。

STM32F0 系列微控制器的主要特性和功能如下：

(1) 内核和工作条件。

- ARM Cortex－M0 内核，计算能力为 0.9 DMIPS/MHz，最高频率为 48 MHz。
- 1.8/2.0 V 到 3.6 V 电源电压。

(2) 连接性能优异。

· 6 Mb/s USART(全双工通用同步/异步收发模块)。

· 18 Mb/s SPI，数据帧长度可在 4～16 位之间灵活配置。

· 1 Mb/s I^2C 快速模式。

· HDMI CEC。CEC(Consumer Electronics Control，消费类电子控制)是建立在 HDMI 上的一种通信协议。如果通过 HDMI 连接的设备都支持 CEC 协议，就可以通过控制其中一台设备来同时控制其他设备。

(3) 增强控制功能。

· 1 个 16 位 3 相电机 PWM 控制定时器。

· 5 个 16 位 PWM 定时器。

· 1 个 16 位基本定时器。

· 1 个 32 位 PWM 定时器。

· I/O 翻转频率高达 12 MHz。

2.5　DSP 数字处理器

2.5.1　DSP 技术概念及其发展

DSP(Digital Signal Processing)是以数字形式对信号进行采集、变换、滤波、估值、增强、压缩和识别等处理，进而得到符合人们需要的信号形式的技术。数字信号处理以微积分、概率统计、随机过程和数值分析为基本工具，同网络理论、信号与系统、控制论、通信理论和故障诊断密切相关，与人工智能、模式识别和神经网络等新兴学科联系紧密。DSP 技术的发展分为数字信号处理的理论发展和方法发展。DSP 的性能随着微电子科学与技术的进步而迅速发展。

2.5.2　DSP 处理器的主要结构特点

DSP 处理器的主要结构特点如下：

(1) 哈佛结构：程序代码和数据的存储空间分开，分别有自己的地址总线和数据总线，可并行地进行指令和数据的处理，大大提高了运算速度。

(2) 流水技术：将执行一条指令时的取指、译码、取数和执行运算等各个步骤重叠起来执行，而非顺序执行，提高了指令执行效率。

(3) 独立的直接存储器访问(DMA)总线及控制器。

(4) 数据地址发生器(DAG)：数据地址的产生和 CPU 的工作是并行的，节省了 CPU 时间。

(5) 定点 DSP 处理器和浮点 DSP 处理器。

(6) 丰富的外设资源。

2.5.3　常用 DSP 芯片

1982 年，美国德州仪器公司(Texas Instruments，TI)推出了第一代 DSP TMS320010

及其系列产品，目前已发展到第六代。

TI 公司的 DSP 系列产品已经成为当今世界最有影响的 DSP 芯片，其 DSP 市场占有量为全世界份额的近 50%，TI 公司也成为世界上最大的 DSP 芯片供应商。

1. TMS320C2000 系列

TMS320C2000 系列称为 DSP 控制器，集成了 Flash 存储器、高速 A/D 转换器、可靠的 CAN 模块及数字马达控制的外围模块，适用于三相电动机、变频器等高速实时工控产品等需要数字化的控制领域。其中，TMS320F2802x 系列芯片的硬件特点如表 2-2 所示。

表 2-2 TMS320F2802x 系列芯片的硬件特点

F2802x	F28020	F28021	F28022	F28023	F28026	F28027
时钟/MHz	40	40	50	50	60	60
Flash/KB	32	64	32	64	32	64
RAM/KB	6	10	12	12	12	12
CLA	无	无	无	无	无	无
模拟比较	1/2	1/2	1/2	1/2	1/2	1/2
A/D 转换器通道	7/13	7/13	7/13	7/13	7/13	7/13
PWM(HR)	8(0)	8(0)	8(4)	8(4)	8(4)	8(4)
CAP	1	1	1	1	1	1
QEP	0	0	0	0	0	0
通信端口	SCI，SPI，I^2C	SCI，SPI，I^2C	SCI，SPI，I^2C	SCI，SPI，I^2C	SCI，SPI，I^2C	SCI，SPI，I^2C

2. TMS320C5000 系列

TMS320C5000 系列是 16 位定点 DSP。该系列 DSP 主要用于通信领域，如 IP 电话机、IP 电话网关、数字式助听器、便携式声音/数据/视频产品、调制解调器、手机、移动电话基站、语音服务器、数字无线电、小型办公室和家庭办公室的语音及数据系统。

目前，C5000 系列中又有三种新成员：

第一种是 C5402，这是廉价型的 DSP，速度保持 100MIPS，片内存储空间稍小一些，RAM 为 16 KB，ROM 为 4 KB。C5402 的主要应用对象是无线 Modem、新一代 PDA、网络电话和其他电话系统，以及消费类电子产品。

第二种是 C5420，它拥有两个 DSP 核，速度达到 200MIPS，200 KB 片内 RAM，功耗非常低，为业内功耗最低的 DSP。C5420 是当今集成度最高的定点 DSP，适用于多通道基站、服务器、Modem 和电话系统等要求高性能、低功耗、小尺寸的场合。

第三种是 C5416，速度为 160MIPS，有三个多通道缓冲串行口，能够直接与 TI 或 EI 线路连接，不需要外部逻辑电路，有 128 KB 片内 RAM。C5416 的应用对象是通信服务器、专用小交换机和计算机电话系统等。

3. TMS320C6000 系列

TMS320C6000 系列采用新的超长指令字结构设计芯片。其中，2000 年以后推出的 C64x 在时钟频率为 1.1 GHz 时，速度可达到 8800MIPS 以上，即每秒执行 90 亿条指令。其主要应用领域为：

(1) 数字通信：完成 FFT、信道和噪声估计、信道纠错、干扰估计和检测等。

(2) 图像处理：完成图像压缩、图像传输、模式与光学特性识别、加密/解密、图像增强等。

本章小结

智能仪表以微控制器(单片机)为主体，将计算机技术和检测技术有机结合。本章主要介绍了微控制器的发展、主要分类和结构特点，介绍了微控制器的选择方法。针对现在广泛应用的 51 系列单片机、ARM 系列单片机以及 DSP 处理器分类进行了介绍，对主要芯片的特点给出了详细的说明。针对 51 系列单片机，分析了常用芯片 AT89C51/ AT89C52、集成大容量存储器的 AT89C55WD 芯片和集成 ZigBee 协议的 CC2430/CC2431 芯片。针对 ARM 系列单片机，介绍了意法半导体(STMicroelectronics)微控制器 STM32 系列单片机，主要给出了以 Cortex - M3 为内核的 STM32F103ZET6 和以 Cortex - M0 为内核的 STM32F051R8T6 芯片。DSP 处理器主要介绍了德州仪器(TI)公司的 TMS320C2000、TMS320C5000 和 TMS320C6000。通过学习微控制器的主要特点，为今后微控制器的选择奠定基础。

思考题

1. 微型控制器如何分类？可以分为哪几类？
2. 简述 51 单片机的引脚功能。
3. AT89C51 单片机和 AT89C52 单片机有何不同？它们的中断源分别为多少个？
4. 简述 CC2430/CC2431 芯片的主要特点。
5. STM32F103ZET6 单片机的片内 ROM 和片内 RAM 分别为多少？
6. 简述 TMS320F28020 芯片的硬件特点。

第3章　输入输出接口设计

3.1 概　　述

输入输出接口设计一般包括数字量输入/输出接口和模拟量输入/输出接口设计。数字量输入/输出接口也称开关量输入/输出接口，凡是以电平高低和开关通断等两位状态表示的信号统称为数字量或开关量。有的执行部件只要求提供数字量，例如步进电机控制电机启停和报警信号等。这时就应采用数字量输出接口。模拟量输入接口的主要功能是将随时间连续变化的模拟输入信号经检测、变换和预处理，最终变换为数字信号送入计算机。常见的模拟量有压力、温度、液体流量和成分等。输出接口将计算机输出的数字信号转换为连续的电压或电流信号，经功率放大后送到执行部件对生产过程或装置进行控制。

3.1.1 开关量输入输出接口概述

开关量输入/输出接口是智能仪表与外部设备的联系部件，智能仪表通过接收来自外部设备的开关量输入信号和向外部设备发送开关量信号，实现对外部设备状态的检测、识别和对外部执行元器件的驱动和控制。只有开和关、通和断、高电平和低电平两种状态的信号叫开关量信号，在智能仪表的电子电路中，通常用二进制数 0 和 1 来表示。

开关量输入/输出接口通常由单片机、开关接口电路(信号滤波电平转换、隔离保护等)、输入缓冲器/输出锁存器、选通信号控制电路(地址译码器和读写控制)组成，如图3-1所示。输入缓冲器可用三态门控缓冲器或可编程输入接口芯片，如 8155、8255 构成，通道数不多时也可直接采用单片机本身的输入口。输出锁存器可用 TTL 锁存芯片(如 74LS273、74LS373)或可编程输出接口芯片(如 8155、8255)，或直接由单片机的输出口构成。

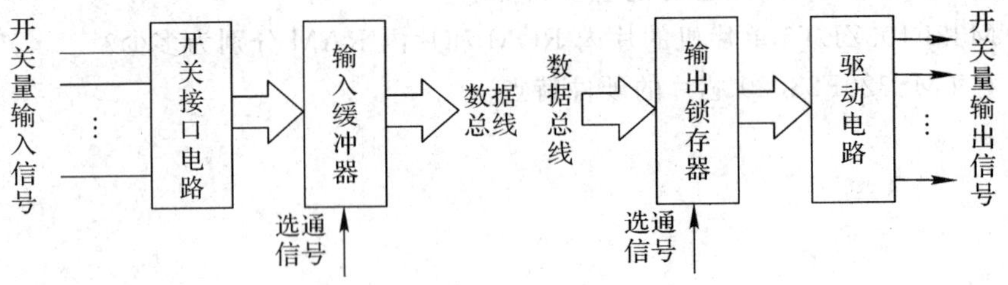

图 3-1　开关量输入/输出接口

3.1.2 模拟量输入输出接口概述

模拟量输入/输出接口是微型计算机与控制对象之间的一个重要接口。当计算机用于数据采集和过程控制的时候，采集的对象往往是连续变化的物理量(如温度、压力、声波等)，但计算机处理的却是离散的数字量，因此需要对连接变化的物理量(模拟量)进行采样、保持，再

把模拟量转换为数字量交给计算机处理、保存等。计算机输出的数字量有时需要转换为模拟量去控制某些执行元件(如声卡播放音乐等)。A/D 转换器完成模拟量/数字量的转换，D/A 转换器完成数字量/模拟量的转换。模拟量的输入/输出通道结构图如图 3-2 所示。

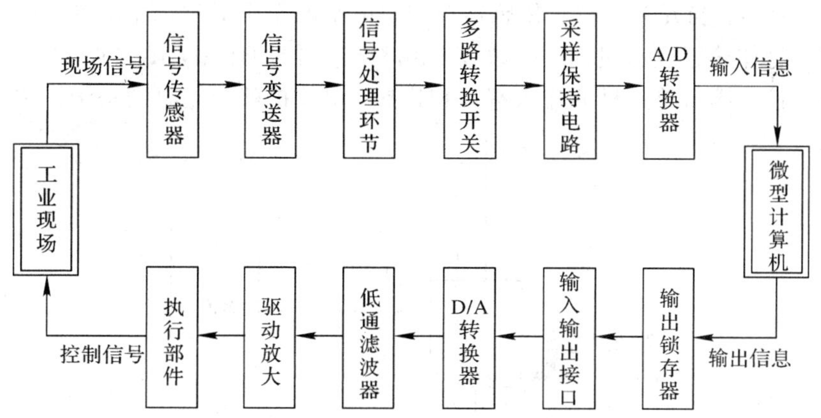

图 3-2　模拟量的输入/输出通道结构图

3.2　开关量输入接口的设计

开关量输入主要有三种形式：一种是以若干位二进制数表示的数字量，它们并行输入到计算机，如拨码盘开关输出的 BCD 码等；另一种是仅以一位二进制数表示的开关量，如启停信号和限位信号等；还有一种是频率信号，它是以串行形式进入计算机的，如来自转速表、涡轮流量计、感应同步器等的信号。

由于外部装置输入的开关量信号的形式一般是电压、电流和开关的触点，这些信号经常会产生瞬时高压、过电流或接触抖动等现象。因此，为使信号安全可靠，在输入到单片机之前必须将接入信号输入电气接口电路，并对外部的输入信号进行滤波、电平转换和隔离保护等。

3.2.1　简单开关接口电路

简单开关接口电路方法简单、操作方便，抗干扰能力极差，仅适合于距仪表电路很近的，如按键、面板开关之类的开关量的输入。隔离型开关量接口采用光耦合器，防止非正常电信号通过接口电路串入计算机，也利于减少地线干扰。开关接口电路如图 3-3 所示。

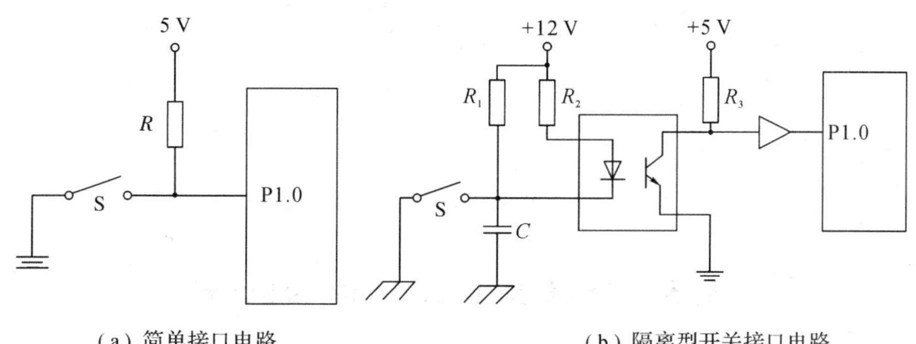

(a) 简单接口电路　　(b) 隔离型开关接口电路

图 3-3　开关接口电路

3.2.2 霍尔元件开关数字输入电路

在图 3－4 中，霍尔传感器在 5 V 电压的作用下，外加一个磁场会在霍尔传感器的 3 端输出一个电平信号。当开关型霍尔传感器在固定电平的作用下时，若外加一个固定的磁场，则一个金属类物体接近或通过时，会改变磁场对传感器的作用，随之改变它的输出电平。霍尔传感器的输出端与单片机的输入端口相连接，单片机就会接收到一个开关信号。

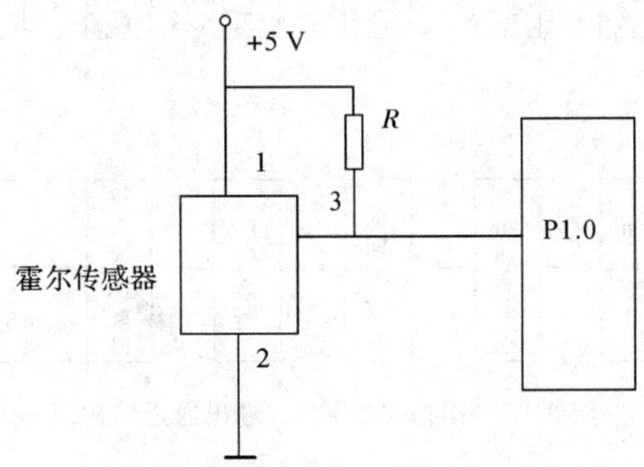

图 3－4　霍尔元件与单片机接口

3.2.3 光敏器件开关数字输入电路

光敏器件是一种将光信号转换成电信号的器件，主要有光敏二极管、光敏晶体管和光敏电阻等，光敏器件吸收光子能量产生电流和输出电压。

工业上应用很广泛的是光电传感器，比如光电计数开关、光电位置检测开关。

图 3－5 中的 VD 为红外发光二极管，R_1 为限流电阻，V 是光电接收三极管，R_2 为取样电阻。VD 在＋5 V 的电压作用下，产生红外光线。当红外光线没有被挡住时，V 饱和导通，向单片机输入一个低电平信号；当红外光线被挡住时，V 截止，向 CPU 输入一个高电平信号。根据发光二极管与接收三极管的不同位置设计的开关接口电路，可以应用于计数、位置状态、转速等多方面的测试。

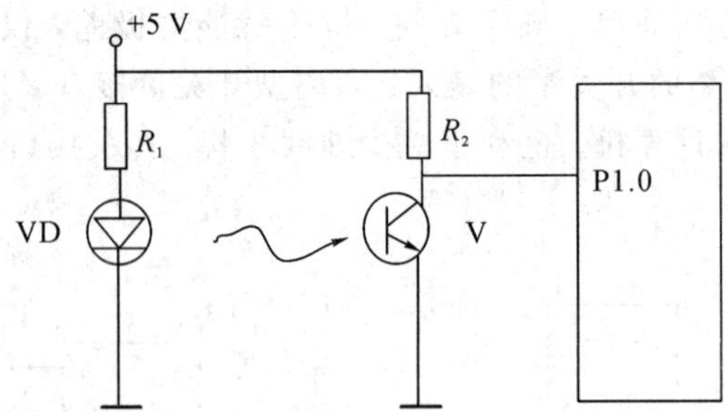

图 3－5　光电开关和单片机的接口电路

3.3 开关量输出接口的设计

开关量输出是数字化驱动输出的一种方式，输出锁存器中的每一位表示一个开关量，

用“0”和“1”区分通/断或有/无。片内接口只能提供规定的输出电平，且片内接口驱动能力有限；片外接口能适应执行机构的要求。开关量输出一般要求执行机构电气隔离。

3.3.1　驱动放大电路

小功率直流负载主要有发光二极管、LED 数码显示器、小功率继电器和晶闸管等器件，要求提供 5～40 mA 的驱动电路。通常采用小功率三极管(如 9012、9013、9014、8550 和 8050 等)、集成电路(如 75451、74LS245 和 SN75466 等)作驱动电路，驱动电流在 100 mA 以下，这种驱动电路适用于驱动要求负载电流不大的场合。

功率较大的继电器和电磁开关等控制对象，要求能提供 50～500 mA 的电流驱动，可以采用达林顿中功率三极管来驱动。常用的达林顿管有 MC1412、MC1413 和 MC1416 等，其集电极电流可达 500 mA，输出端的耐压可达 100 V，很适合驱动继电器或接触器。

直流型固体继电器(DC－SSR)主要用于直流大功率控制场合，其输入端为光电耦合电路，可以采用逻辑门电路或三极管直接驱动，驱动电流一般为 3～30 mA，输入电压为 5～30 V；其输出控制为晶体管型，输出控制电压为 30～180 V。当控制感性负载时，要加保护二极管，以防止 DC－SSR 因突然截止产生的高电压而损坏继电器。

3.3.2　隔离输出电路

依据隔离原理不同，常用的输出元件通常有四种，即继电器、光电开关、脉冲变压器和固态继电器，其电路结构如图 3－6 所示。

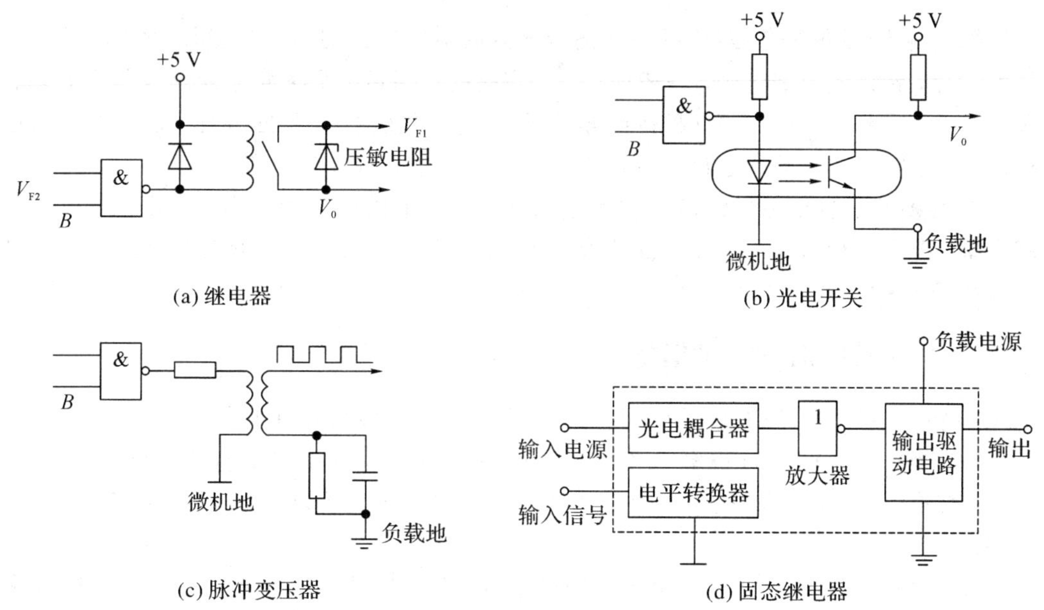

图 3－6　几种常用输出部件的电路结构

1. 继电器输出

如图 3－6(a)所示，驱动电流约为 20 mA，电压为＋5 V，输入高压约为 24～30 V，电流为 0.5～1 A。当开关量为 1 时，线圈通过电流，触点被吸合。V_{F1} 与 V_0 接近，输入线 V_{F2}

一般可公用，也可分开接不同设备。线圈并联二极管用以防止反冲。压敏电阻为齐纳二极管，起到防止冲击、防止火花、去干扰和保护触点等作用。继电器用于负载重、速度慢的情况。

2. 光电开关输出

光电开关电路如图 3-6(b)所示，一般要求驱动电流为 20 mA，脉冲宽度为 20 μs，适用于负载较轻的使用情况。光电隔离输出接口，一般是 CPU 和大功率执行机构(如大功率继电器、电机等)之间的接口，控制信息通过它才能送到大功率的执行机构。

3. 脉冲变压器输出

如图 3-6(c)所示，脉冲变压器多用于高频脉冲调制型输出。脉冲宽度可为 2～5 μs。脉冲变压器可在光电开关不适合的速度快、负载轻的情况下使用。

4. 固态继电器

固态继电器是光电开关隔离的扩展应用，在工业上用途广泛，是性能较为理想的开关量输出元件，其结构如图 3-6(d)所示。它兼有光电耦合器和继电器二者的优点，同时克服了两者的不足。输入为 TTL 电平，输入电流小于 1 mA，输出电压为 24～1200 VDC(或 VAC)，输出电流为 0.5～30 A。其中，VDC 为直流电压，VAC 为交流电压。它的优点是开关速度快，无触点，无火花，可靠性好；缺点是价格稍贵。

3.4 A/D 转换及模拟输入接口的设计

模拟量输入(数据采集)的实质是，把传感器输出的(或由其他方式得到的)模拟信号经必要的处理，转换成数字信号。一般地，一个完整的多通道数据采集系统涉及信号调理、模拟多路开关、采样/保持器、模/数转换器等环节。模拟量输出(数据分配)是数据采集的逆过程，即把计算机输出的数字信号变成模拟信号，并分配给各个通道。

A/D 转换器是将模拟量转换为数字量的器件，这个模拟量泛指电压、电阻、电流、时间等参量，但在一般情况下，模拟量是指电压。在数字系统中，数字量是离散的，一般用一个称为量子 Q 的基本单位来度量。

3.4.1 A/D 转换器的技术指标

A/D 转换器(又称 ADC)常用以下几项技术指标来评价其质量水平。

(1) 分辨率：ADC 的分辨率定义为 ADC 所能分辨的输入模拟量的最小变化量。

(2) 转换时间：A/D 转换器完成一次转换所需的时间定义为 A/D 转换时间。

(3) 精度。

① 绝对精度：对应于产生一个给定的输出数字码，理想模拟输入电压与实际模拟输入电压的差值。绝对精度由增益误差、偏移误差、非线性误差以及噪声等组成。

② 相对精度：在整个转换范围内，任一数字输出码所对应的模拟输入实际值与理想值之差与模拟满量程值之比。

③ 偏移误差：ADC 的偏移误差定义为使 ADC 的输出最低位为 1，施加到 ADC 模拟输入端的实际电压与理论值的 $1/2(V_{ref}/2n)$(即 0.5LSB 所对应的电压值)之差(又称为偏移电

压)。其中，V_{ref}表示参考电压，n表示转换数字位数或者分辨率，单位是LSB(最小有效位数)。

④ 增益误差：ADC输出达到满量程时，实际模拟输入与理想模拟输入之间的差值，以模拟输入满量程的百分数表示。

⑤ 线性度误差：ADC的线性度误差包括积分线性度误差(见图3-7)和微分线性度误差(见图3-8)两种。图3-7和图3-8中的V_{FS}表示A/D转换器满意度值。积分线性度误差定义为偏移误差和增益误差均已调零后的实际传输特性与通过零点和满量程点的直线之间的最大偏离值，有时也称为线性度误差。积分线性度误差是从总体上来看ADC的数字输出，表明其误差最大值。但是，在很多情况下，人们往往对相邻状态间的变化更感兴趣。微分线性度误差就是说明这种问题的技术参数，它定义为ADC传输特性台阶的宽度(实际的量子值)与理想量子值之间的误差，也就是两个相邻码间的模拟输入量的差值对于偏移误差的偏离值。

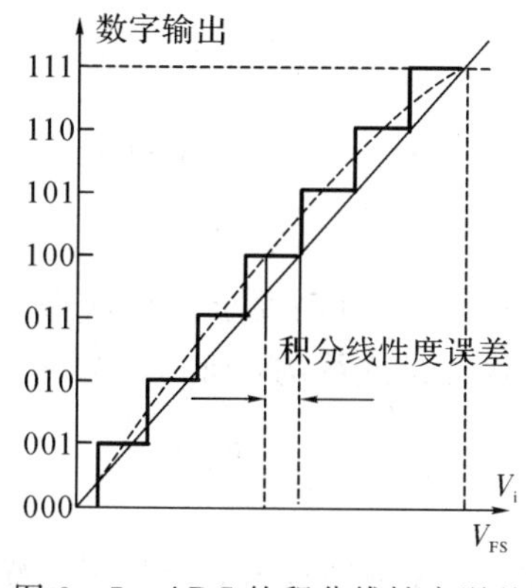

图3-7　ADC的积分线性度误差

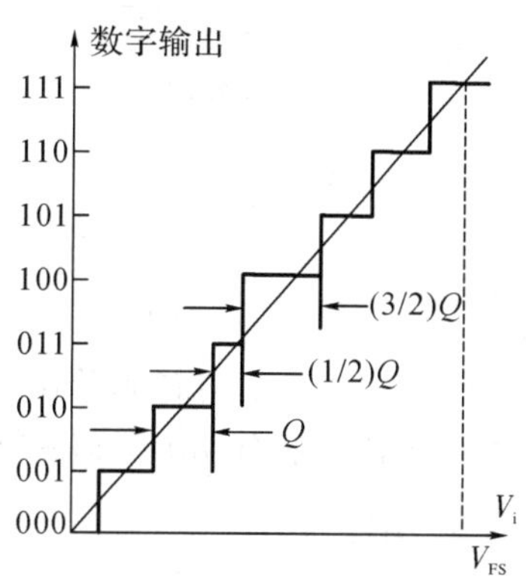

图3-8　ADC的微分线性度误差

⑥ 温度对误差的影响：环境温度的改变会造成偏移、增益和线性度误差的变化。

3.4.2　ADC的转换原理

1. 比较型ADC

比较型ADC可分为反馈比较型及非反馈(直接)比较型两种。高速的并行比较型ADC是非反馈的，智能仪器中常用到的中速中精度的逐次逼近型ADC是反馈型。逐次逼近式转换器原理如图3-9所示。

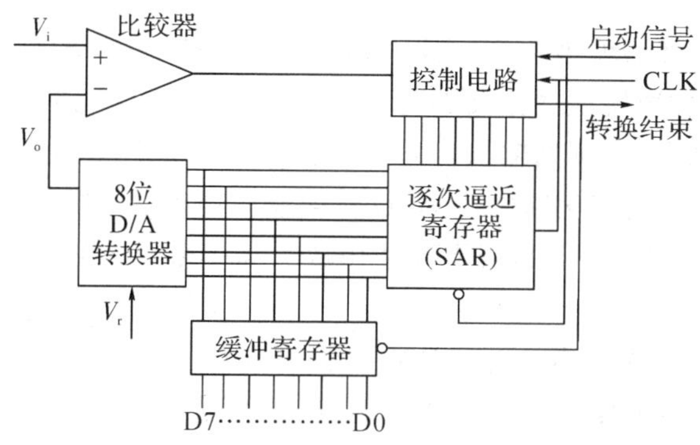

图3-9　逐次逼近型转换器原理

2. 积分型 ADC

积分电路为抑制噪声提供了有利条件。双积分型 ADC(见图 3-10)测量的是输入电压在定时积分时间 T_1 内的平均值。双积分型 ADC 对干扰有很强的抑制作用，尤其对正负波形对称的干扰信号抑制效果更好。

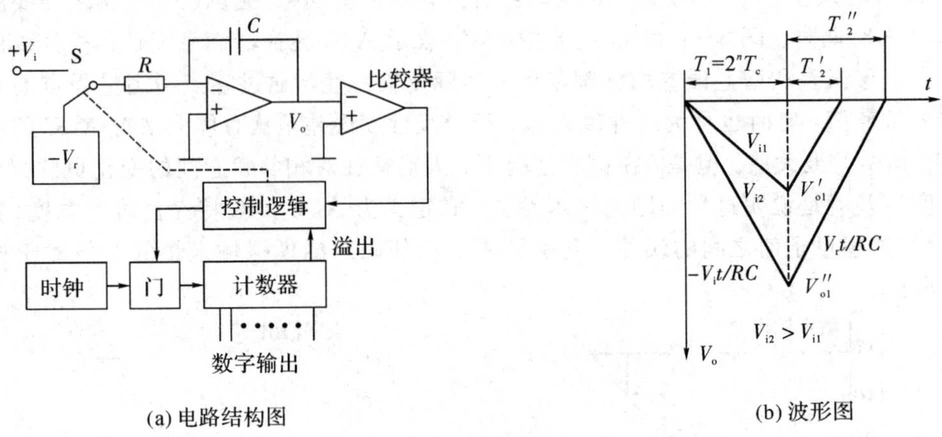

(a) 电路结构图 (b) 波形图

图 3-10 双积分型 ADC

双积分型 ADC 对 R、C 及时钟脉冲 T_c 的长期稳定性无过高要求即可获得很高的转换精度。微分线性度极好，不会有非单调性。因为积分输出是连续的，所以计数必然是依次进行的，即从本质上说，不会发生丢码现象。

3. Σ-Δ 型 ADC

过采样 Σ-Δ 型 ADC 由于采用了过采样技术和 Σ-Δ 调制技术，增加了系统中数字电路的比例，减少了模拟电路的比例，并且易于与数字系统实现单片集成，因而能够以较低的成本实现高精度的 A/D 变换器，适应了 VLSI 技术发展的要求。

4. V/F 型 ADC

智能仪器中，常用的另一种 ADC 是 V/F 型 ADC。它主要由 V/F 转换器和计数器构成。V/F 型 ADC 的特点是：与积分型 ADC 一样，对工频干扰有一定的抑制能力；分辨率较高；特别适合现场与主机系统距离较远的应用场合；易于实现光电隔离。

3.4.3 模拟量输入通道组成

模拟量输入通道一般由滤波电路、放大器、采样保持电路(S/H)和 A/D 转换器组成。其中，A/D 转换器是模/数转换的主要器件。

当输入信号为较高电平(例如输入信号来自温度、压力等参数的变送器)时，就不必使用放大器；如果输入信号的变化速度比 A/D 转换速率慢得多，则可以省去 S/H。因此，输入通道中，除了 A/D 转换器外，是否需要使用放大器等部件，取决于输入信号的类型、范围和通道的结构形式。

通道结构有单通道和多通道之分。多通道的结构通常又可以分为以下两种：

(1) 每个通道有独自的放大器、S/H 和 A/D 转换器，结构如图 3-11 所示。这种形式通常用于高速数据采集系统，它允许各通道同时进行转换。

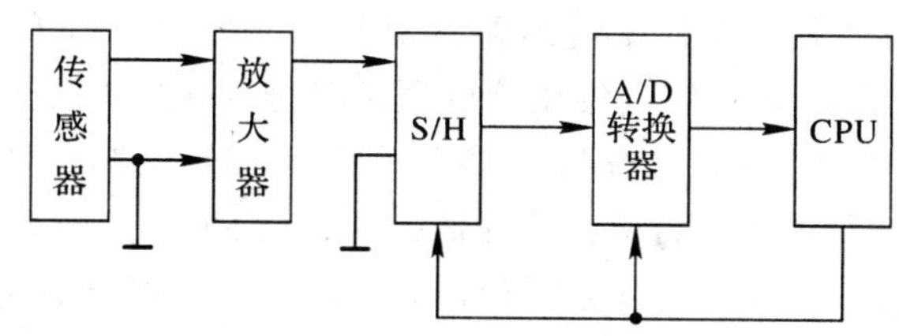

图 3-11　单通道数据采集系统结构

（2）多路通道共享放大器、S/H 和 A/D 转换器，其结构如图 3-12 所示。这种形式通常采用于对速度要求不高的数据采集系统中。由多路模拟开关轮流采入各通道模拟信号，经放大、保持和 A/D 转换，送入主机电路。

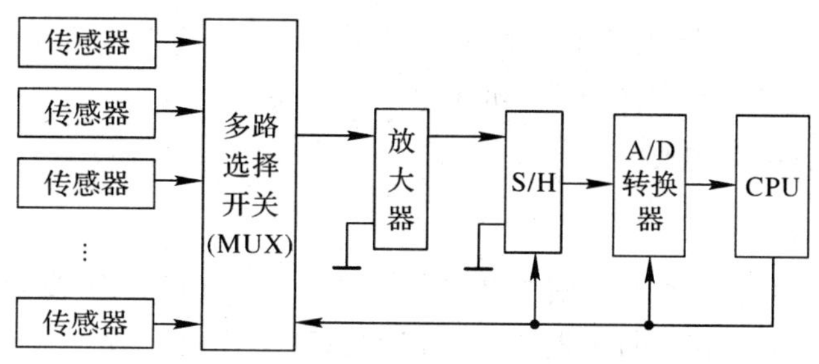

图 3-12　多通道数据采集系统结构

对于变化缓慢的模拟信号，通常可以不用 S/H。这时，模拟输入电压的最大变化率与 A/D 的转换时间有如下关系：

$$\frac{\mathrm{d}V}{\mathrm{d}t}\bigg|_{\max}=\frac{2^{-n}V_{FS}}{T_{CONV}} \tag{3-1}$$

式中：V_{FS} 为 A/D 转换器的满度值；T_{CONV} 为 A/D 转换器的转换时间；n 为 A/D 转换器的分辨率。

3.4.4　A/D 转换器芯片的选择原则

在选择 A/D 转换器时，分辨率和转换时间是首先要考虑的指标，因为这两个指标直接影响仪表的测量，能控制精度和响应速度。选用高分辨率和转换时间短的 A/D 转换器，可提高仪表的精度和响应速度，但仪表的成本也会随之提高。在确定分辨率指标时，应留有一定的余量，因为多路开关、放大器、采样保持器以及转换器本身都会引入一定的误差。

设计者应根据仪表设计要求，从实际出发采用合适类型的 A/D 转换器芯片。例如某测温系统的输入范围为 0～500℃，要求测温的分辨温度差为 2.5℃，转换时间在 1 ms 之内，可选用分辨率为 8 位的逐次逼近型 A/D 转换器（例如 ADC804、ADC809 等）；如果要求测温的分辨温度差为 0.5℃（是满量程的 1/1000），转换时间为 0.5 s，则可选用双积分型 A/D 转换器芯片 14433。

A/D 转换器的输入/输出方式和控制信号是设计者设计时必须注意的问题。不同的芯片，其输入端的连接方式不同，有单端输入的，也有差动输入的，而差动输入方式有利于克服共模干扰。输入信号的极性也有两种：单极性和双极性。有些芯片既可以单极性输入，也可以双极性输入，这由极性控制端的接法来决定。

A/D的输出方式有两种。若数据输出寄存器具备可控的三态门，则芯片输出线允许CPU的数据总线直接相连，并在转换结束后利用读信号$\overline{RD}$控制三态门，将数据送上总线；若数据输出寄存器不具备可控的三态门，或者根本没有门控电路，则数据输出寄存器直接与芯片管脚相连，芯片输出线必须通过输入缓冲器(例如74LS244)连至CPU的数据总线。

A/D的启动转换信号有电位和脉冲两种形式。设计时，应特别注意：对要求用电位启动的芯片，如果在转换过程中将启动信号撤去，一般将停止转换而得到错误的结果。

A/D转换结束后，将发出结束信号，以示主机可以从转换器读取数据。结束信号用来向CPU申请中断后，在中断服务子程序中读取数据。

3.4.5 A/D转换器常用的芯片

常用的芯片有4位A/D转换器ICL7135，8位A/D转换器ADC0809，10位A/D转换器AD7570，12位A/D转换器AD574和TCLC2543等。

1. ICL7135及其接口电路

1) ICL7135的特点

ICL7135是一种4位半动态分时轮流输出BCD码的双积分型A/D转换器。在单极性输入信号的情况下，ICL7135的转换速率一般在每秒十几次左右。ICL7135内部可分成数字电路、模拟电路两部分，数字部分由计数器、输入/输出接口、控制逻辑等组成；模拟部分包括电子开关、缓冲放大器、积分放大器、比较器等，其工作过程受数字部分的逻辑控制。

2) ICL7135引脚功能与接口时序

ICL7135的引脚图如图3-13所示，主要引脚的功能如下：

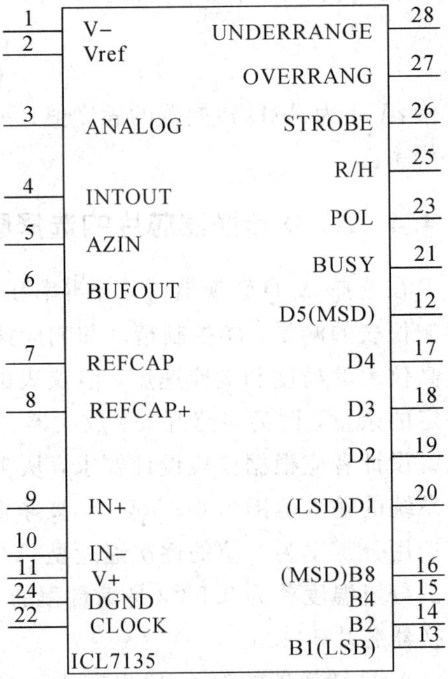

- B8、B4、B2、B1：BCD码输出脚；
- D5、D4、D3、D2、D1：位驱动输出脚，分别对应万、千、百、十、个位；
- R/H为运行/保持端，当R/H＝1时，ICL7135将开始进行最大40002个时钟周期的一次A/D转换；当R/H＝0时，ICL7135将保持在自动调零阶段，且持续输出上次转换结果。在A/D转换期间，R/H端的电平将被忽略；
- BUSY是A/D转换的状态输出信号，在信号积分阶段开始时变成高电平，一直持续到反向积分阶段结束后重新变成低电平。
- STROBE为脉冲选通，该端在D1～D5每个高电平的中间时刻产生一个负脉冲，在每次A/D转换结束后，在STROBE端发出5个宽度为1/2时钟周期的负脉冲。

图3-13 ICL7135的引脚图

- POL为极性输出脚，当输入电压为正时，POL端输出高电平。

• CLOCK 为时钟输入端，从该端加入的外部时钟信号范围为 40 kHz～1 MHz。

3）ICL7135 工作原理

ICL7135 的测量周期分 4 个阶段：自动调零阶段、模拟输入（被测电压）积分阶段、基准电压反积分阶段、积分器回零阶段。各阶段工作过程如下：

① 自动调零阶段：此阶段至少需要 9800 个时钟周期。在此阶段，内部 IN＋ 和 IN－ 输入与引脚断开，且在内部连接至模拟地。基准电容被充电至基准电压，系统接成闭环，自动调零电容被充电，以补偿缓冲放大器、积分器和比较器的失调电压。

② 模拟输入积分阶段：BUSY 输出变为高电平，自动调零环路被打开，内部的 IN＋和 IN－输出端连接至外部引脚，对输入的差分电压积分 10000 时钟周期，积分器电容充电电压正比于外接信号电压和积分时间。

③ 基准电压反积分阶段：此阶段最多需要 20001 个时钟周期，内部 IN－ 连接至模拟地，IN＋ 跨接至先前已充电的基准电容上，积分器对基准电压积分。当积分器输出返回至零，BUSY 信号变低。ICL7135 内部的十进制计数器在此阶段对时钟脉冲计数，其计数值为 $10000\times V_{in}/V_{ref}$，即为模拟输入的 A/D 转换结果。

④ 积分器回零阶段：此阶段需 100～200 个时钟周期，内部的 IN－ 连接到模拟地，系统接成闭环以便使积分器输出返回到零。

其工作时序如图 3－14 所示。

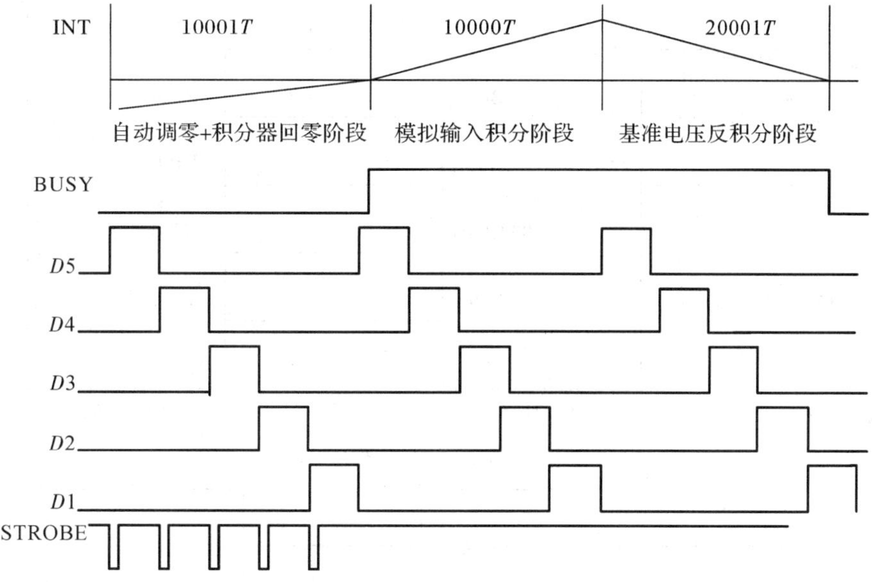

图 3－14　ICL7135 时序图

4）ADC 与单片机接口电路

双积分型 A/D 转换器以其转换精度高、灵敏度高、抑制干扰能力强、造价低等特点，在各类数字仪表和低速数据采集系统中得到了广泛的应用。ICL7135 便是这类 A/D 转换器之一，其数据以 BCD 码格式输出，很容易与 LED、LCD、显示器及 CPU 连接，因而成为首选。下面对 ICL7135 与单片机（以 AT89C52 为例）的三种接口电路进行分析。ICL7135 与单片机的接口电路可以有以下 3 种形式，分别如图 3－15、图 3－16、图 3－17 所示。

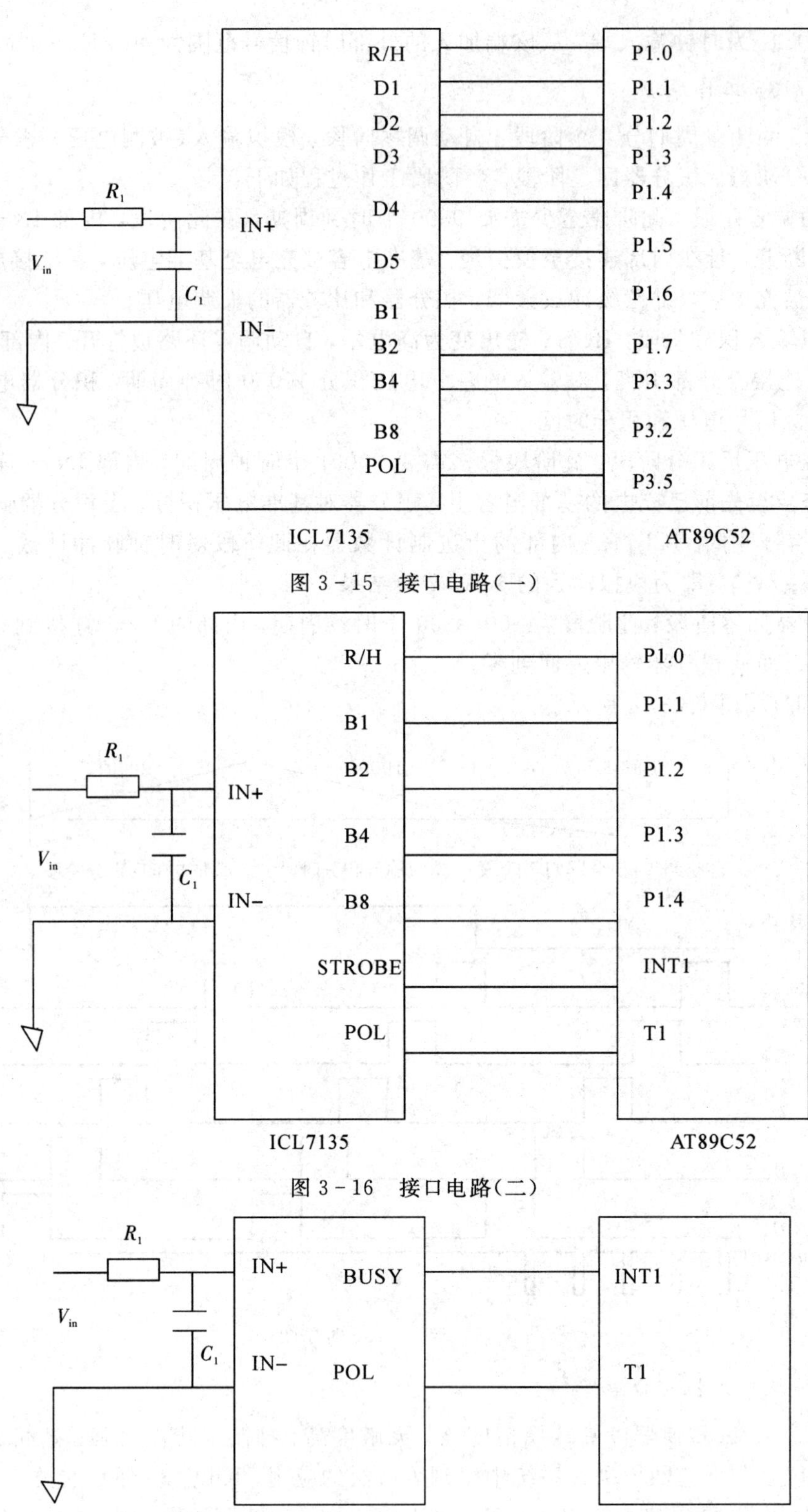

图 3-15 接口电路(一)

图 3-16 接口电路(二)

图 3-17 接口电路(三)

不考虑对 ICL7135 的过量程标志及欠量程标志的处理，假定输入电压 V_{in} 为 −2 V～+2 V，因而接口电路图中没有将 ICL7135 的 OVERRANGE 及 UNDERRANGE 接到单片机。将 ICL7135 的运行/保持端(R/H)，BCD 码数据输出端 B1、B2、B4、B8，以及 BCD 码数据的位驱动输出端 D1～D5 和极性输出端 POL 分别与单片机的 P1.0，P1.6、P1.7、P3.3、P3.2，P1.1～P1.5，P3.5 相连，如图 3-15 所示。

数据采集的编程思想是先查询万位到个位的位驱动信号 D_5～D_1。当 D_5 为高电平时，读出 B_8、B_4、B_2、B_1 即为万位的 BCD 码；相应地，依次在 D_4～D_1 为高电平时，读出 B_8、B_4、B_2、B_1 即千位到个位的 BCD 码，通过判断加在 P3.5 口上的 POL 电平的高低可知数据的正负。该接口电路的软件编程比较简单。

ICL7135 占用单片机的 I/O 口太多，共有 11 个。对于一些便携式仪表，设计要求装置体积小、功耗低，尽量少用接口芯片，仅 ICL7135 就占用了单片机 11 个 I/O 口，加上键盘、显示器等，势必扩展大量接口芯片，因而增加了装置的体积和功耗。

由 ICL7135 的时序可知，如果用软件在单片机与 ICL7135 的 R/H 相连的 P1.0 口输出一个正脉冲，则开始启动 A/D 进行转换，转换完后，其不断输出数据。同时，把 ICL7135 的 STROBE 与单片机的中断口 INT1 相连，实现 INT1 中断。在 A/D 转换期间 STROBE 为高电平，在 A/D 转换结束后，STROBE 输出 5 个负脉冲，可以利用 STROBE 的下降沿请求中断，由于每个 STROBE 负脉冲出现的时刻正是位驱动信号 D5～D1 的中间，同时 B8、B4、B2、B1 是相应位的 BCD 码，这样，D5～D1 就不必与单片机相连。在软件编程时，连续响应五次 INT1 中断即为一次转换结果，五次中断均通过与 B8、B4、B2、B1 相连的 P1.4～P1.1 口读出 BCD 码，依次为转换结果的万、千、百、十和个位。显然，加上一个极性口，这种接口只占用单片机的 7 个 I/O 口，比接口电路(一)少了 4 个，如图 3-16 所示。

进一步分析 ICL7135 的时序发现，在模拟输入积分阶段和基准电压反积分阶段，ICL7135 的 BUSY 端输出均为高电平，其余均为低电平。同时，模拟输入积分阶段的时间是固定的，即为 10000 个时钟周期(10000T)。如果应用单片机的定时器检测出 BUSY 为高电平的时间(计数值)，再减去输入积分阶段的计数值 10000T，即得到基准电压反积分的时间或计数值。由前面分析可知，基准电压反积分阶段的计数值(设为 N)为 $10000\times V_{in}/V_{ref}$。由此可得，$V_{in}=V_{ref}\times N/10000$。由于基准电压 V_{ref} 是已知的，因此求出 N 后，就不难计算出模拟输入信号 V_{in} 的大小。在 GATE 和 TR1 均为 1 的情况下，连到中断口 INT1 上的 ICL7135 忙信号 BUSY 端的上升沿可使定时器 T1 立即启动，而其下降沿则使 T1 立即停止计数。当中断口 INT1 上的 BUSY 端产生从 1 至 0 的跳变时，定时器 T1 停止并发出 INT1 中断请求。通过 INT1 中断服务程序读出定时器 T1 的计数结果，然后减去输入积分阶段的计数值(其为固定值)，并按上述进行相应的计算即可。这样，大大节省了单片机的 I/O 口资源，如图 3-17 所示。

2. ADC0809 及其接口电路

1）ADC0809 的特点

ADC0809 是 8 位逐次逼近型 A/D 转换器，具有 8 个模拟量输入通道，最大不可调误差小于±1LSB，典型的时钟频率为 640 kHz，每通道的转换时间约 100 μs。ADC0809 没有内部时钟，必须由外部提供，其时钟范围为 10～1280 kHz。

2）ADC0809 的引脚排列及各引脚的功能

ADC0809 的引脚排列如图 3－18 所示。各引脚的功能如下：

• IN0～IN7：8 个通道的模拟量输入端，可输入 0～5 V 待转换的模拟电压。

• D0～D7：8 位转换结果输出端。三态输出，D7 是最高位，D0 是最低位。

• A、B、C：通道选择端。当 CBA＝000 时，IN0 输入；当 CBA＝111 时，IN7 输入。

• ALE：地址锁存信号输入端。该信号在上升沿处把 A、B、C 端的状态锁存到内部的多路开关地址锁存器中，从而选通 8 路模拟信号中的某一路。

• START：启动转换信号输入端。从 START 端输入一个正脉冲，其下降沿启动 ADC0809 开始转换。脉冲宽度应不小于 100～200 ns。

• EOC：转换结束信号输出端。当 EOC 为高电平时，表示转换结束；当启动 A/D 转换时，它自动变为低电平。

• OE：输出允许端。OE 为低电平时，D0～D7 为高阻状态；OE 为高电平时，允许转换结果输出。

• CLK：时钟输入端。ADC0809 的典型时钟频率为 640 kHz，转换时间约 100 μs。

• REF(－)、REF(＋)：参考电压输入端。ADC0809 的参考电压为＋5 V。

• V_{CC}、GND：供电电源端。ADC0809 使用＋5 V 单一电源供电。

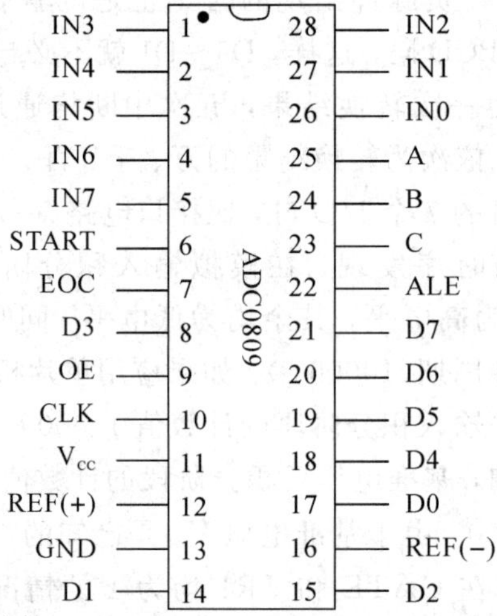

图 3－18　ADC0809 引脚排列图

3）ADC0809 的工作原理

ADC0809 的时序图如图 3－19 所示。从时序图可以看出，ADC0809 的启动信号 START 是脉冲信号。当模拟量送至某一通道后，由三位地址信号译码选择，地址信号由地址锁存允许信号 ALE 锁存。启动脉冲 START 信号到来后，ADC0809 就开始进行转换。当启动正脉冲的宽度大于 200 ns，其上升沿复位逐次逼近 A/D 转换器时，其下降沿才开始转换。经过 START 信号在上升沿后 2 μs 再加上 8 个时钟周期的时间，EOC 才变为低电平。当转换完成后，输出转换信号 EOC 由低电平变为高电平有效信号。输出允许信号 OE 打来输出三态缓冲器的门，把转换结果送到数据总线上。使用时，可利用 EOC 信号短接到 OE 端，也可利用 EOC 信号向 CPU 申请中断。

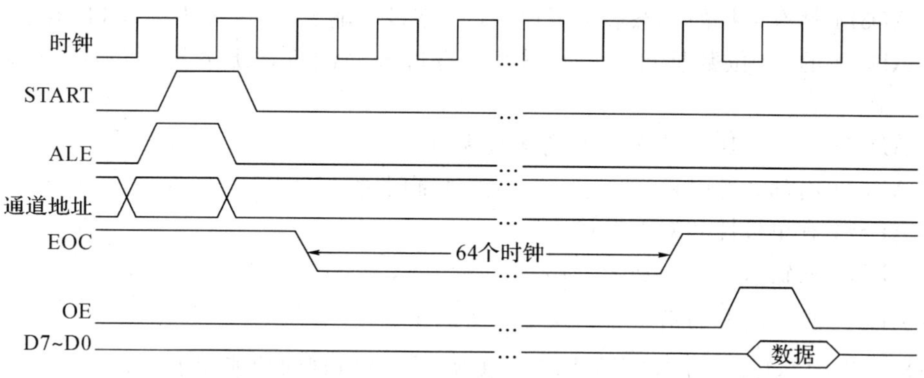

图 3 - 19　ADC0809 时序图

4）ADC0809 与 MCS - 51 系列单片机(8051)的接口方法

ADC0809 与 MCS - 51 的接口电路如图 3 - 20 所示。74LS373 输出的低 3 位地址 *A*2、*A*1、*A*0 加到通道选择端 A、B、C，作为通道编码的地址信号。通道基本地址为 0000H～0007H。

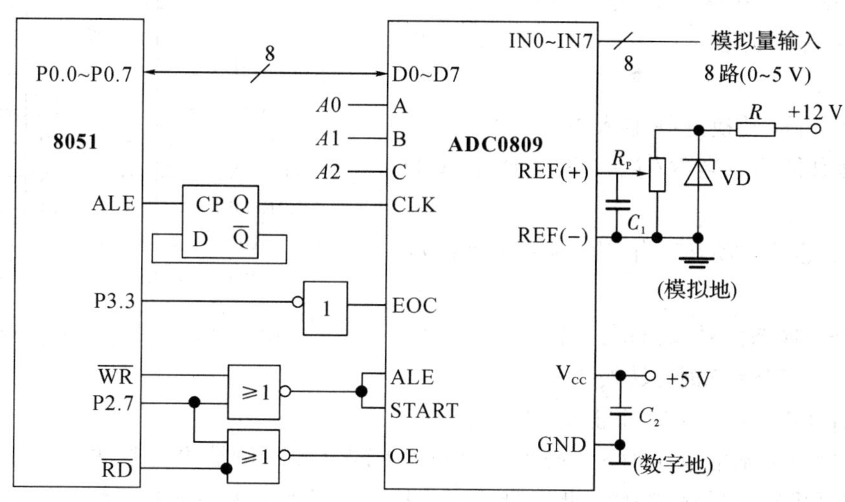

图 3 - 20　ADC0809 与 MCS - 51 的接口电路

8051 的$\overline{WR}$与 P2.7 经过或非门后接至 ADC0809 的 START 及 ALE 引脚。8051 的$\overline{RD}$与 P2.7 经或非门后接至 ADC0809 的 OE 端。ADC0809 的 EOC 经反相后接到 8051 的 P3.3(INT1)。

8051 通过对 0000H～0007H(基本地址)中的某个端口地址进行一次写操作，即可启动相应通道的 A/D 转换器；当转换结束后，ADC0809 的 EOC 端向 8051 发出中断申请信号；8051 通过对 0000H～0007H 中的某个端口地址进行一次读操作，即可得到转换结果。

3. AD574 系列及其接口电路

1）AD574 系列的特点

AD574 系列 ADC 包括 AD574，AD574A、AD674A、AD674B、AD774B 和 AD1674 6 个型号，各型号的外封装和引脚排列均相同。AD574 是一个完整的、多用途的、12 位逐次逼近型 A/D 转换器。AD574 系列的特点如下：

① AD574 具有 12 位和 8 位两种工作方式；

② AD574 具有可控的三态输出缓冲器，数字逻辑输入/输出电平为 TTL 电平；

③ AD574 的 12 位数据可以一次读出，也可分两次读，便于与 8 位或 16 位微型机相连；

④ AD574 具有＋10.000 V 的内部电压基准源；

⑤ AD574 内部具有时钟产生电路，不需外部时钟；

⑥ AD574 有单极性和双极性输入；

⑦ AD574 的输入量程分别为＋10 V、＋20 V、±5 V、±10 V。

2）AD574 系列芯片的引脚排列及各引脚的功能

AD574 系列芯片的引脚排列如图 3－21 所示。各引脚的功能如下：

• 12/8：数据格式选择输入端。当12/8＝1（高电平）时，允许 12 位数据并行输出；当 12/8＝0（低电平）时，允许 8 位数据并行输出。

• A0：字节选择输入端。当 A0＝0 时，选择 12 位转换；当 A0＝1 时，选择 8 位转换。

• $\overline{CS}$：芯片选通输入端。当 CS＝0 时，芯片被选中。

• R/C：读/转换选择输入端。当 R/C＝1 时，允许读取结果；当 R/C＝0 时，允许 A/D 转换。

• $\overline{CE}$：芯片启动端。当 CE＝1 时，允许转换或读取。

• STS：状态信号输出端。当 STS＝1 时，正在转换；当 STS＝0 时，转换结束。

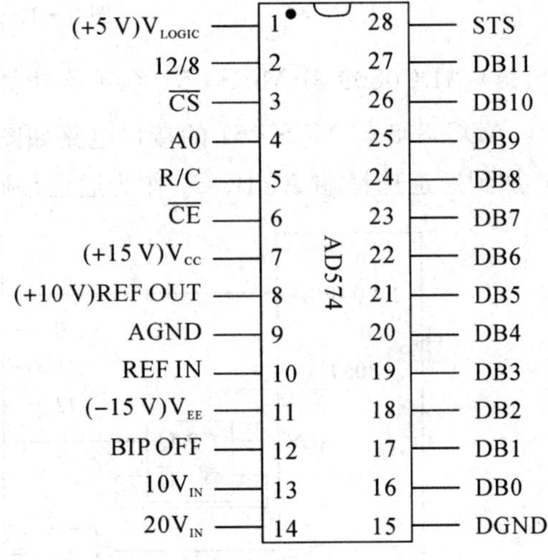

图 3－21　AD574 引脚排列

• REF OUT：＋10V 基准电压输出。

• REF IN：基准电压输入，必须由此脚把 REF OUT 脚输出的基准电压引入 AD574。

• BIP OEF：双极性补偿。此引脚适当连接，可实现单极性或双极性。

控制引脚功能表如表 3－1 所示。

表 3－1　AD574 控制引脚功能表

$\overline{CE}$	$\overline{CS}$	R/C	12/8	A0	功　能
0	×	×	×	×	不起作用
×	1	×	×	×	不起作用
1	0	0	×	0	启动 12 位转换
1	0	0	×	1	启动 8 位转换
1	0	1	接 1 脚	×	12 位数据并行输出
1	0	1	接 15 脚	0	高 8 位数据输出
1	0	1	接 15 脚	1	低 4 位数据尾接 4 位 0

3）AD574 的工作原理

AD574 的工作过程分为启动转换和转换后读出数据两个过程。

启动转换时，首先使$\overline{CS}$、$\overline{CE}$信号有效，AD574 处于转换工作状态，且 A0 为 1 或 0 由所需转换的位数确定，然后使 R/C=0，启动 AD574 开始转换。视选中的 AD574 片选信号为启动转换的控制信号。转换结束，STS 由高电平变为低电平。可通过查询法，读入 STS 线端的状态，判断转换是否结束。

输出数据时，首先根据输出数据的方式，即是 12 位并行输出，还是分两次输出，确定是接高电平还是接低电平；然后在$\overline{CE}$=1、$\overline{CS}$=0、R/C=1 的条件下，确定 A0 的电平。若输出方式为 12 位并行输出，A0 端输入电平信号可高可低；若输出方式分两次输出 12 位数据，则 A0=0 时输出 12 位数据的高 8 位，A0=1 时输出 12 位数据的低 4 位。由于 AD574 输出端有三态缓冲器，所以 D0～D11 数据输出线可直接连在 CPU 数据总线上。

AD574 通过外部适当连线，可以实现单极性输入，也可以实现双极性输入。AD574 模拟量的单极性输入方式如图 3-22(a)所示，双极性输入方式下的外部连接方式如图 3-22(b)所示。

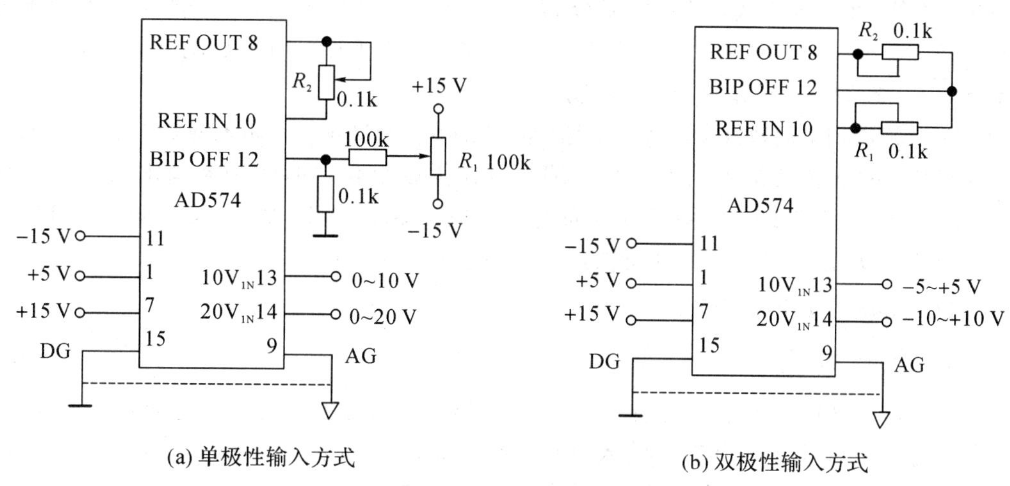

图 3-22　AD574 模拟量输入电路外部连接图

AD574 模拟量输入电路与外部连接时，可进行偏置调整和满量程调整。

偏置调整是通过调节 R_1 实现的。调整方法是：在单极性输入时，使第一次跳变(从 000H 到 001H)发生在输入为+1/2LSB(对 10 V 范围，相当于 1.22 mV)时；在双极性输入时，首先加一个负满度输入在(对±5 V 范围为-4.9988 V)1/2LSB 之上的信号，然后调节 R_1，使输出代码出现第一次跳变(从 000H 到 001H)即可。

满量程调整是通过调节 R_2 实现的。调整方法是：在单极性输入时，调节 R_2，使最后一次跳变(从 FFEH 到 FFFH)发生在输入为满量程值(对 10 V 范围为 9.9963 V)以下 1.5LSB 时；在双极性输入时，调节 R_2，使最后一次跳变(从 FFEH 到 FFFH)发生在输入为正满度值(对±5 V 范围为+4.9963 V)以下 1.5LSB 时。

4）AD574 与 MCS-51 系列单片机(8051)的接口方法

AD574 与 8051 接口电路如图 3-23 所示。

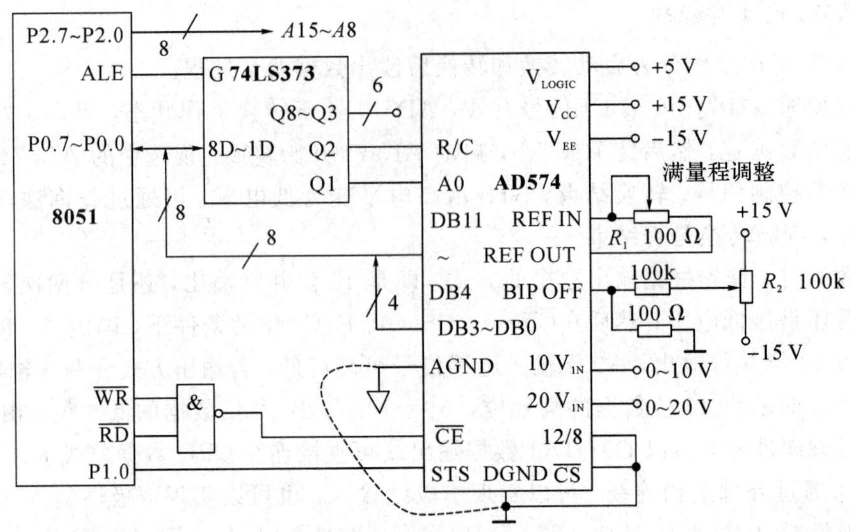

图 3-23　AD574 与 8051 接口电路

AD574 的 12/8 端接地，转换结果分高 8 位、低 4 位两次输出；$\overline{CS}$端接地，芯片永远被选中；8051 的$\overline{WR}$、$\overline{RD}$端通过与非门与 AD574 的$\overline{CE}$端相连，用来启动转换和输出结果；A0 端由 P0.0 控制，R/C 端由 P0.1 控制。

当 P0＝00H 时，启动 12 位 A/D 转换器；当 P0＝02H 时，读取转换结果的高 8 位；当 P0＝03H 时，读取转换结果的低 4 位。STS 可作为结果输出时的中断请求或状态查询信号，图 3-23 中连接到 P1.0。由于数据通道宽度是 8 位，AD574 的 12 位数据线的接法是将低 4 位(DB3～DB0)分别连接到 8 位数据线的 BD11～DB4 上。

4. TLC2543 及其接口电路

1）TLC2543 的特点

TLC2543 是 TI 公司的 12 位串行模数转换器，使用开关电容逐次逼近技术完成 A/D 转换过程。由于 TLC2543 是串行输入结构，能够节省 51 系列单片机 I/O 资源，且价格适中，分辨率较高，所以可广泛应用于各种数据采集系统。

TLC2543 的主要特性：拥有 11 个模拟输入通道；提供 66 kb/s 的采样速率；最大转换时间为 10 μs；有 SPI 串行接口；线性度误差最大为±1LSB；可提供低供电电流(1 mA 典型值)；掉电模式电流为 4 μA。

2）TLC2543 的引脚功能

TLC2543 有两种封装形式，引脚排列如图 3-24(a)、3-24(b)所示。

• AIN0～AIN10：模拟输入端，由内部多路器选择。对 4.1 MHz 的 I/O CLOCK，驱动源阻抗必须小于或等于 50 Ω。

• $\overline{CS}$片选端。$\overline{CS}$由高到低变化将复位内部计数器，并控制和使能 DATA OUT、DATA INPUT 和 I/O CLOCK；$\overline{CS}$由低到高的变化将在一个设置时间内禁止 DATA INPUT 和 I/O CLOCK。

• DATA INPUT：串行数据输入端。串行数据以 MSB(最高有效位)为前导并在 I/O CLOCK 的前 4 个上升沿移入 4 位地址，用来选择下一个要转换的模拟输入信号或测试电

压，之后 I/O CLOCK 将余下的几位依次输入。

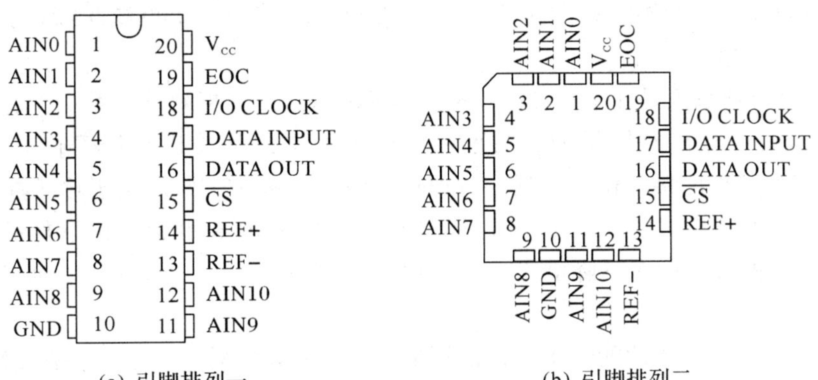

图 3-24　引脚排列

• DATA OUT：A/D 转换结果三态输出端。在$\overline{\text{CS}}$为高时，该引脚处于高阻状态；当$\overline{\text{CS}}$为低时，该引脚由前一次转换结果的 MSB 值置成相应的逻辑电平。

• EOC：转换结束端。在最后的 I/O CLOCK 下降沿之后，EOC 由高电平变为低电平并保持到转换完成及数据准备传输为止。

• V_{CC}、GND：电源正端、地。

• REF＋、REF－：正、负基准电压端。通常 REF＋接 V_{CC}，REF－接 GND。最大输入电压范围取决于两端电压差。

• I/O CLOCK：时钟输入/输出端。

3）TLC2543 的工作原理

TLC2543 的工作时序图如图 3-25 所示。一开始，片选信号$\overline{\text{CS}}$为高，I/O CLOCK 和 DATE INPUT 被禁止以及 DATA OUT 为高阻抗状态。$\overline{\text{CS}}$变低，开始转换过程，I/O CLOCK 和 DATA INPUT 使能，并使 DATA OUT 端脱离高阻抗状态。

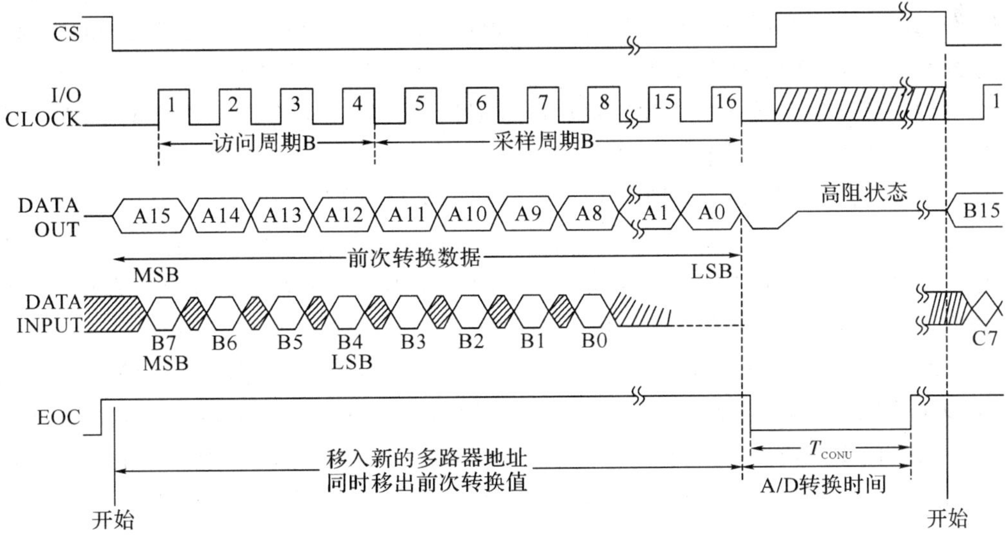

图 3-25　TLC2543 的工作时序图

输入数据 DATA INPUT 是一个包括一个 4 位的模拟通道地址(D7～D4)，一个 2 位数据长度(D2～D3)，一个输出 MSB 或 LSB 在前的位 D1，以及一个单极性或双极性输出的选择位 D0 的 8 位数据流。

输入/输出时钟系列是在 I/O CLOCK 端，以传送这个数据到输入数据寄存器。在这个传送的同时，输入/输出时钟系列也将前一次转换的结果从输出数据寄存器移到 DATA OUT 端。I/O CLOCK 接收输入系列的时钟长度(8、12 或 16 个)取决于输入数据寄存器中数据长度的选择位。模拟输入的采样开始于输入 I/O CLOCK 的第四个下降沿，而保持则在 I/O CLOCK 的最后一个下降沿之后。I/O CLOCK 的最后一个下降沿也使 EOC 变低并开始转换。

转换器的工作分为连续的两个不同的周期：一个是 I/O 周期，另一个是实际转换周期。

① I/O 周期是由外部提供的 I/O CLOCK 定义，延续 8、12 或 16 个时钟周期。这个时钟周期取决于选定的输出数据的长度。在 I/O 周期中，同时发生两种操作：

一个是包括地址和控制信息的 8 位的数据流被送到 DATA INPUT。这个数据在前 8 个输入、输出时钟的上升沿被移入器件。当 12 或 16 个 I/O 时钟传送时，在前 8 个时钟之后 DATA INPUT 便无效。

另一个是在 DATA OUT 端串行地提供 8、12 或 16 位长度的数据输出。当$\overline{CS}$保持为低时，第一个输出数据位发生在 EOC 的上升沿。若转换是由$\overline{CS}$控制的，则第一个输出数据位发生在$\overline{CS}$的下降沿。这个数据是前一次的转换结果，在第一个输出数据位之后的每个后续位都由后续的 I/O 时钟的下降沿输出。

② 转换周期对用户来说是透明的。它是由 I/O 时钟同步的内部时钟来控制的，当转换时，器件对模拟输入电压进行逐次逼近式的转换。当转换周期开始时，EOC 输出端变低，而当转换完成时变高，并且输出数据寄存器被锁存，只有在 I/O 周期完成后才开始一次的转换周期，这样可减小外部的数字噪声对转换精度的影响。

EOC 信号用以表示转换的开关和结束。在复位状态，EOC 总是为高电平。在采样周期(从 I/O CLOCK 序列的第四个下降沿之后开始)，EOC 保持高电平直到转换器的内部采样开关被断开。采样周期的断开发生在第 8 个、第 12 个或第 16 个 I/O CLOCK 下降沿之后，而这个时钟长度取决于输入数据寄存器中的数据长度。在 EOC 信号变为低电平以后，模拟输入信号可以改变且不影响转换结果。

在上电后，$\overline{CS}$必须从高变到低，以开始一次的 I/O 周期。EOC 开始为高，输入数据寄存器被置为全 0，输出的数据是随机的，并且第一次的输出结果将被忽略。为了对器件进行初始化，$\overline{CS}$被转为高再回到低，以开始下一次的转换周期，在器件从掉电状态返回后的第一次转换，由于器件的内部调整，读数可能不准。

TLC2543 与外围电路的连线简单，三个控制输入端为$\overline{CS}$(片选信号)、输入/输出时钟(I/O CLOCK)以及串行数据输入端(DATA INPUT)。片内的 14 通道多路器可以选择 11 个输入中的任何 1 个或 3 个内部自测试电压中的 1 个，“采样一保持”是自动的；转换结束，EOC 输出变高。

4) TLC2543 与单片机的硬件接口电路

由于 MCS－51 系列单片机不具有 SPI(串行外设接口)或相同能力的接口，为了便于与

TLC2543 接口，采用软件合成 SPI 操作；为了减少数据传送受微处理器的时钟频率的影响，尽可能选用较高的时钟频率。TLC2543 接口电路如图 3-26 所示。TLC2543 的 I/O 时钟、数据输入、片选信号$\overline{CS}$由并行双向 I/O 口 1 的引脚 P1.0、P1.1、P1.3 提供。TLC2543 的转换结果数据通过口 1 的 P1.2 脚接收。

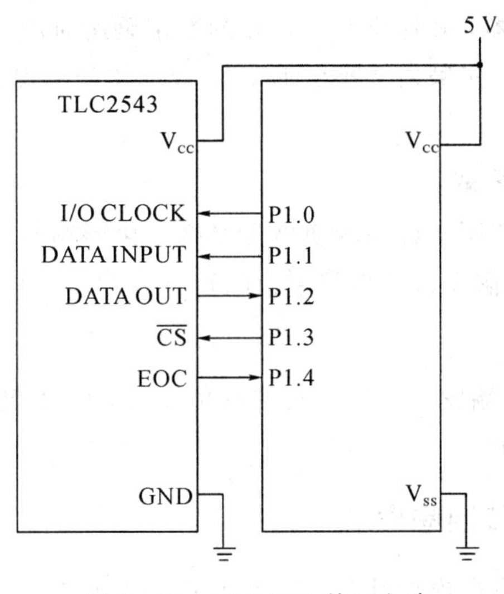

图 3-26　TLC2543 接口电路

3.5　D/A 转换及模拟输出接口的设计

模拟量输出通道是将微机输出的数字量，转换成适合于执行机构所要求的模拟量的环节。

3.5.1　D/A 转换主要技术指标

1. 分辨率

单位数字量所对应模拟量的增量为分辨率。分辨率是指输入数字量的最低有效位(LSB)发生变化时，所对应的输出模拟量(电压或电流)的变化量。它反映了输出模拟量的最小变化值。分辨率与输入数字量的位数有确定的关系，可以表示成 $FS/2^n$。其中，FS 表示满量程输入值，n 为二进制位数。对于 5 V 的满量程，采用 8 位的 D/A 转换器(DAC)时，分辨率为 5 V/256=19.5 mV；当采用 12 位的 D/A 转换器(DAC)时，分辨率则为 5 V/4096=1.22 mV。显然，位数越多，分辨率就越高。

2. 精度

精度分绝对精度和相对精度。绝对精度(绝对误差)指的是在数字输入端加有给定的代码时，在输出端实际测得的模拟输出值(电压或电流)与应有的理想输出值之差。它是由 D/A 转换器的增益误差、零点误差、线性误差和噪声等综合引起的。相对精度指的是满量程值校准以后，任意数字输入的模拟输出与它的理论值之差。

3. 线性误差和微分线性误差

由于种种原因，D/A 转换器的实际转换特性(各数字输入值所对应的各模拟输出值之间的连线)与理想的转换特性(始终点连线)之间是有偏差的，这个偏差就是 D/A 转换器的线性误差。

一个理想的 D/A 转换器，其任意两个相邻的数字码所对应的模拟输出值之差应恰好是一个 LSB 所对应的模拟值。如果大于或小于 1 个 LSB 就是出现了微分线性误差，其差值就是微分线性误差值。

4. D/A 转换器的温度系数

D/A 转换器的温度系数用于说明转换器受温度变化影响的特性。增益温度系数定义为周围温度变化 1℃所引起的满量程模拟值变化的百万分数(10^{-6}℃)

5. 建立时间

建立时间：在数字输入端发生满量程码的变化以后，D/A 转换器的模拟输出稳定到最终值±1/2LSB 时所需要的时间。

3.5.2 D/A 转换器的转换原理

D/A 转换器的基本构成是模拟开关、电阻网络、运算放大器。常用电阻网络由权电阻网络和 R－2R T 型电阻网络组成，R－2R T 型电阻网络原理图如图 3－27 所示。

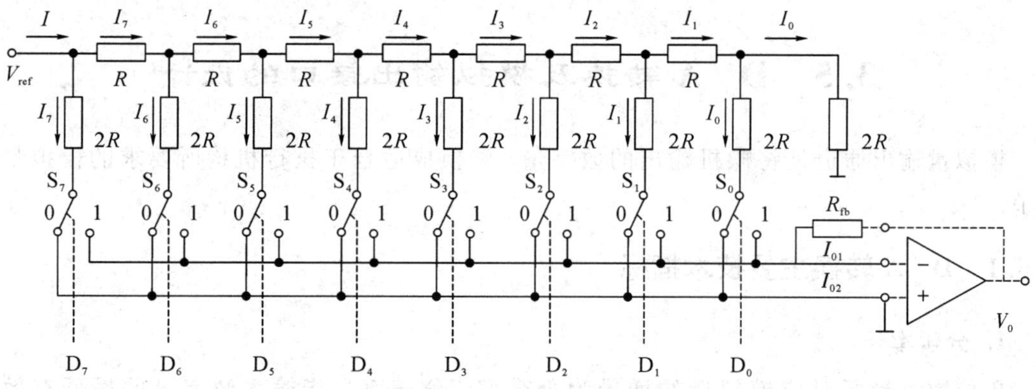

图 3－27　R－2R T 型电阻网络

如果用 8 位二进制代码来控制图中的 S_0～S_7(Di＝1 时，Si 闭合；Di＝0 时，Si 断开)，则不同的二进制代码就对应不同的输出电压 V_0；当二进制代码在 0～FFH 之间变化时，V_0 相应地在 0～－(255/256)V_{ref}之间变化。

3.5.3 模拟量输出通道的组成

模拟量输出通道一般由 D/A 转换器、多路模拟开关、保持器等组成，其中 D/A 转换器是完成数/模转换的主要器件。输出通道有单通道和多通道之分。

1. 单路模拟量输出通道

单路模拟量输出通道结构图如图 3－28 所示。

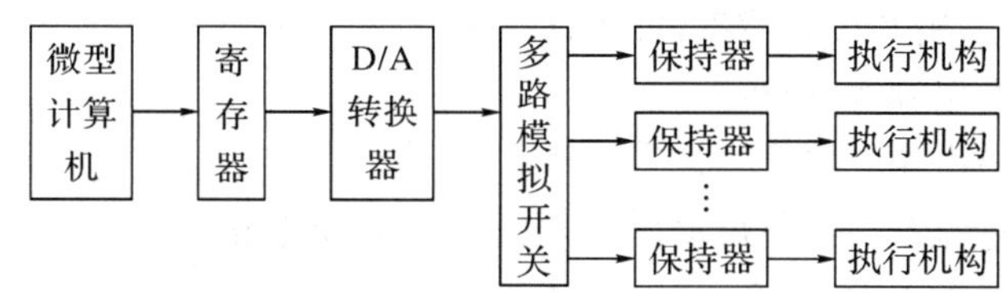

图 3-28　单路模拟量输出通道结构图

(1) 寄存器：用于保存计算机输出的数字量。

(2) D/A 转换器：其作用是将计算机输出的数字量转换为模拟量。

这种形式通常用于输出通道不太多，对速度要求不太高的场合。多路模拟开关轮流接通各个保持器，予以刷新，而且每个通道要有足够的接通时间，以保证有稳定的模拟量输出。

2. 多路模拟量输出通道

电路结构有两种形式：各通道自备 D/A 转换器形式和各通道共用 D/A 转换器形式。各通道共用 D/A 转换器结构图如图 3-29 所示。

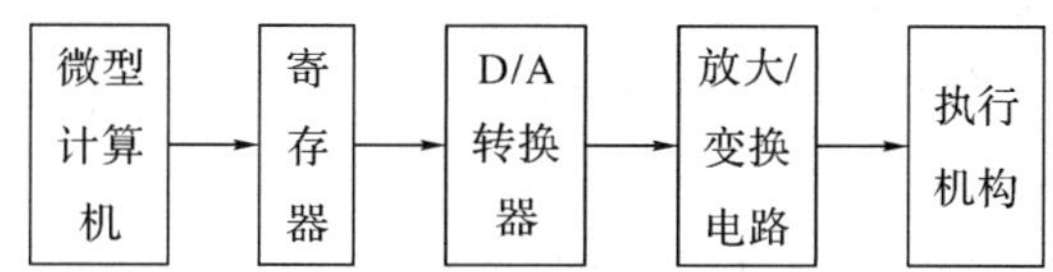

图 3-29　各通道共用 D/A 转换器结构图

放大/变换电路：D/A 转换器输出的模拟量信号往往无法直接驱动执行机构，需要进行适当地放大或变换。

3.5.4　D/A 转换器(DAC)芯片的选择原则

由于 D/A 转换器(DAC)转换的速度通常都能满足要求，故 D/A 转换器的选择标准主要是精度标准。通常，D/A 转换器的精度要求比系统控制的精度要求高 1～2 位即可，如控制精度为 0.1%(即 10 位的精度)，选择 12 位 D/A 转换器芯片即可胜任。

有不少功能较强的单片机已经集成了 D/A 转换器部件。只要其精度满足要求，选择这类单片机将对简化电路设计和降低成本有利。

如果系统没有三总线，串行 D/A 转换器芯片将是合适的选择。如果系统要求微型化，则可选择表贴型封装芯片。

D/A 转换芯片的发展趋势是高精度、串行总线、多路输出、内嵌基准电压源及直接输出模拟电压。随时关心技术进展，是选择最佳芯片的必备条件。

3.5.5　D/A 转换器常用的芯片

以 8 位分辨率的 DAC0832 和 12 位分辨率的 TLC5618 为例，介绍常用并口和串口 D/A 转换器芯片。

1. DAC0832 及其接口电路

1) DAC0832 的特点

DAC0832 的特点如下：

① DAC0832是采用8位分辨率的D/A芯片；

② 它的内部有两级锁存功能；

③ 它无内部参考电源，需外接；

④ 它的输出是电流型，要获得电压输出需外加转换电路。

2) DAC0832引脚功能

DAC0832的引脚图如图3-30所示，主要引脚的功能如下。

- $D_0 \sim D_7$：数据输入线，TLL电平。
- ILE：数据锁存允许控制信号输入线，高电平有效。
- $\overline{CS}$：片选信号输入线，低电平有效。
- $\overline{WR_1}$：输入寄存器的写选通信号。
- $\overline{XFER}$：数据传送控制信号输入线，低电平有效。
- $\overline{WR_2}$：D/A转换器的寄存器写选通输入线。
- I_{OUT1}：电流输出线。当输入全为1时，I_{OUT1}最大。
- I_{OUT2}：电流输出线，其值与I_{OUT1}之和为一常数。
- R_{fb}：反馈信号输入线，芯片内部有反馈电阻。
- V_{CC}：电源输入线（+5 V～+15 V）。
- V_{ref}：基准电压输入线（-10 V～+10 V）。
- AGND：模拟地，模拟信号和基准电源的参考地。
- DGND：数字地，两种地线在基准电源处共地比较好。

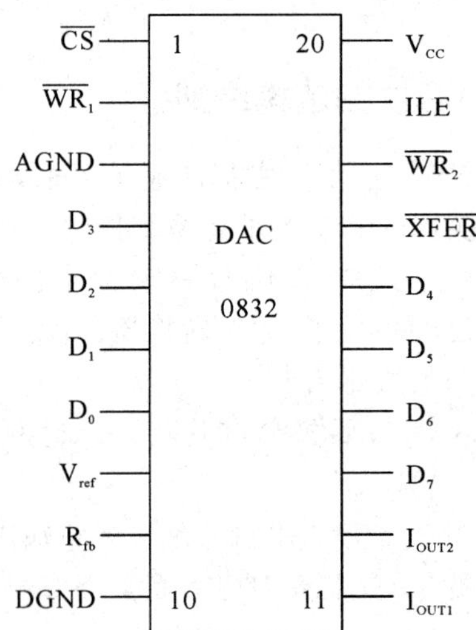

图3-30 DAC0832的引脚图

3) DAC0832的工作原理

DAC0832是常用的8位电流输出型并行低速数模转换芯片。当需要转换为电压输出时，可外接运算放大器，运算放大器（简称运放）的反馈电阻可通过R_{fb}端引用片内固有电阻，也可外接。内部集成两级输入寄存器，使得数据输入可采用双缓冲、单缓冲或直通方式，以便适于各种电路的需要（如要求多路D/A异步输入、同步转换等）。DAC0832内部结

构框图如图 3－31 所示。DAC0832 由 R－2R T 型电阻网络、模拟开关、运算放大器和参考电压 V_{ref} 四大部分组成。

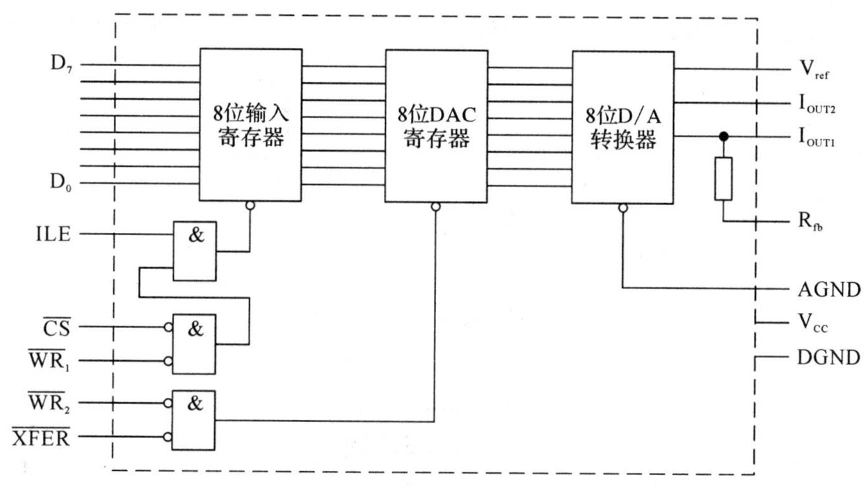

图 3－31　DAC0832 内部结构框图

DAC0832 的输出方式有单极性和双极性两种输出方式，如图 3－32 所示。由于 DAC0832 是电流输出型的，使用时一般需要通过运算放大器转换为电压信号。图 3－32 中 A 点为单极性输出，B 点为双极性输出。

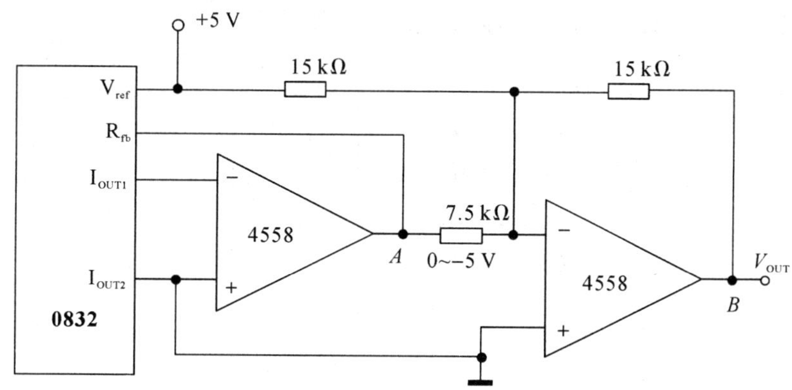

图 3－32　DAC0832 输出电路图

① 单极性输出。

当 $R_{fb}=R=15\ k\Omega$，$R_f=0\ \Omega$ 时，

$$V_0=-V_R\cdot(d_1\cdot 2^{-1}+\cdots+d_n\cdot 2^{-n}) \tag{3-2}$$

② 双极性输出。

$$V_{ob}=-\frac{R_f}{R_1}\cdot\left(V_0+\frac{E_R}{2}\right)=E_R\cdot\frac{R_f}{R_1}\cdot\left[(d_1\cdot 2^{-1}+\cdots+d_8\cdot 2^{-8})-\frac{1}{2}\right] \tag{3-3}$$

以双极性为例，零点调整时，向 DAC0832 输入数字量 80H，调节第 1 级运放的调零电位器，使 $V_A=V_{ref}/2$ 的误差在±1/10 LSB 之间；调节第 2 级运放的调零电位器，使 $V_B=0$ 的误差在±1/10 LSB 之间。增益调整时，向 DAC0832 输入数字量 0FFH，调节第 2 级运放的反馈电阻，使 $V_B=V_{ref}-1$ LSB(设 V_{ref} 为正)的误差在±1/10 LSB 之间。

4) DAC0832与MCS-51单片机的接口

单缓冲器方式要求进行多路转换但不要求同步输出时，接口电路如图3-33所示。ILE接+5 V电压，$\overline{CS}$、$\overline{XFER}$都与地址选择线P2.7相连，$\overline{WR_1}$、$\overline{WR_2}$都由8051的$\overline{WR}$控制。

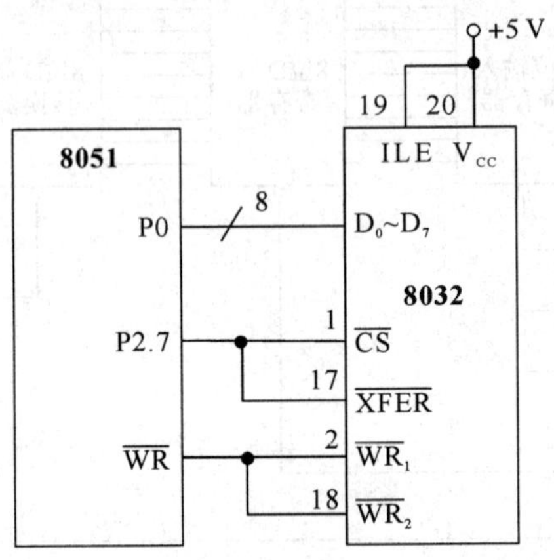

图3-33　DAC0832单缓冲器方式接口电路

双缓冲器同步方式要求同步进行D/A转换输出，其接口电路如图3-34所示。CPU经数据总线分时向各路D/A转换器输入要转换的数字量，并锁存在各路D/A的输入寄存器中，然后CPU对所有的D/A转换器发出控制信号，使各个D/A转换器输入寄存器中的数据输入DAC寄存器，实现多路同步转换输出。

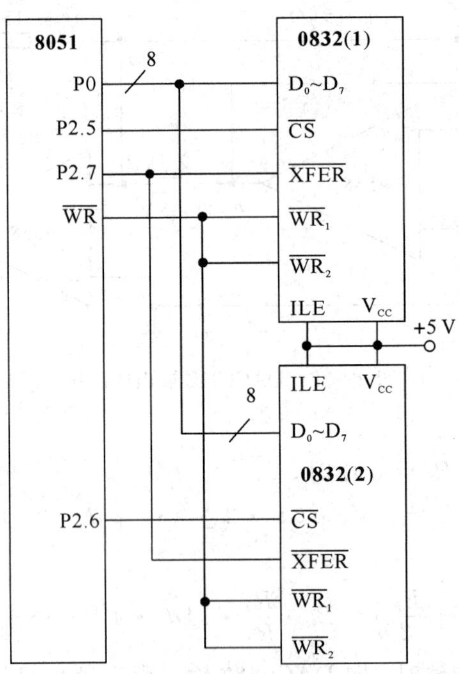

图3-34　DAC0832双缓冲器方式接口电路

P2.5和P2.6分别用于选择两路D/A转换器的输入寄存器；P2.7接到两路D/A转换器的$\overline{XFER}$端控制同步转换；$\overline{WR}$端与$\overline{WR_1}$和$\overline{WR_2}$相连。

2. TLC5618 及其接口电路

1）TLC5618 的特点

TLC5618 是美国 TI 公司生产的带有缓冲基准输入的可编程双路 12 位数/模转换器。D/A 转换器的输出电压范围为基准电压的两倍，且其输出是单调变化的。该器件使用简单，用 5 V 单电源工作，并包含上电复位功能，以确保可重复启动。通过 CMOS 兼容的 3 线串行总线，可对 TLC5618 实现数字控制。器件接收用于编程的 16 位字，产生模拟输出。数字输入端的特点是带有斯密特触发器，因而具有高的噪声抑制能力。

TLC5618 的主要特点有：

① 可编程至 0.5LSB 的建立时间；

② 两个 12 位的 CMOS 电压输出 DAC，单电源工作；

③ 3 线串行接口；

④ 高阻抗基准输入；

⑤ 电压输出范围为基准电压的两倍；

⑥ 软件断电方式；

⑦ 可内部上电复位；

⑧ 低功耗，慢速方式为 3 mW，快速方式为 8 mW；

⑨ 1.21 MHz 的输入数据更新速率；

⑩ 在工作温度范围内，单调变化。

2）TLC5618 引脚排列与引脚功能

TLC5618 的引脚排列如图 3 - 35 所示，各个引脚的功能如下。

- DIN：数据输入。
- SCLK：串行时钟输入。
- $\overline{CS}$：芯片选择，低电平有效。
- OUT A：DAC A 模拟输出。
- AGND：模拟地。
- REFIN：基准电压输入。
- OUT B：DAC B 模拟输出。
- V_{DD}：正电源。

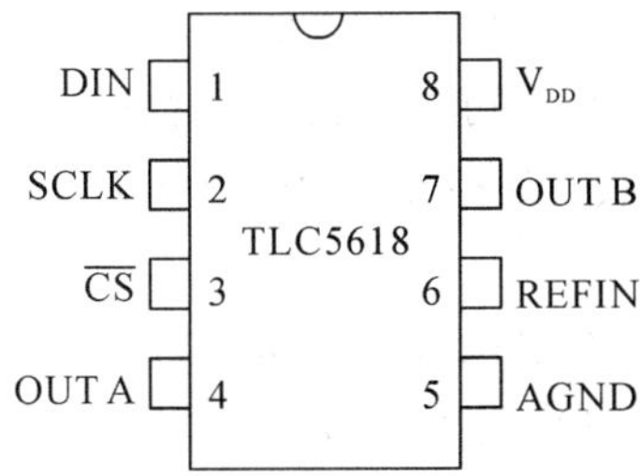

图 3 - 35　TLC5618 的引脚排列

3）TLC5618 的工作原理

TLC5618 由运放缓冲放大器的电阻串网络把 12 位数字数据转换为模拟电压电平，典型工作电路如图 3－36 所示，其输出极性与基准电压 V_{REFIN} 输入相同，数值关系如表 3－2 所示。

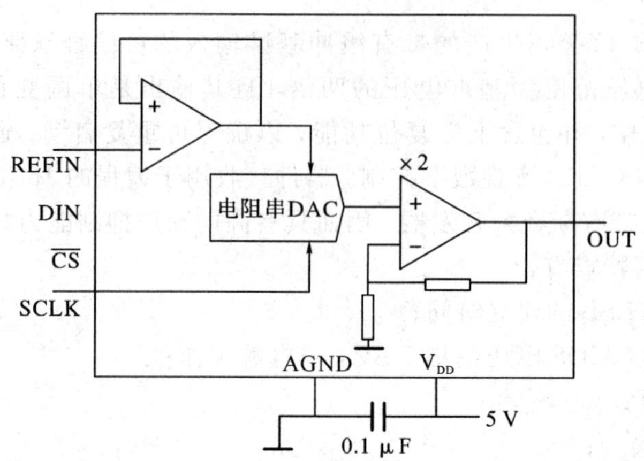

图 3－36　TLC5618 的典型工作电路

表 3－2　二进制代码表(0 V 至 $2V_{REFIN}$ 输出，增益＝2)

输入(十)	输　出
111111111111	$2(V_{REFIN})4095/4096$
…	…
100000000001	$2(V_{REFIN})2049/4096$
100000000000	$2(V_{REFIN})2048/4096=V_{REFIN}$
011111111111	$2(V_{REFIN})4097/4096$
…	…
000000000001	$2(V_{REFIN})1/4096$
000000000000	0 V

输出电压＝$2(V_{REFIN})$ · CODE/4096。上电时，内部电路把 DAC 寄存器复位至 0。

① 缓冲放大器。输出缓冲器具有可达电源电压幅度的输出，它有短路保护并能驱动具有 100 pF 负载电容的 2 kΩ 负载。到达最终值±0. 5LSB 以内的建立时间为软件可选的 15 μs 或 3 μs。

② 外部基准。基准电压输入经过缓冲放大器，它使 DAC 输入电阻与代码无关。因此，REFIN 输入电阻是 10 MΩ，REFIN 输入电容是 5 pF(典型值)，与输入代码无关。基准电压决定 DAC 满度。

③ 逻辑接口。逻辑输入端用 CMOS 逻辑电平工作，可以使用大多数标准高速 CMOS 逻辑系列。

④ 串行时钟和更新速率。最大串行时钟速率为

$$f_{(SCLK)max}=\frac{1}{t_{w(CH)min}+t_{w(CL)min}}=20\ \text{MHz} \tag{3-4}$$

数字更新速率受片选周期的限制，它等于

$$t_{p(CS)}=16\times(t_{w(CH)}+t_{w(CL)})+t_{sn(CSI)} \tag{3-5}$$

式(3-5)等于 820 ns 或 1.21 MHz 更新速率。对于满度输入阶跃跳变，DAC 至 12 位的建立时间限制了更新速率。

⑤ 串行接口。当片选信号($\overline{CS}$)为低电平时，输入数据由时钟定时以最高有效位在前的方式读入 16 位移位寄存器，其中前 4 位为编程位，后 12 位为数据位。SCLK 输入的下降沿把数据移入输入寄存器，然后$\overline{CS}$的上升沿把数据送到 DAC 寄存器。所有$\overline{CS}$的跳变应当发生在 SLCK 输入为低电平时。

16 位数据可以用图 3-37 所示的顺序传送。

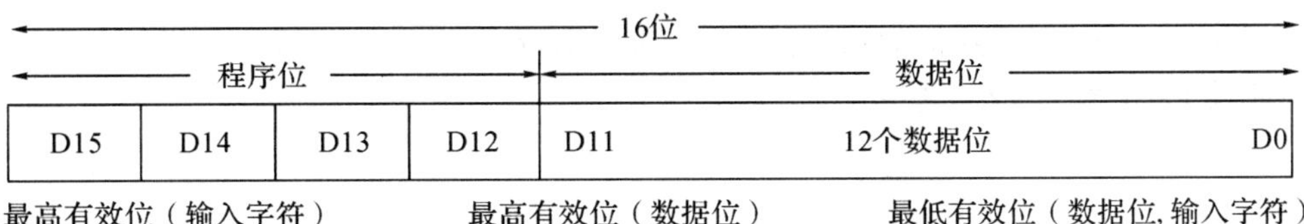

图 3-37　输入数据字格式

可编程位 D15～D12 的功能见表 3-3 所示。

表 3-3　可编程位 D15～D12 的功能

编程位				器件功能
D15	D14	D13	D12	
1	X	X	X	把串行接口寄存器的数据写入锁存器 *A* 并用缓冲器锁存数据更新锁存器 *B*
0	X	X	0	写锁存器 *B* 和双缓冲锁存器
0	X	X	1	仅写双缓冲锁存器
X	1	X	X	14 μs 建立时间
X	0	X	X	3 μs 建立时间
X	X	0	X	上电(Power-up)操作
X	X	1	X	断电(Power-down)方式

有三种可能的数据传送方式，所有的传送均在$\overline{CS}$变为高电平后立即发生。

• 锁存器 *A* 写，锁存器 *B* 更新(D15=高电平，D12=X)。串行接口寄存器(SIR)数据写入锁存器 *A*，双缓存锁存器的内容写入锁存器 *B*。双缓冲器的内容不受影响。此控制状态允许两个 DAC 同时更新。

• 锁存器 *B* 和双缓冲器写(D15=低电平，D12=低电平)。SIR 数据写入锁存器 *B* 和双缓冲器，锁存器 *A* 不受影响。

• 仅写双缓冲器(D15=低电平，D12=高电平)。SIR 数据仅写入双缓冲器，锁存器 *A*

和 B 的内容均不受影响。

⑥ 缓冲器的用途与使用。

通常在写操作之后只有一个 DAC 输出可以改变。双缓冲器允许在单次写操作之后，两个 DAC 输出都改变。这个改变通过以下两步来实现：

步骤一：执行仅写双缓冲器，以储存新的 DAC B 数据，不改变 DAC A 和 DAC B 的输出；

步骤二：执行写锁存器 A。这将把 SIR 的数据写入锁存器 A 并且也把双缓冲器的内容写入锁存器 B。于是，两个 DAC 同时接收其新数据，而且两个 DAC 的输出同时开始改变。

除非发生仅写双缓冲器的命令，否则锁存器 B 和双缓冲器的内容是相同的。因此，在写锁存器 A 或 B 操作之后，另一个写锁存器 A 的操作不会改变锁存器 B 的内容。

4）TLC5618 与 8031 单片机的接口

TLC5618 与 8031 单片机的接口见图 3-38。串行数据通过 P2.1 口输入 TLC5618，串行时钟通过 P2.2 输入，P2.3 接片选端。

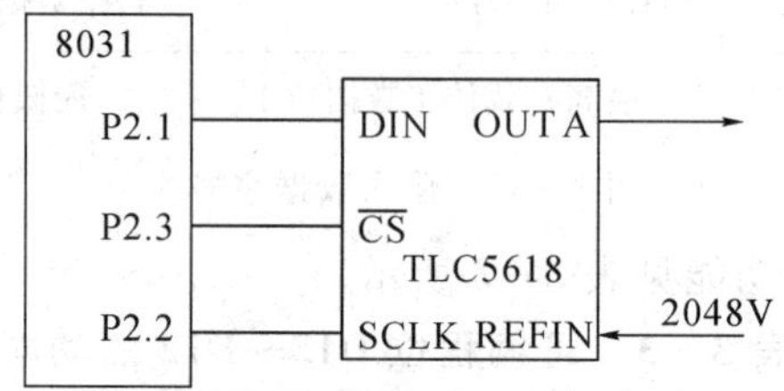

图 3-38 TLC5618 与单片机的三线串行接口

3.6 传 感 器

传感器是指能把物理量或化学量转变成便于利用和输出的电信号，用于获取被测信息，完成信号的检测和转换的器件，其性能直接影响整个仪器的性能。

传感器的类型繁多，有不同的分类方式。

按转换原理可分为物理传感器和化学传感器。物理传感器应用压电、热电、光电、磁电等物理效应将被测信号的微小变化转换成电信号，可靠性好，应用广泛。化学传感器应用化学吸附、电化学反应等现象将被测信号转换成电信号，其应用受可靠性、规模生产的可行性、价格等因素的影响。

按用途可分为力敏传感器、位置传感器、液面传感器、速度传感器、热敏传感器、射线辐射传感器、振动传感器、湿敏传感器、气敏传感器、生物传感器等。

按输出信号的形式可分为模拟传感器、数字传感器和开关传感器。模拟传感器将被测量转换成模拟信号，数字传感器将被测量转换成数字信号，开关传感器当被测量达到某个特定的阈值时将输出一个设定的低电平或者高电平信号。

3.6.1 电信号测量及其接口电路设计

1. 电流传感器

电流传感器按测量方法可分为直接测量型和间接测量型；按测量电流的性质可分为直

流电流型和交流电流型；按转换方法又可分为电流-电压转换型、电流-频率转换型、电流-磁场转换型、电流互感器等，其中以电流-磁场转换型(多霍尔效应型)和电流互感型最为常用。

1）CSN 系列闭环电流传感器

闭环电流传感器可在 0～25 A、0～50 A、0～100 A、0～600 A、0～1200 A 的各测量范围内测量交流、直流和脉冲电流。CSN 系列闭环电流传感器基于霍尔效应和零磁通原理(反馈系统)，使得副边补偿电流与原边电流之比为双方匝比的倒数，并将副边补偿电流作为信号输出。在输出电路中串接电阻后，可获得电压信号。其工作原理如图 3-39 所示。

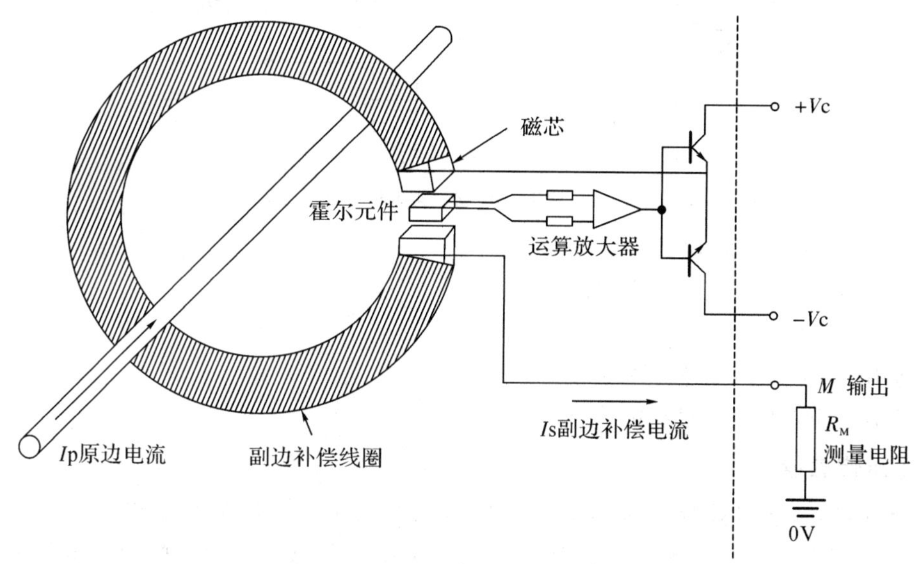

图 3-39　CSN 系列闭环电流传感器工作原理图

原边连接形式有穿孔型和汇流排型，副边连接形式为铲形端子，引脚如图 3-40 所示。电流传感器只需外接正负直流电源，被测电流母线一般从传感器中穿过或接于原边端子，然后在副边端再作一些简单的连接即可完成主控制电路的隔离检测，电路设计非常简单。若与变送器配合使用，经 A/D 转换后，可方便地与计算机或各种仪表接口，并可以进行长距离传输。

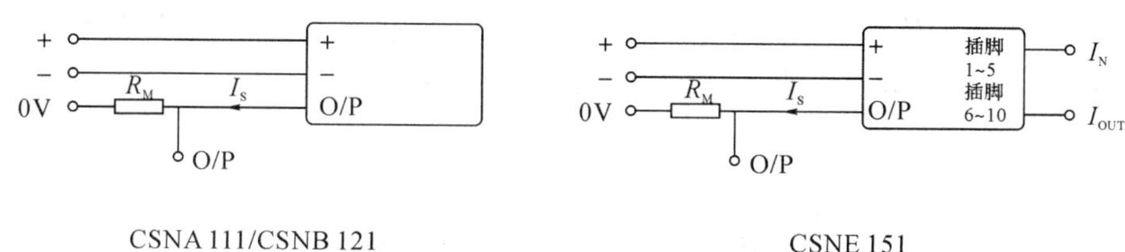

图 3-40　CSN 系列电流传感器引脚

CSN 系列闭环电流传感器具有如下特点：

① 最大测量电流为 1200 A；

② 可测量交流、直流、脉冲电流；

③ 有较高的性价比；

④ 响应快速，无击穿现象；

⑤ 有高过载能力；

⑥ 原边电路与副边电路高度隔离。

2）CLSM－25 电流传感器

CLSM－25 电流传感器也是基于霍尔效应，利用磁平衡方法，使输出电流与被测电流成正比的。它可作为一种测量或反馈采样元件。CLSM－25 电流传感器引脚如图 3－41 所示。

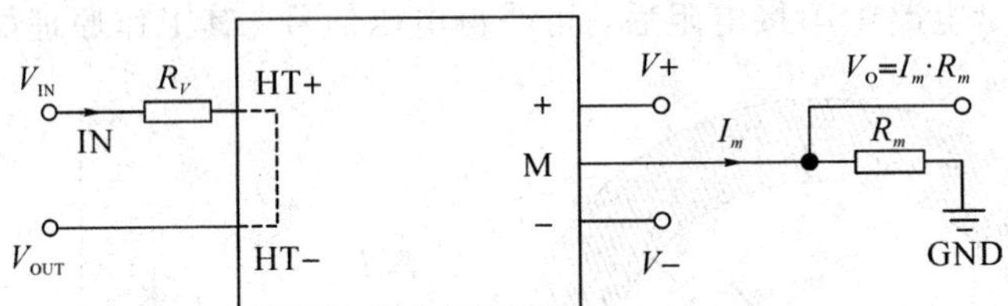

图 3－41 CLSM－25 电流传感器引脚

CLSM－25 电流传感器具有如下特点：

① 线性输出，精度高，高响应速度；

② 抗干扰能力强；

③ 适用于 DC、AC 或任意波形；

④ 极小的插入损耗，过载能力强。

2. 电压传感器

电压传感器是能将被测电压参量转换为相应的电流或电压信号供微处理器处理的装置。跟电流传感器一样，按测量方法分为直接测量型和间接测量型；按测量电压的性质可分为直流电压型和交流电压型；按转换方法又可分为电压-电压转换型（也称分压电路型）、电压-频率转换型、电压-磁场转换型、电压互感型等，其中也是以电压-磁场转换型（多为霍尔效应型）和电压互感器最为常用。电压传感器一般有 5 个接线端子，其中“V＋”、“V－”为原边端子，分别接被测电压输入端的正极和负极。另外 3 个端子为副边端子，“＋”端接＋15 V 电源，“－”端接－15 V 电源，“M”端为信号输出端。

1）LV25－P 电压传感器

LV25－P 电压传感器是应用霍尔原理的闭环电压传感器，原边与副边是绝缘的，主要用于测量直流、交流和脉冲电压。LV25－P 电压传感器接线图如图 3－42 所示。

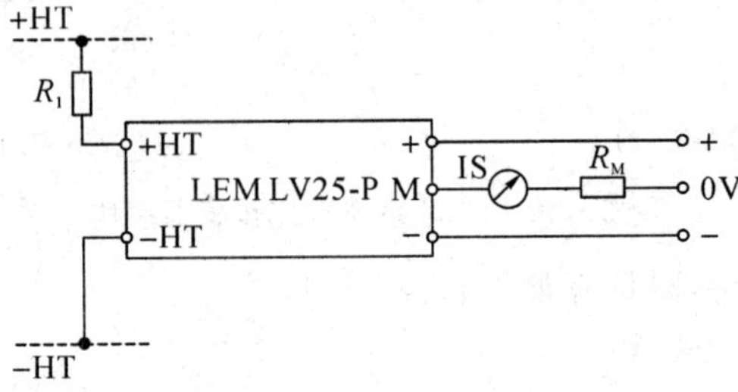

图 3－42 LV25－P 电压传感器接线图

根据所测电压大小的不同，用户可根据需要在被测电压一端串接一个限流电阻 R_1 后再接到传感器的原边，串接电阻 R_1 的大小由式(3-6)决定：

$$R_1 = \frac{V_p}{I_{in} - R_{in}} \tag{3-6}$$

式中，V_p 为被测电压，I_{in}为额定输入电流，R_{in}为传感器的原边内阻。

串接电阻功率大小由式(3-7)决定：

$$W = V_p \cdot I_{in} \tag{3-7}$$

LV25-P 电压传感器具有如下特点：出色的精度；良好的线性度；低温度漂移；抗外界干扰能力强；共模抑制比大；反应时间快；频带宽。

2）HB-BDLD 型交流电压传感器

HB-BDLD 型交流电压传感器是根据电磁感应原理设计制造的，具有电隔离性能好、结构轻巧、使用方便等特点，能实现对交流电压信号的隔离检测和变换。输出信号为跟踪式信号，实时反映被测信号的状况，可以直接与各种 A/D 转换器或指示记录仪、计算机系统相匹配。

3.6.2　非电信号测量及其接口电路设计

1. 温度传感器

温度传感器是指能感受温度并转换成可用输出信号的传感器。温度传感器一般是利用材料热敏特性，实现由温度到电参量的转换的。

根据使用方式，温度传感器通常分为直接接触式温度传感器和非接触式温度传感器。热电阻传感器、热电偶传感器、集成温度传感器均属于接触式温度传感器；红外温度传感器属于非接触式温度传感器。

1）电阻温度传感器

电阻温度传感器以电阻作为温度敏感元件，根据敏感材料不同又可分成热电阻式和热敏电阻式。热电阻一般用金属材料制成，如铂、铜、镍等；热敏电阻是以半导体制成的陶瓷器件，如锰、镍、钴等金属的氧化物与其他化合物按不同配比烧结而成的器件。由于铂电阻测温范围宽，线性度好，精度高，制作误差小，结构简单且已有统一的国际标准，因此，铂电阻温度传感器已广泛应用于许多场合的温度测量与控制，其测量精度可达到 0.001℃。

我国最常用的铂热电阻有 $R_0=10\ \Omega$ 和 $R_0=100\ \Omega$ 两种，它们的分度号分别为 Pt10 和 Pt100；铜热电阻有 $R_0=50\ \Omega$ 和 $R_0=10\ \Omega$ 两种，它们的分度号分别为 Cu50 和 Cu100。其中 Pt100 和 Cu50 的铂热电阻应用最为广泛。

热电阻传感器主要用于－200～＋500℃的低温温度测量，其主要特点是测量精度高、性能稳定。随着技术的发展，热电阻也可用于低至 1～3 K(1℃＝273.15 K)，高至 1000～1300℃的温度测量。

2）铂电阻温度传感器、铂电阻及铂电阻的测温原理

(1) 铂电阻温度传感器。

铂电阻温度传感器是利用铂电阻丝在温度变化时自身电阻值也随之改变的特性来测量温度的，可用于测量－200～800℃范围内的温度，显示仪表将会指示出铂电阻的电阻值所

对应的温度值。当被测介质中存在温度梯度时，所测得的温度是感温元件所在范围内介质层中的平均温度。铂电阻温度传感器的优点是：电气性能稳定，温度和电阻关系接近线性，精度高。

（2）铂电阻。

通过铂电阻的测量电流最大不应超过 1 mA。常温绝缘电阻的试验电压可取直流 10～100 V 之间的任意值，环境温度应在 15～35℃范围内，相对湿度应不大于 80%，常温绝缘电阻值应大于 100 MΩ。由于该传感器为电阻元件，通电后必然会产生自热效应，从而引起自热误差，公式如下：

$$\Delta t=\left(\frac{2IR_t}{E_k}\right)\times 1000 \tag{3-8}$$

其中：Δt 为自热误差(单位：K)，铂电阻允许通过的最大测量电流为 5 mA，由此产生的温升不大于 0.3℃；E_k 为自热系数(单位：mW/K)；I 为流过薄膜铂电阻的电流(单位：mA)；R_t 为温度为 t℃时的电阻值。

铂电阻具有极好的长期稳定性。一般在 600℃的高温下，连续工作 10 000 h 以后，其阻值可保证仅偏离原值的 0.002%。

铂电阻与温度之间的关系近似线性关系。

在 0～800℃范围内，铂热电阻阻值为

$$R_t=R_0(1+At+Bt^2) \tag{3-9}$$

在 −200～0℃范围内，铂热电阻阻值为

$$R_t=R_0[1+At+Bt^2+C(t-100)t^3] \tag{3-10}$$

式中：R_t 是温度为 t℃时的电阻，R_0 是温度为 0℃时的电阻，t 为任意温度，A、B、C 为温度系数。其中，$A=3.90802\times10^{-3}$/℃，$B=-5.80195\times10^{-7}$/℃^{2}，$C=4.22\times10^{-12}$/℃$^{-4}$。

温度系数的值很小，在 0～100℃时，最大非线性偏差小于 0.5℃。R_0 不同，R_t 和 t 的关系也不同，故一般在应用中将相应于 $R_0=100\ \Omega$ 的 R_t-t 的关系制成分度表。

（3）铂电阻的测温原理。

在各种智能仪表中，对于铂电阻测温，典型的用法是用不平衡电桥将铂电阻随温度变化的电信号输出，再经放大和 A/D 转换后送单片机进行运算。铂电阻的非线性、不平衡电桥的非线性以及连接引线电阻的附加影响都会给测温带来一定的误差。当被测温点远离测量仪表所处的控制室时，从现场到控制室引线所经受的环境温度影响难以估计。因此，要实现高精度测温必须消除或补偿引线电阻的影响，减小、消除测量电路的非线性。工业上一般采用三线制铂电阻测温方案。

图 3-43 所示为三线制铂电阻测温电桥电路。由电路知

$$V_o=\frac{V_i}{2}\cdot\frac{(R_t-R_B)}{R_t+R_B+2r_t} \tag{3-11}$$

式中：R_B 为初始温度 t_0 时的铂电阻阻值，$R_B=R_{t_0}$；r_t 为铂电阻引线电阻。

当 r_t 因环境温度影响变为 r_{t1} 时，有

$$V_o=\frac{V_i}{2}\cdot\frac{(R_t-R_B)}{R_t+R_B+2r_{t1}} \tag{3-12}$$

$$\frac{\Delta V_o}{V_o}=\frac{V'_o-V_o}{V_o}=\frac{2(r_{t1}-r_t)}{R_t+R_B+2r_t} \tag{3-13}$$

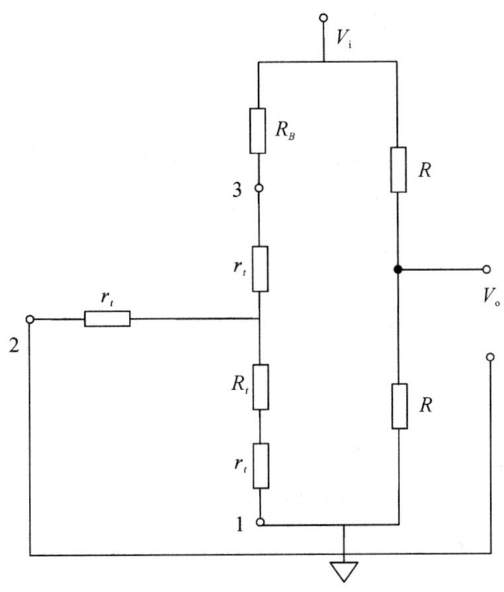

图 3-43　三线制铂电阻测温电桥电路

以长 100 m、截面为 1 mm² 的铜导线为例，其电阻为 $r=\rho\cdot 20\times 100=1.72\ \Omega$。若引线所处环境温度在 20℃基础上变化±20℃(平均值)，则有

$$\Delta r = r_{t1} - r_t = \pm \alpha t r_t = \pm 0.004 \times 20 \times 1.72 = \pm 0.1376(\Omega) \qquad (3-14)$$

式中：α 为铜阻平均温度系数。

为克服铂电阻引线与环境温度变化带来的影响使不平衡电桥电路无法满足高精度测温的要求，采用 1 mA 恒流源电阻/电压转换三线制铂电阻测量电路如图 3-44 所示，R_{11} 和 LM324 的 5 引脚分别与铂电阻的两根引线相连，引线电阻未画出。第一级电路：LM324 的第一个运放差动检测 100 Ω 标准电阻 R_9 的电压，LM324 的第二个运放跟随 Pt100 的电压；两个电压进入第二级电路：LM324 的第三个运放差动检测 Pt100 与 100 Ω 标准电阻的电压差值；最后一级放大所检测到的模拟电压，送给 ADC 进行转换。

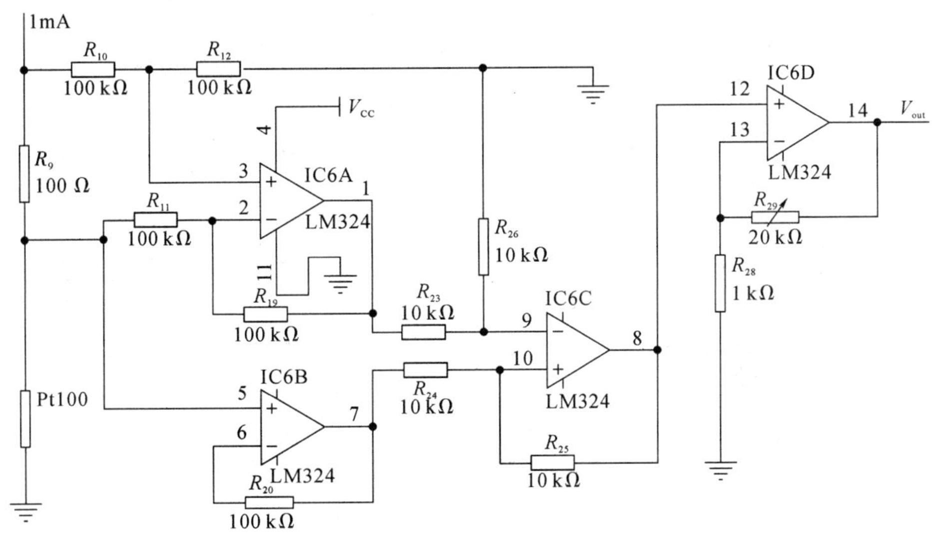

图 3-44　恒流源测量放大电路

3）单线数字温度传感器 DS18B20

（1）DS18B20 的特点。

DS18B20 单线数字温度传感器，即“一线器件”，其具有以下独特的优点：

• 采用单总线的接口方式，与微处理器连接时仅需要一条口线即可实现微处理器与 DS18B20 的双向通信。单总线具有经济性好，抗干扰能力强，适合于恶劣环境的现场温度测量，使用方便等优点，使用户可轻松地组建传感器网络，为测量系统的构建引入了全新的概念。

• 测量温度范围宽，测量精度高。DS18B20 的测量范围为－55～＋125℃；在－10～＋85℃范围内，精度为±0.5℃。

• 在使用中，不需要任何外围元件。

• 具有多点组网功能。多个 DS18B20 可以并联在唯一的单线上，实现多点测温。

• 供电方式灵活。DS18B20 可以通过内部寄生电路从数据线上获取电源。因此，当数据线上的时序满足一定的要求时，可以不接外部电源，从而使系统结构更趋简单，可靠性更高。

• 测量参数可配置 DS18B20 的测量分辨率，可通过程序设定 9～12 位。

• 负压特性电源极性接反时，温度计不会因发热而烧毁，但却不能正常工作。

• 掉电保护功能。DS18B20 内部含有 EEPROM，在系统掉电以后，它仍可保存分辨率及报警温度的设定值。

DS18B20 具有体积更小、适用电压更宽、更经济、可选更小的封装方式。其更宽的电压适用范围，适合于构建自己的经济的测温系统，因此也就易被设计者们所青睐。

（2）DS18B20 的内部结构。

DS18B20 内部结构主要由 4 部分组成，即 64 位 ROM，温度传感器，非挥发的温度报警触发器 TH、TL，配置寄存器，如图 3－45 所示。ROM 中的 64 位序列号是出厂前被光刻好的，它可以看作是该 DS18B20 的地址序列码，每个 DS18B20 的 64 位序列号均不相同。

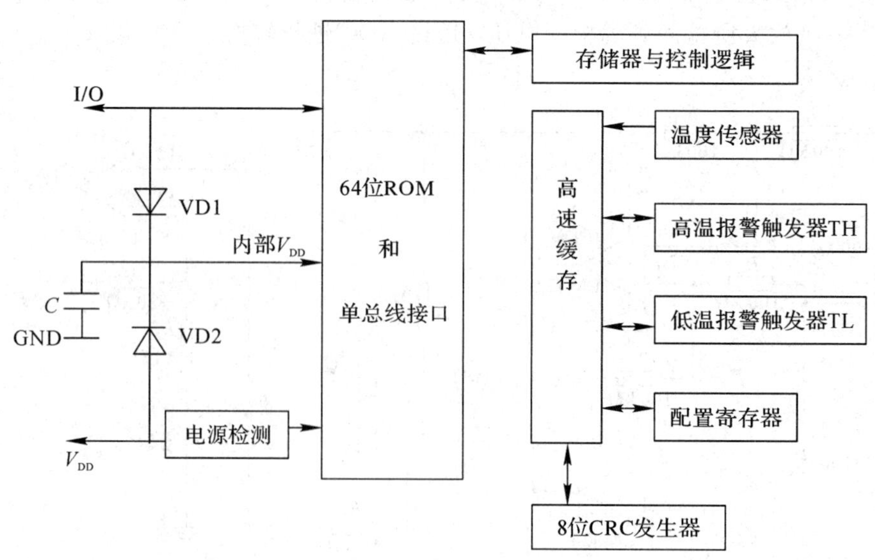

图 3－45　DS18B20 内部结构图

64 位 ROM 的循环冗余校验码为 CRC＝X∧8＋X∧5＋X∧4＋1。ROM 的作用是使每一个 DS18B20 都各不相同，这样就可以实现一根总线上挂接多个 DS18B20 的目的。

（3）DS18B20 的引脚排列与功能。

DS18B20 引脚示意图如图 3－46 所示，引脚功能如下：

- GND 为电源地；
- DQ 为数字信号输入/输出端；
- V_{DD}为外接供电电源输入端(在寄生电源接线方式时接地)。

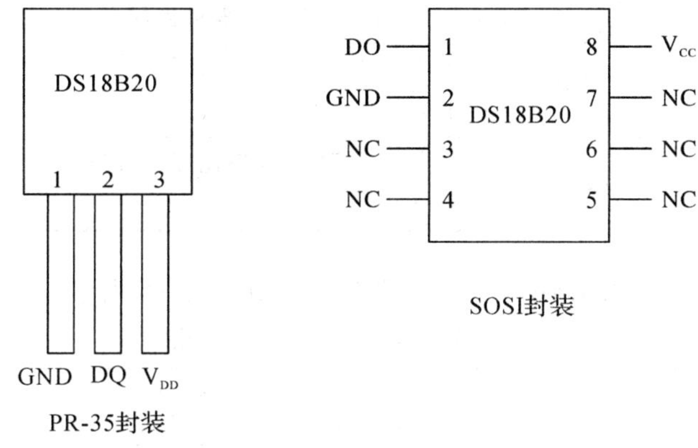

图 3－46　DS18B20 引脚示意图

（4）温度测量表示形式。

DS18B20 中的温度传感器完成对温度的测量，用 16 位二进制形式提供，形式表达，如图 3－47 所示，其中 S 为符号位。

	bit 7	bit 6	bit 5	bit 4	bit 3	bit 2	bit 1	bit 0
LS Byte	2^3	2^2	2^1	2^0	2^{-1}	2^{-2}	2^{-3}	2^{-4}
	bit 15	bit 14	bit 13	bit 12	bit 11	bit 10	bit 9	bit 8
MS Byte	S	S	S	S	S	2^6	2^5	2^4

图 3－47　温度测量表示形式

例如：＋125℃的数字输出 07D0H(正温度直接把 16 进制数转成 10 进制即得到温度值)。－55℃的数字输出为 FC90H(负温度把得到的 16 进制数取反后加 1 再转成 10 进制数)。

（5）温度转换。

根据 DS18B20 的协议规定，微控制器控制 DS18B20 完成温度的转换必须经过以下 3 个步骤：

① 每次读写前对 DS18B20 进行复位初始化。复位要求主 CPU 将数据线下拉 500 μs，然后释放。DS18B20 收到信号后，等待 16～60 μs 左右，然后发出 60～240 μs 的存在低脉冲，主 CPU 收到此信号后，表示复位成功。

② 发送一条 ROM 指令。DS18B20 的 ROM 指令集如表 3－4 所示。

表 3-4 DS18B20 的 ROM 指令集

指令名称	指令代码	指 令 功 能
读 ROM	33H	读 DS18B20 ROM 中的编码(即读 64 位地址)
ROM 匹配(符合 ROM)	55H	发出此命令之后，接着发出 64 位 ROM 编码，访问单总线上与编码相对应 DS18B20，使之作出响应，为下一步对该 DS18B20 的读写做准备
搜索 ROM	0F0H	用于确定挂接在同一总线上 DS18B20 的个数和识别 64 位 ROM 地址，为操作各器件做好准备
跳过 ROM	0CCH	忽略 64 位 ROM 地址，直接向 DS18B20 发温度变换命令，适用于单片机工作
警报搜索	0ECH	该指令执行后，只有温度超过设定值上限或下限的片子才做出响应

③ 发送存储器指令。DS18B20 的存储器指令集如表 3-5 所示。

表 3-5 DS18B20 的存储器指令集

指令名称	指令代码	指 令 功 能
温度变换	44H	启动 DS18B20 进行温度转换，转换时间最长为 500 ms(典型为 200 ms)，结果存入内部 9 字节 RAM 中
读缓存器	0BEH	读内部 RAM 中 9 字节的内容
写缓存器	4EH	发出向内部 RAM 的第 3 字节和 4 字节写上、下限温度数据命令，紧跟该命令之后，是传送 2 字节的数据
复制缓存器	48H	将 RAM 中第 3 字节和 4 字节的内容复制到 EEPROM 中
重调 EEPROM	0B8H	EEPROM 中的内容恢复到 RAM 中的第 3 字节和 4 字节
读供电方式	0B4H	读 DS18B20 的供电模式。寄生供电时，DS18B20 发送"0"；外接电源供电时，DS18B20 发送"1"

DS18B20 进行温度转换，具体的操作如下：

① 主机复位操作。

② 主机写跳过 ROM 的操作命令(CCH)。

③ 主机写转换温度的操作命令，随后，释放总线至少 1 s，让 DS18B20 完成转换的操作。

注意每个命令字节在写的时候都是低字节先写，例如 CCH 的二进制为 11001100，在写到总线上时要从低位开始写，整个操作的总线状态如图 3-48 所示。

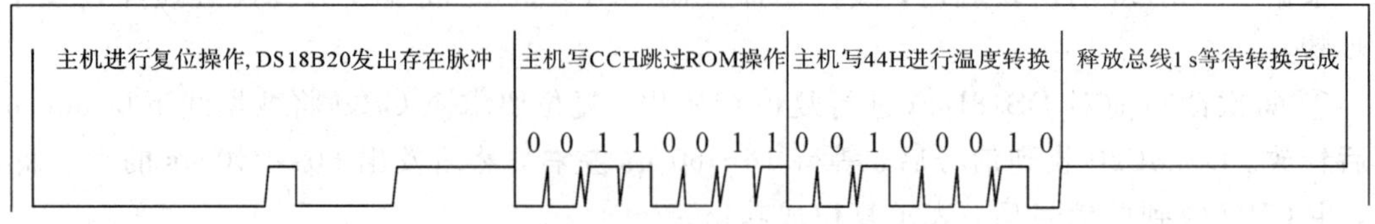

图 3-48 写操作的总线状态图

读取 RAM 内的温度数据，具体的操作如下：

① 主机进行复位操作并接收 DS18B20 的存在(应答)脉冲。

② 主机发出跳过对 ROM 的操作命令(CCH)。

③ 主机发出读取 RAM 的命令(BEH)，随后主机依次读取 DS18B20 发出的 9 字节的数据。如果只想读取温度数据，那读完前 2 字节的数据即可。同样读取数据也是低位在前的。整个操作的总线状态如图 3－49 所示。

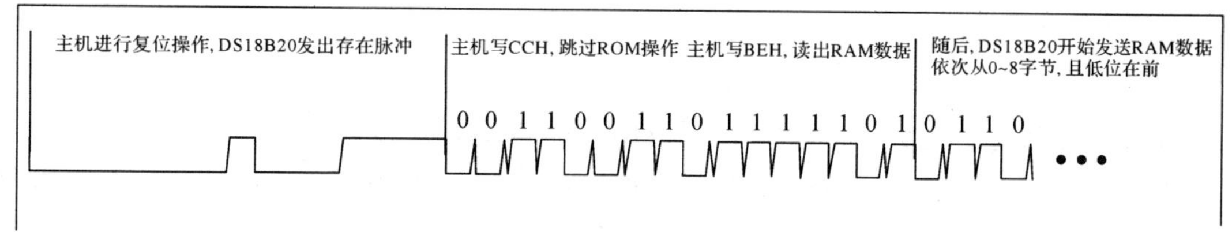

图 3－49 读操作的总线状态图

(6) 接口电路连接。

DS18B20 接口电路设计分为单个芯片连接设计和多个芯片连接设计。

① 外部供电模式下的单个 DS18B20 芯片的连接图如图 3－50 所示。

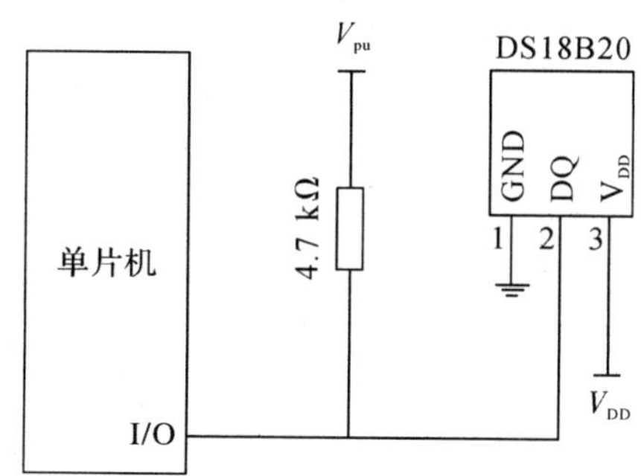

图 3－50 单个 DS18B20 芯片连接图

② 外部供电模式下的多个 DS18B20 芯片的连接图如图 3－51 所示。

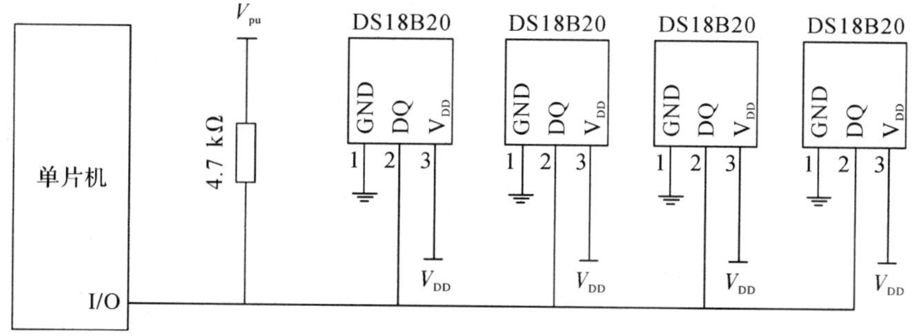

图 3－51 多个 DS18B20 芯片连接图

2. 湿度传感器

湿度是指物质中所含水分的量，可通过湿度传感器进行测量。湿度传感器是将环境湿度转换为电信号的装置。现代化的工农业生产及科学实验对空气湿度的重视程度日益提高，要求也越来越高，如果湿度不能满足要求，将会造成不同程度的不良后果。

湿度传感器种类很多，也没有统一分类标准。按探测功能来分，可分为绝对湿度型、相对湿度型和结露型；按传感器的输出信号来分，可分为电阻型、电容型和电抗型，其中，电阻型最多，电抗型最少；按湿敏元件工作机理来分，又分为水分子亲和力型和非水分子亲和力型两大类，其中水分子亲和力型应用更广泛；按材料来分，可分为陶瓷型、有机高分子型、半导体型和电解质型等。

1）HR202 湿敏电阻

HR202 湿敏电阻是采用有机高分子材料的一种新型的湿度敏感元件，感湿范围宽，长期使用性能稳定，可以应用于仓储、车厢、居室内空气质量控制、楼宇自控、医疗、工业控制系统及科研领域等。其特性参数如表 3-6 所示。

表 3-6　HR202 湿敏电阻特性参数

工作温度范围	0℃～+60℃
检测范围	20～95% RH(相对湿度)
检测精度	±5% RH(相对湿度)
工作电压	AC 1.5 V (50～2 kHz)
特征阻抗范围	31.2(19.8～50.2)kΩ(60% RH，25℃)
响应时间	小于 12 s(相对湿度从 20%到 90%所用时间)
湿度漂移(每年)	±2% RH
湿滞	小于等于 1.5% RH

HR202 湿敏电阻电路图如图 3-52 所示。

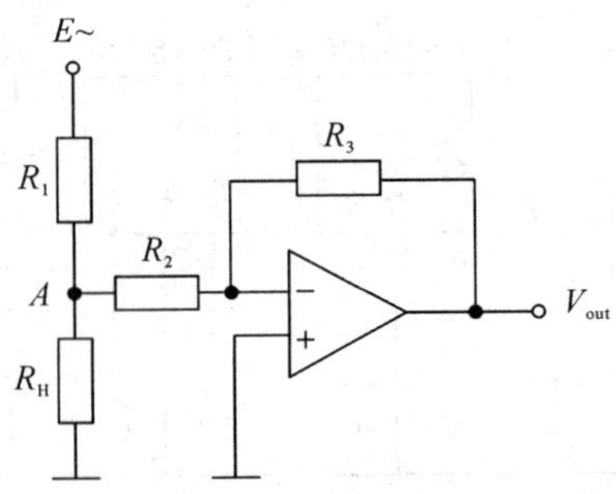

图 3-52　HR202 湿敏电阻电路图

由图 3-52 可得 A 点的电压为

$$V_A = E\frac{R_H /\!/ R_2}{R_H /\!/ R_2 + R_1} \tag{3-15}$$

经放大后输出电压 V_{out}，经 A/D 转换后送单片机。其中，输出电压为

$$V_{out} = -V_A \frac{R_3}{R_2} \tag{3-16}$$

2）DHT11 数字温湿度传感器

DHT11 数字温湿度传感器是一款含有已校准数字信号输出的温湿度复合传感器，它应用专用的数字模块采集技术和温湿度传感技术，确保产品具有极高的可靠性和卓越的长期稳定性。DHT11 数字温湿度传感器包括一个电阻式感湿元件和一个 NTC 测温元件，并与一个高性能 8 位单片机相连接。因此该产品具有品质卓越、超快响应、抗干扰能力强、性价比极高等优点。每个 DHT11 传感器都在极为精确的湿度校验室中进行校准。校准系数以程序的形式存在 OTP 内存中，传感器内部在检测信号的处理过程中要调用这些校准系数。单线制串行接口，使系统集成变得简易快捷。超小的体积、极低的功耗，使其成为在苛刻应用场合下的最佳选择。

（1）DHT11 的引脚排列与功能。

DHT11 数字温湿度传感器产品为 4 针单排引脚封装，连接方便，引脚图如图 3-53 所示。

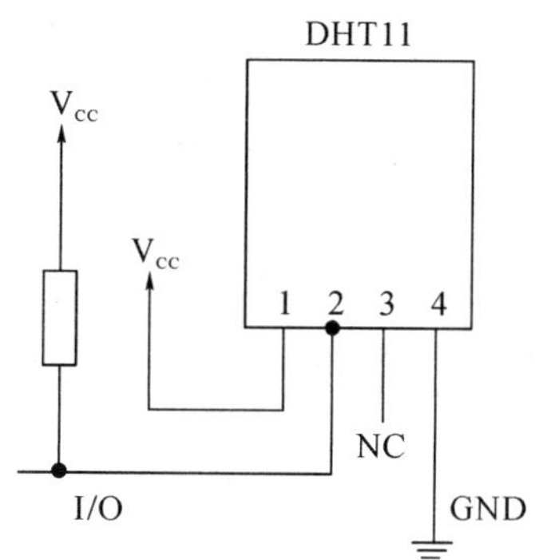

图 3-53　DHT11 温湿度传感器引脚图

引脚功能如下：

- V_{CC}：供电为 3.5～5.5 V 直流。
- I/O：串行数据，单总线，必须接上拉电阻 5.1 kΩ 左右，这样空闲时 I/O 才总是为高电平。
- GND：接地，电源负极。
- NC：空脚。

（2）DHT11 的数据格式和校验算法。

DHT11 数字温湿度传感器通过单总线与微处理器通信，只需要一根线，一次传送 40 位数据，高位先传出。

① DHT11 的数据格式。格式形式如下：

8 bit 湿度整数数据＋8 bit 湿度小数数据＋8 bit 温度整数数据＋8 bit 温度小数数据＋8 bit 校验位。

② 校验算法：将湿度、温度的整数小数累加，只保留低 8 位。

若接收到的是 40 位数据，则其数值和功能对照如下：

0011 0101	0000 0000	0001 1000	0000 0000	0100 1101
湿度高 8 位	湿度低 8 位	温度高 8 位	温度低 8 位	校验位

校验计算：若 0011 0101＋0000 0000＋0001 1000＋0000 0000＝0100 1101，则说明接收数据正确。湿度值为：0011 0101＝35H＝53%RH；温度值为：0001 1000＝18H＝24℃。

(3) DHT11 工作的详细流程。

微处理器(M0)与 DHT11 通信约定为主从结构，DHT11 为从机，M0 作为主机，只有主机呼叫从机，从机才能应答。

M0 发送起始信号→DHT11 发出响应信号→DHT11 通知 M0，准备接收信号→DHT11 发送准备好的数据→DHT11 发出结束信号→DHT11 内部重测环境温湿度数据并记录数据，等待下一次 M0 的起始信号。每次读取的间隔时间大于 5 s 就足够获取到准确的数据，上电时，DHT11 需要 1 s 的时间稳定。数据时序图如图 3－54 所示。

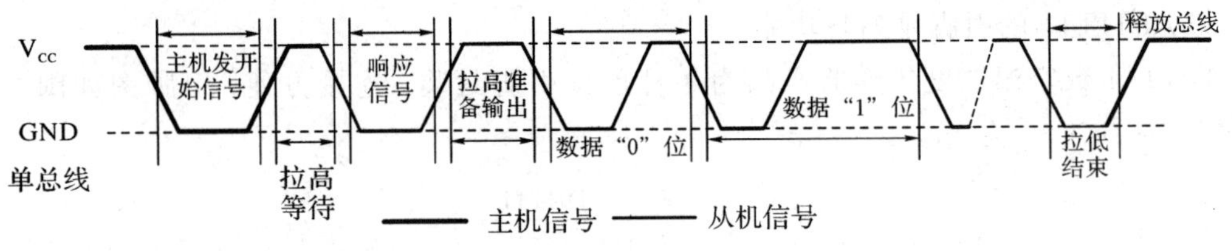

图 3－54 数据时序图

① M0 发送起始信号的步骤。

(a) 设置 DATA 引脚为输出状态并输出高电平。

(b) 再将 DATA 输出为低电平，持续时间大于 18 ms。DHT11 检测到信号后，从低功耗模式进入高速模式。

(c) DATA 引脚设置为输入状态，由于上拉电阻的关系，DATA 就变为高电平，从而完成一次起始信号。

② DHT11 响应信号、准备信号的步骤。DHT11 在 M0 的 DATA 引脚输出低电平时，从低功耗模式转至高速模式，等待 DATA 引脚变为高电平。

(a) DHT11 输出 80 μs 低电平作为应答信号。

(b) DHT11 输出 80 μs 高电平通知微处理器准备接收数据。

(c) 连续发送 40 位数据(即上次采集的数据)。

③ DHT11 数据信号的格式。

数据为“0”的格式：50 μs 的低电平＋26～28 μs 的高电平，如图 3－55 所示。

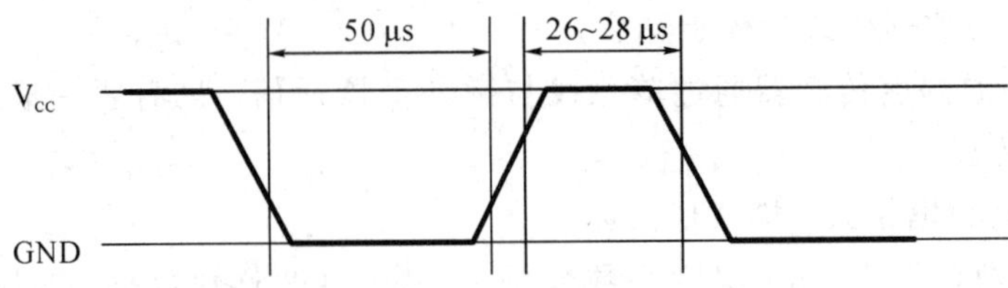

图 3－55 数据为“0”的格式

数据为“1”的格式：50 μs 的低电平＋70 μs 的高电平，如图 3－56 所示。

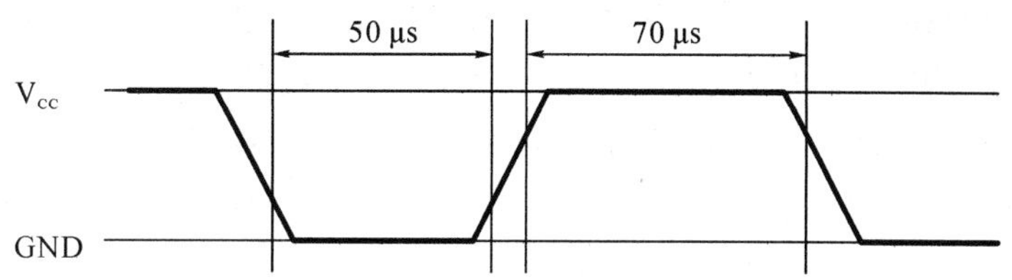

图 3-56　数据为“1”的格式

④ DHT11 结束信号的步骤。DATA 引脚输出 40 位数据后，继续输出低电平 50 μs 后转为输入状态，而由于上拉电阻，DATA 随之变为高电平。DHT11 内部开始重测环境温湿度数据，并记录数据，等待外部的起始信号。

(4) DHT11 主要技术数据。

DHT11 主要技术数据如下：

- 可以检测周围环境的湿度和温度；
- 湿度测量范围：20%～95%(0°～50°范围)；湿度测量误差：±5%；
- 温度测量范围：0～50℃；温度测量误差：±2℃；
- 工作电压：3.3～5 V；
- 输出形式为数字输出；
- 小板 PCB 尺寸：3.2 cm×1.4 cm；
- 电源指示灯(红色)。

3. 气体传感器

气体传感器从检测气体种类上，通常分为可燃气体传感器(常采用催化燃烧式、红外、热导、半导体式)、有毒气体传感器(一般采用电化学、金属半导体、光离子化、火焰离子化式)、有害气体传感器(常采用红外、紫外等)、氧气类传感器(常采用顺磁式、氧化锆式)等。

从使用方法上，通常分为便携式气体传感器和固定式气体传感器。

按传感器检测原理，通常分为热学式气体传感器、电化学式气体传感器、磁学式气体传感器、光学式气体传感器、半导体式气体传感器、气相色谱式气体传感器等。热学式气体传感器主要有热导式和热化学式两大类。热导式是利用气体的热导率，通过对其中热敏元件电阻进行改变来测量一种或几种气体组分浓度的。热化学式是基于被分析气体化学反应的热效应，典型的为催化燃烧式气体传感器，其主要工作原理是在一定温度下，一些金属氧化物半导体材料的电导率会跟随环境气体的成分变化而变化。

1) MJC4/3.0L 型瓦斯传感器

MJC4/3.0L 型瓦斯传感器是基于催化燃烧效应原理工作的，由检测元件和补偿元件分别组成电桥的两个臂，遇可燃性气体时根据检测元件电阻的变化，桥路输出电压的大小也发生变化，当气体浓度变大时，桥路输出电压随之变大，二者成正比关系。补偿元件的作用是参数比较和温湿度补偿。MJC4/3.0L 型瓦斯传感器的主要应用场合是工业现场或矿井中可燃性气体浓度检测，包括天然气、液化气、煤气、烷类等，还对汽油、醇、酮、苯等有机溶剂蒸气的检测。

MJC4/3.0L 型瓦斯传感器的特点有：响应速度快；元件工作稳定、可靠；测量精度高；

重现性好；调校周期和寿命长。其主要数据参数：工作电压为(3.3±0.1) V；工作电流为(110±10) mA；1%甲烷的灵敏度为 20～30 mV；1%丁烷的灵敏度为 30～50 mV；1%氢气的灵敏度为 25～45 mV；线性度小于或等于 5%；响应时间大于 10 s；恢复时间小于 30 s，其基本测试电路如图 3－57 所示。

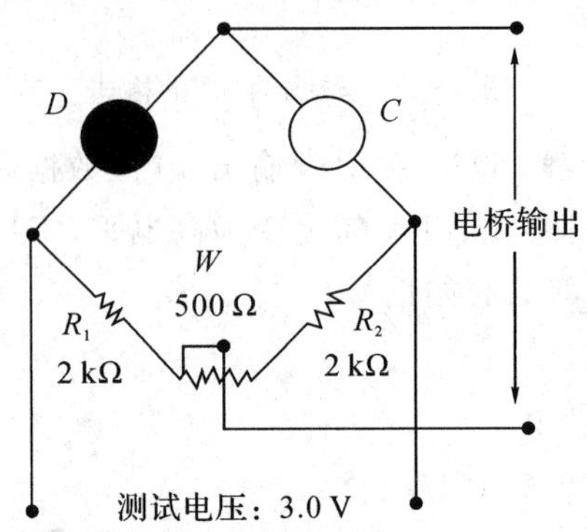

图 3－57　MJC4/3.0L 型瓦斯传感器的基本测试电路

MJC4/3.0L 型瓦斯传感器有四个引脚，由测量元件和补偿元件分别引出两个引脚。由于其输出电压很低且为模拟信号，不能满足单片机的 I/O 引脚要求，因此选用了 AD620 放大芯片，它兼有 A/D 转换和放大两种功能。MJC4/3.0L 型瓦斯传感器的输出信号在经过此芯片放大变换后，从 OUT 脚直接输出给单片机的 P1.4 脚，如图 3－58 所示。

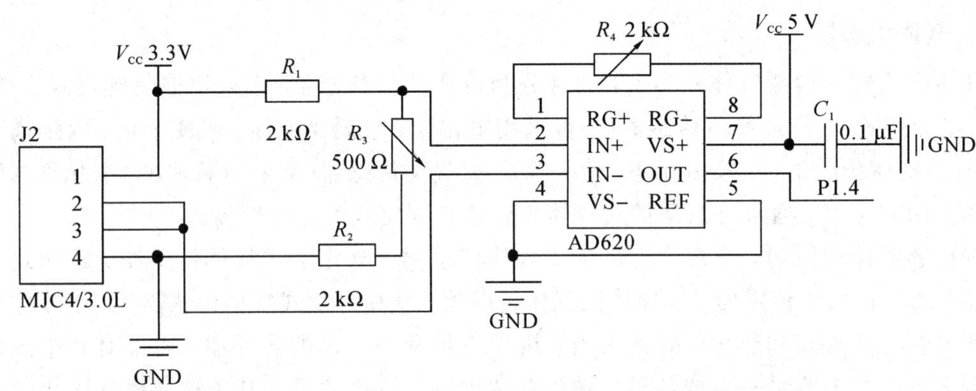

图 3－58　MJC4/3.0L 型瓦斯传感器的引脚及接线图

家庭燃气报警器的原理是在洁净的空气中，气敏传感器的电阻较大，输出电压较小；而当检测到泄漏的燃气时，气敏传感器的电阻变小，输出电压增大；超过规定浓度时，驱动报警电路发出声光报警。

2）MQ－2 型烟雾传感器

MQ－2 型烟雾传感器属于二氧化锡半导体气敏材料，属于表面离子式 N 型半导体。处于 200～300℃时，二氧化锡吸附空气中的氧，形成氧的负离子，使得半导体中的电子密度减少，从而使其电阻值增加。当与烟雾接触时，如果晶粒间界面处的势垒受到烟雾的调制而变化，就会引起表面导电率的变化。利用这一点就可以获得这种烟雾存在的信息，烟雾的浓度越大，导电率越大，输出电阻越低，则输出的模拟信号就越大。MQ－2 型烟雾传感

器的电路原理图如图 3－59 所示。

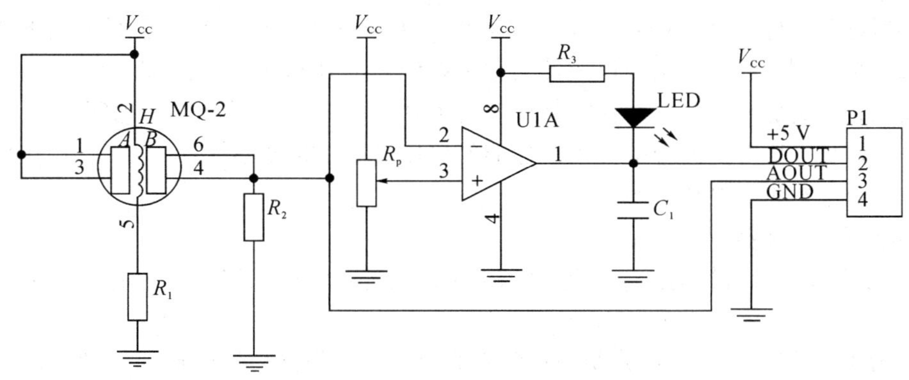

图 3－59　MQ－2 型烟雾传感器的电路原理图

MQ－2 的 4 脚输出随烟雾浓度变化的直流信号，可以经过 A/D 转换后得到数字电压。同时，该电压被加到比较器 U1A 的 2 脚，R_p 构成比较器的门槛电压。当烟雾浓度较高，输出电压高于门槛电压时，比较器输出低电平(0 V)，此时 LED 灯亮报警；当烟雾浓度降低，传感器的输出电压低于门槛电压时，比较器翻转，输出高电平(V_{CC})，LED 灯熄灭。调节 R_p 就可以调节比较器的门槛电压，从而调节报警器输出的灵敏度。R_1 串入传感器的加热回路，可以保护加热丝免受冷上电时的冲击。

MQ－2 型烟雾传感器特点如下：

① MQ－2 型烟雾传感器对天然气、液化石油气等烟雾有很高的灵敏度，尤其对烷类烟雾更为敏感，具有良好的抗干扰性，可准确排除有刺激性非可燃性烟雾的干扰信息(经过测试，对烷类的感应度比纸张木材燃烧产生的烟雾要好得多，输出电压升高得比较快)。

② MQ－2 型烟雾传感器具有良好的重复性和长期的稳定性。它初始稳定，响应时间短，长时间工作性能好。需要注意的是：在使用之前，必须加热一段时间，否则其输出的电阻和电压不准确。

③ 检测可燃气体与烟雾的范围是 100～10 000 ppm(ppm 为体积浓度，1 ppm＝1 cm^3/1 m^3)，MQ－2 型烟雾传感器对甲烷的探测范围是 5000～20 000 ppm，即 0.5%～2%。

④ 电路设计电压范围宽，24 V 以下均可，加热电压为(5±0.2)V。需要注意：加热电压如果过高，会导致内部的信号线熔断，从而使得器件报废。

3.6.3　信号调理电路

在一般测量系统中，信号调理的任务比较复杂，除了实现物理信号向电信号的转换、小信号放大、滤波外，还有诸如零点校正、线性化处理、温度补偿、误差修正和量程切换等，这些操作统称为信号调理，相应的执行电路统称为信号调理电路。典型的信号调理电路的组成框图如图 3－60 所示。

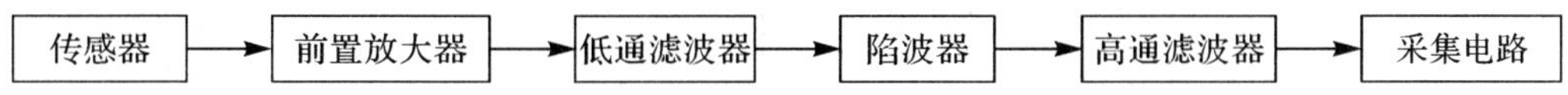

图 3－60　典型的信号调理电路的组成框图

1. 传感器的选用

传感器是信号输入通道的第一道环节，也是决定整个测试系统性能的关键环节之一。要正确选用传感器，首先要明确所设计的测试系统需要什么样的传感器——系统对传感器的技术要求；其次是要了解现有传感器厂家有哪些可供选择的传感器，把同类产品的指标和价格进行对比，从中挑选合乎要求的性能价格比最高的传感器。

(1) 对传感器的主要技术要求。

对传感器的主要技术要求如下：

① 具有将被测量转换为后续电路可用电量的功能，转换范围与被测量实际变化范围相一致。

② 转换精度符合整个测试系统，根据总精度要求而分配给传感器的精度指标，转换速度应符合整机要求。

③ 能满足被测介质和使用环境的特殊要求，如耐高温、耐高压、防腐、抗振、防爆、抗电磁干扰、体积小、质量轻和不耗电或耗电少等。

④ 能满足用户对可靠性和可维护性的要求。

(2) 可供选用的传感器类型。

对于一种被测量，常常有多种传感器可以测量，例如测量温度的传感器就有热电偶、热电阻、热敏电阻、半导体 PN 结、IC 温度传感器、光纤温度传感器等好多种。在都能满足测量范围、精度、速度、使用条件等情况下，应侧重考虑成本低、相配电路是否简单等因素而进行取舍，尽可能选择性能价格比高的传感器。可供选用的传感器类型有：

① 大信号输出传感器。为了与 A/D 转换输入要求相适应，传感器厂家开始设计、制造一些专门与 A/D 转换相配套的大信号输出传感器。

② 数字式传感器。数字式传感器一般是采用频率敏感效应器件构成，也可以是由敏感参数 R、L、C 构成的振荡器，或模拟电压输入经 V/F(电压/频率)转换等。因此，数字式传感器一般都是输出频率参量，具有测量精度高、抗干扰能力强、便于远距离传送等优点。

③ 集成传感器。集成传感器将传感器与信号调理电路做成一体。例如，将应变片、应变电桥、线性化处理、电桥放大等做成一体，构成集成压力传感器。采用集成传感器可以减轻输入通道的信号调理任务，简化通道结构。

④ 光纤传感器。光纤传感器其信号提取、变换、传输都是通过光导纤维实现的，避免了电路系统的电磁干扰。在信号输入通道中，采用光纤传感器可以从根本上解决由现场通过传感器引入的干扰。

2. 前置放大器

多数传感器输出信号都比较小，必须选用前置放大器进行放大。其原理图如图 3-61 所示。

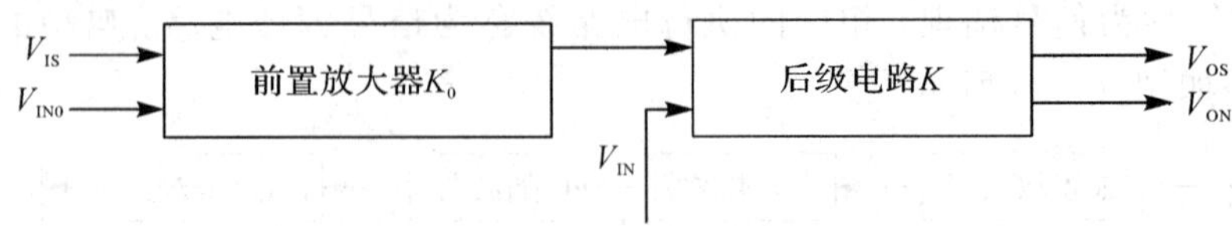

图 3-61 前置放大器的原理图

前置放大器的电压关系如下所示：

$$V_{ON}=\sqrt{(V_{IN0}K_0K)^2+(V_{IN}K)^2} \tag{3-17}$$

一般情况下，调理电路中放大器设置在滤波器前面有利于减少电路的等效输入噪声。

3. 信号调理通道中的常用放大器

在智能仪表的信号调理通道中，针对被放大信号的特点，并结合数据采集电路的现场要求，目前使用较多的放大器有仪用放大器、程控增益放大器以及隔离放大器等。

(1) 仪用放大器。

仪用放大器(见图 3-62)上下对称，即图中 $R_1=R_2$，$R_4=R_6$，$R_5=R_7$。

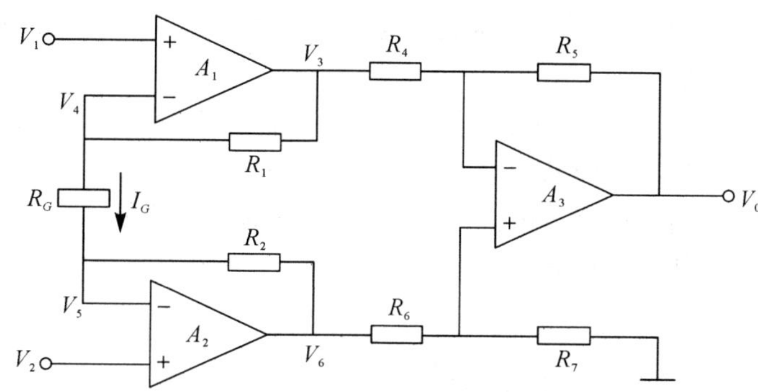

图 3-62 仪用放大器的基本结构

放大器闭环增益为

$$A_f=-\left(1+\frac{2R_1}{R_G}\right) \tag{3-18}$$

假设 $R_4=R_5$，即第二级运算放大器增益为 1，则可以推出仪用放大器闭环增益为

$$A_f=\frac{-\left(1+\frac{2R_1}{R_G}\right)R_5}{R_4} \tag{3-19}$$

由式(3-19)可知，通过调节电阻 R_G，可以很方便地改变仪用放大器的闭环增益。当采用集成仪用放大器时，R_G 一般为外接电阻。

在实际的设计过程中，可根据模拟信号调理通道的设计要求，并结合仪用放大器的以下主要性能指标确定具体的放大电路。

① 非线性度：指放大器实际输入输出关系曲线与理想直线的偏差。当增益为 1 时，一个 12 位 A/D 转换器有 0.025%的非线性偏差；当增益为 500 时，非线性偏差可达0.1%，相当于把 12 位 A/D 转换器变成 10 位以下转换器，故一定要选择非线性偏差小于 0.024%的仪用放大器。

② 温漂：指仪用放大器输出电压随温度变化的程度。通常，仪用放大器的输出电压会随温度的变化而发生(1～50)V/℃变化，这与仪用放大器的增益有关。

③ 建立时间：指从阶跃信号驱动瞬间至仪用放大器输出电压达到并保持在给定误差范围内所需的时间。

④ 恢复时间：指放大器撤除驱动信号瞬间至放大器由饱和状态恢复到最终值所需的时间。显然，放大器的建立时间和恢复时间直接影响数据采集系统的采样速率。

⑤ 电源引起的失调：指电源电压每变化1%，引起放大器的漂移电压值。仪用放大器一般用作数据采集系统的前置放大器，对于共电源系统，该指标则是设计系统稳压电源的主要依据之一。

⑥ 共模抑制比：当放大器两个输入端具有等量电压变化值U_I时，在放大器输出端测量出电压变化值U_{CM}，则共模抑制比CMRR可用下式计算：

$$CMRR=20\lg\frac{U_{CM}}{U_I} \tag{3-20}$$

CMRR也是放大器增益的函数，它随增益的增加而增大。这是因为测量放大器具有一个不放大共模的前端结构，这个前端结构对差动信号有增益，对共模信号没有增益。但CMRR的计算却是折合到放大器输出端的，这样就使CMRR随增益的增加而增大。

(2) 程控增益放大器。

程控增益放大器是智能仪表的常用部件之一。在许多实际应用中，特别是在通用测量仪表中，为了在整个测量范围内获取合适的分辨力，常采用可变增益放大器。在智能仪表中，可变增益放大器的增益由仪表内置计算机的程序控制。这种由程序控制增益的放大器，称为程控增益放大器，如图3-63所示。

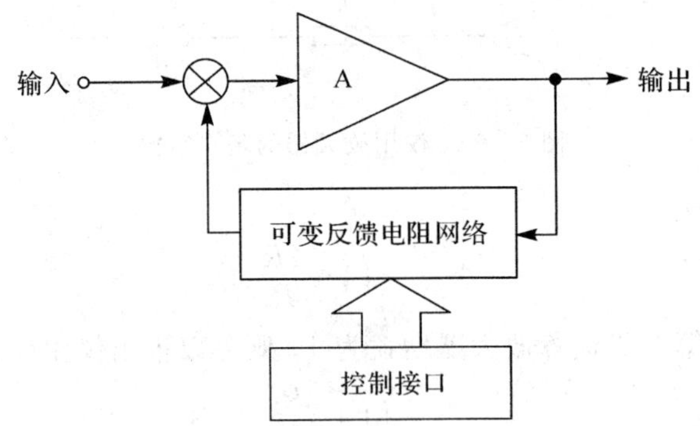

图3-63 程控增益放大器原理框图

(3) 隔离放大器。

隔离放大器主要用于要求共模抑制比高的模拟信号的传输过程。例如，输入数据采集系统的信号是微弱的模拟信号，而测试现场的干扰比较大对信号的传递精度要求又高，这时可以考虑在模拟信号进入系统之前用隔离放大器进行隔离，以保证系统的可靠性。

由于隔离放大器采用了浮离式设计，消除了输入、输出端之间的耦合，因此具有以下特点：

① 能保护系统元件不受高共模电压的损害，防止高压对低压信号系统的损坏。

② 泄漏电流低，对于测量放大器的输入端无需提供偏流返回通路。

③ 共模抑制比高，能对直流和低频信号(电压或电流)进行准确、安全的测量。

本章小结

本章重点介绍了智能仪表的输入输出接口类型，输入输出接口设计一般包括数字量输入/输出接口设计和模拟量输入/输出接口设计。开关量输入接口电路给出了简单开关量、霍尔元件数字输入和光敏器件数字输入接口电路设计。开关量输出接口电路设计给出了典型的驱动放大电路和隔离输出电路。模拟量输入/输出接口设计给出了 A/D 和 D/A 转换技术指标、转换原理、通道组成、芯片选择原则和常用芯片介绍。A/D 转换芯片介绍了仪表常用的转换芯片 ICL7135 及其串并接口方法，介绍了 8 位并行转换芯片 ADC0809 和 12 位并行转换芯片 AD574，同时介绍了更适用于仪表的串行转换芯片 TLC2543。D/A 转换器常用的芯片中介绍了 8 位并行转换芯片 DAC0832 和串行转换芯片 TLC5618 的特点，并给出了与微处理器的典型接口电路。按电量和非电量测量给出了常用的模拟和数字传感器的工作原理及主要特点及其与微处理器的接口电路，同时分析了模拟信号调理电路的基本原理与实现。

思　考　题

1. 开关量输入接口可分为哪几类？开关量输出接口可分为哪几类？
2. 隔离输出电路可分为几种？分别画出其电路图。
3. 分析 A/D 转换器芯片 ICL7135 与微处理器的接线方法。
4. 简述并行 A/D 转换器芯片 AD574 和串行 A/D 转换器芯片 TLC2543 的主要区别。
5. 简述 D/A 转换器的选用原则。
6. 简述 D/A 转换器芯片 DAC0832 和 D/A 转换器芯片 TLC5618 的主要区别。
7. 简述常用的电压和电流测量传感器。
8. 温度测量的方法有哪些？
9. 信号调理电路的组成是什么？

第4章 人机交互接口

智能仪表与系统操作者需要进行信息的交流，这就需要通过人机接口来完成。人机接口就是指人与计算机之间交换和传输信息的输入/输出设备的接口。本章主要介绍了具有输入功能的键盘、触摸屏以及其他非接触式人机交互的接口与控制方法和具有输出功能的LED、LCD显示器，微型打印机的接口与控制方法。

4.1 输入设备

输入设备是人机交互的一种装备，用于向计算机输入数据和信息，是用户和计算机系统之间进行信息交换的主要装置之一。它可以把原始数据和处理这些数据的程序输入到计算机中，即将图形、图像、声音等外界的表现形式通过不同类型的输入设备输入到计算机中，进行存储、处理和输出。

4.1.1 键盘

键盘是智能仪表最常见也是最主要的一种指令和数据输入设备。操作者通过键盘输入指令或数据实现简单的人机对话来完成对智能仪表的控制与操作，具有实时、便捷、可靠等特点。键盘是由若干按键集合而成的，常用的按键有机械触点式按键、导电橡胶式按键和柔性按键(又叫轻触按键)。

1. 键盘类型与结构

键盘接口包含硬件以及软件两部分。其硬件是指键盘结构和主机的连接线路；软件是指对按键操作的识别与分析等键盘管理程序。虽然不同的键盘软硬件存在差异，但键盘接口大体都应具备以下功能：

(1) 识键功能：判断是否有键被按下。

(2) 译键功能：如有键按下，判断哪个键被按下。

(3) 键值分析：根据识别按键结果，确认其相应的键值。

智能仪表中，通常采用硬件与软件结合的方式实现键盘接口所具备的功能。

键盘按照键码识别的方法分为编码键盘和非编码键盘。

编码键盘是由多个按键(20个以上)和键盘编码器(专用的驱动芯片)组成。当键盘中某一按键被按下时，在不需要系统软件干预的情况下，只靠硬件键盘就能够处理按键抖动、连击等问题，自动产生按键的编码，同时输出一选通脉冲信号与CPU进行信息联络。编码键盘的软件程序简短，能节省CPU时间，但硬件电路较复杂，使用不灵活。当系统功能较复杂，按键数量较多时，采用编码键盘可以简化软件的设计。

非编码键盘不含键盘编码器，按照与主机连接方式的不同可分为独立式键盘、矩阵式键盘。当键盘中某一按键被按下时，只能借助软件才能完成处理按键抖动、连击等问题以

及对应按键代码的生成，同时也只能输出一个简单的闭合信号与 CPU 进行信息联络。非编码键盘的硬件简单，但软件较复杂、实时性差，占用较多 CPU 时间。但因其可以任意组合、成本低、简化电路、使用灵活，所以智能仪表大多采用非编码键盘。

2. 键盘接口

键盘是一组按键或开关的集合，键盘接口向计算机提供被按键的代码。非编码键盘仅仅简单地提供按键的通或断状态（"0"或"1"），而按键的扫描和识别则由用户的键盘程序来实现，便于用户自行设计。

1）独立连接式键盘

独立连接式键盘是最简单的一种键盘，每个键互相独立地接通一条数据线，也就是每个按键都作为一个独立数字量（开关量）输入。如图 4－1 所示，其中 S0～S3 为开关，K4～K7 为点动按钮，本书统称按键。任何一只键被按下，与之相连的输入数据线被置"0"（低电平）；反之，断开键，该线为"1"（高电平）。独立连接式键盘采用并行输入方式，可利用位处理指令识别该键是否闭合。

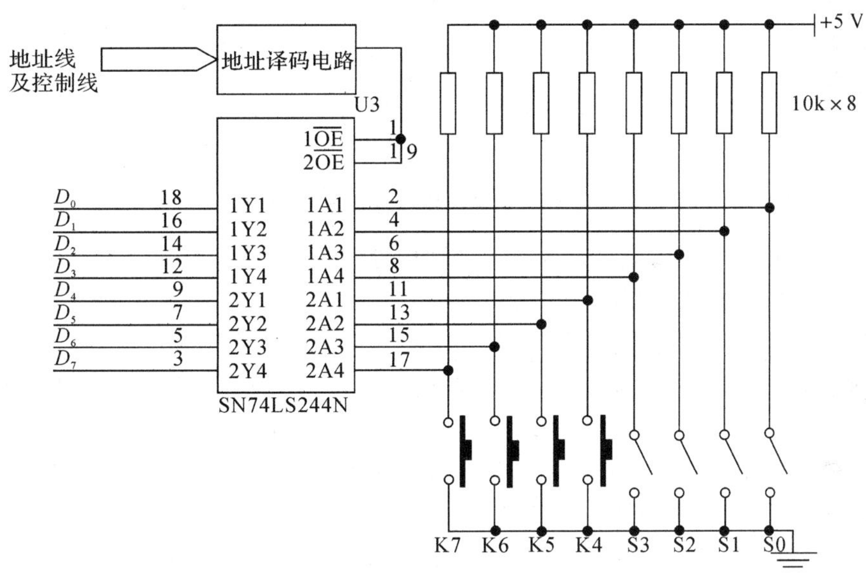

图 4－1　独立连接式键盘电路示例

常用的机械式按键，由于弹性触点的振动，按键闭合或断开时，将会产生抖动干扰。抖动干扰将会引起键盘扫描程序的误判。为此，必须采用硬件或软件的方法来消除抖动干扰。硬件方法一般采用单稳态触发器或滤波器来消振，软件方法一般采用软件延时或重复扫描的方法，即多次扫描的状态皆相同，则认为此按键状态已稳定。

独立连接式键盘的优点是电路简单，适用于按键数较少的情况；其缺点是浪费电路。对于按键数较多的情况，应采用矩阵连接式键盘。

2）矩阵连接式键盘

为了减少按键的输入线和简化电路，可将按键排列成矩阵连接式，如图 4－2 所示。矩阵连接式键盘电路在每条行线和列线的交叉处，并不直接相连，而是通过一只按键来接通。采用这种矩阵结构只需 M 条行输出线和 N 条列输入线，就可以连接 $M\times N$ 只按键。一个字节的输出和输入线，最多可以连接 8×8 只按键。为简便起见，图 4-2 仅画出了 4×4 只按键。

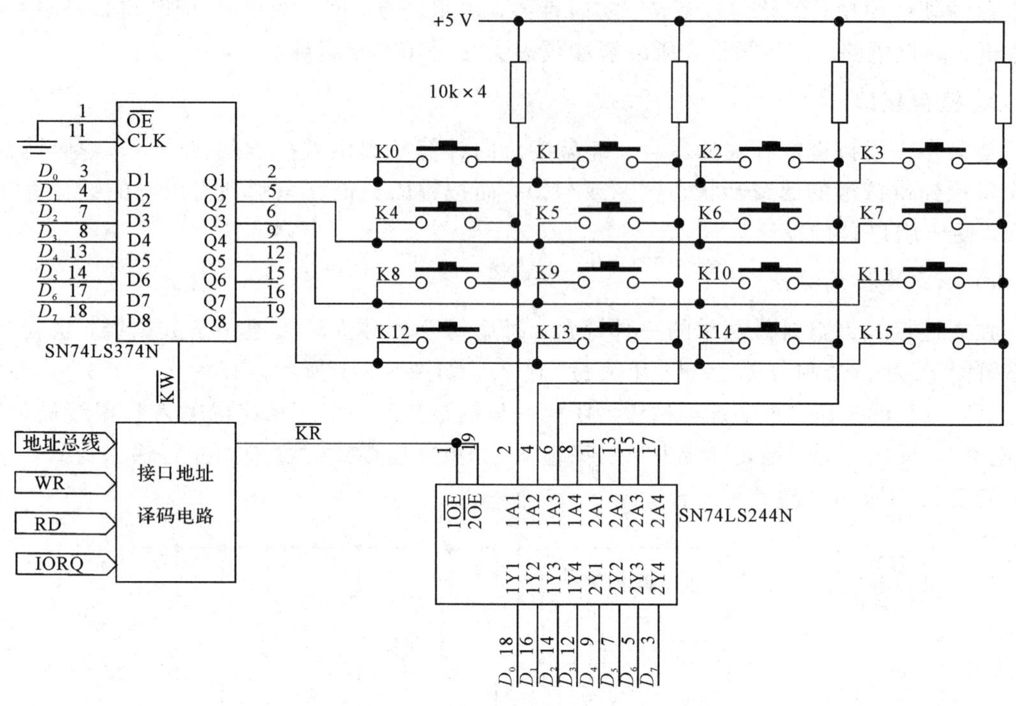

图 4-2　矩阵连接式键盘电路示例

由键盘扫描程序的行输出和列输入来识别按键的状态。下面以图 4-2 所示的 4×4 键盘为例来说明矩阵连接式键盘的工作过程。

(1) 输出 0000 到 4 根行线，再输入 4 根列线的状态。如果列输入为 1111，则无一键被按下；否则，有键被按下。在这一步只能判断出哪个列上有键被按下，不能识别具体是哪只键被按下。假设 K15 被按下，若行 0～行 3 输出为 0000，列 0～列 3 输入为 1110，则只能判断列 3 上有键被按下，但无法识别列 3 上的哪只按键被按下。这一步通常称为键扫描。

(2) 在确定了有键被按下后，接下来的就是要确定哪只键被按下。为此采用行扫描法，即逐行输出行扫描信号“0”，再根据输入的列线状态，判定哪只键被按下。这一步通常称为键识别。

行扫描过程如下：首先，行 0～行 3 输出 0111，扫描行 0，此时输入列 0～列 3 的状态为 1111，表示被按键不在行 0；第二次行 0～行 3 输出 1011，扫描行 1，输入列 0～列 3 的状态仍为 1111，表示被按键不在行 1；第三次行 0～行 3 输出 1101，扫描行 2，输入列 0～列 3 的状态仍为 1111，表示被按键不在行 2；第四次行 0～行 3 输出 1110，扫描行 3，输入列 0～列 3 的状态为 1110，表示被按键在行 3 列 3 上，即按键 K15 被按下。

(3) 确定被按键后，再根据该键的功能进行相应的处理，这一步通常称为键处理。

为了消除按键抖动干扰，可采用软件延时法。在键盘扫描周期内，每行重复扫描 n 次，如果 n 次的列输入状态相同，则表示按键已稳定。

3) 编码式键盘接口电路(以 HD7279A 为例)

HD7279A 是一片具有串行接口的、可同时驱动 8 位共阴式数码管(或 64 只独立 LED)

的智能显示驱动芯片，该芯片同时还可连接多达 64 键的键盘矩阵。

HD7279A 内部含有译码器，可直接接收十六进制码；HD7279A 还同时具有 2 种译码方式和多种控制指令，如消隐、闪烁、左移、右移、段寻址等。

(1) HD7279A 的特点。

HD7279A 的特点如下：

- 有串行接口。
- 有各位独立控制译码/不译码及消隐和闪烁属性。
- 有(循环)左移/(循环)右移指令。
- 具有段寻址指令，方便控制独立 LED。
- 有 64 键键盘控制器，内含去抖动电路。

(2) 引脚说明。

HD7279A 的引脚封装形式为 DIP/SOIC，引脚结构图如图 4-3 所示。

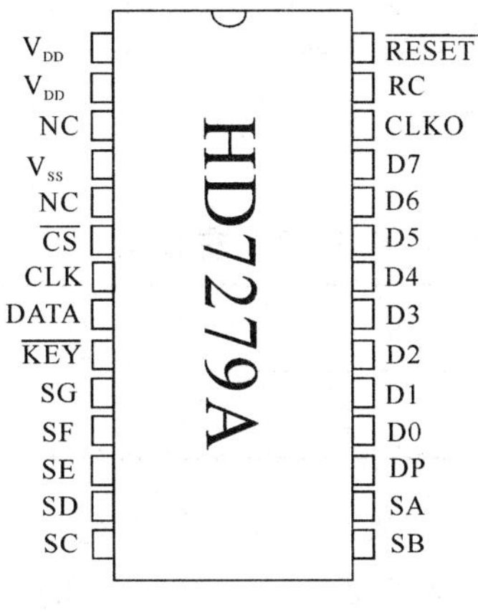

图 4-3　引脚结构图

引脚主要功能如下：

V_{DD}：正电源；

V_{SS}：地；

$\overline{CS}$：片选信号；

CLK：时钟输入端；

DATA：串行数据输入/输出端；

CLKO：振荡输出端；

$\overline{KEY}$：按键有效输出端；

$\overline{RESET}$：复位端；

SG～SA：段 g～段 a 驱动输出；

D0～D7：数位 0～7 驱动输出；

DP：小数点驱动输出；

RC：RC 振荡器连接端。

(3) 控制指令。

HD7279A 的控制指令分为两大类——纯指令和带有数据的指令。

① 纯指令。

• 复位(清除)指令(见表 4-1)。

表 4-1　复位指令

D_7	D_6	D_5	D_4	D_3	D_2	D_1	D_0
1	0	1	0	0	1	0	0

当 HD7279A 收到该指令后，将所有的显示清除，所有设置的字符消隐、闪烁等属性也被一起清除。执行该指令后，芯片所处的状态与系统上电后所处的状态一样。

• 测试指令(见表 4-2)。

表 4-2　测试指令

D_7	D_6	D_5	D_4	D_3	D_2	D_1	D_0
1	0	1	1	1	1	1	1

该指令使所有的 LED 全部点亮，并处于闪烁状态，主要用于测试。

• 左移指令(见表 4-3)。

表 4-3　左移指令

D_7	D_6	D_5	D_4	D_3	D_2	D_1	D_0
1	0	1	0	0	0	0	1

该指令使所有的显示自右向左(从第 1 位向第 8 位)移动一位(包括处于消隐状态的显示位)，但对各位所设置的消隐及闪烁属性不改变。移动后，最右边一位为空(无显示)。例如，原显示为

4	2	5	2	L	P	3	9

其中，第 2 位‘3’和第 4 位‘L’为闪烁显示，执行了左移指令后，显示变为

2	5	2	L	P	3	9	

第二位‘9’和第四位‘P’为闪烁显示。

• 右移指令(见表 4-4)。

表 4-4　右移指令

D_7	D_6	D_5	D_4	D_3	D_2	D_1	D_0
1	0	1	0	0	0	0	0

与左移指令类似，但所做的移动为自左向右(从第 8 位向第 1 位)移动，移动后，最左边一位为空。

• 循环左移指令(见表 4-5)。

表 4－5　循环左移指令

D_7	D_6	D_5	D_4	D_3	D_2	D_1	D_0
1	0	1	0	0	0	1	1

与左移指令类似，不同之处在于移动后原最左边一位(第 8 位)的内容显示于最右位(第 1 位)。左移指令中的例子，执行完循环左移指令后的显示为

2	5	2	L	P	3	9	4

第二位‘9’和第四位‘P’为闪烁显示。

• 循环右移指令(见表 4－6)。

表 4－6　循环右移指令

D_7	D_6	D_5	D_4	D_3	D_2	D_1	D_0
1	0	1	0	0	0	1	0

与循环左移指令类似，但移动方向相反。

② 带有数据的指令。

• 下载数据且按方式 0 译码(指令如表 4－7 所示)。

表 4－7　“下载数据且按方式 0 译码”指令

D_{15}	D_{14}	D_{13}	D_{12}	D_{11}	D_{10}	D_9	D_8	D_7	D_6	D_5	D_4	D_3	D_2	D_1	D_0
1	0	0	0	0	a_2	a_1	a_0	DP	X	X	X	d_3	d_2	d_1	d_0

其中，X＝无影响。

指令由两个字节组成，前半部分为指令，其中 a_2、a_1、a_0 为位地址，具体分配如表 4－8 所示。

表 4－8　数据指令分配

a_2	a_1	a_0	显示位
0	0	0	1
0	0	1	2
0	1	0	3
0	1	1	4
1	0	0	5
1	0	1	6
1	1	0	7
1	1	1	8

后半部分指令的 $d_3 \sim d_0$ 为数据。收到此指令时，HD7279A 按以下规则(译码方式 0)进行译码，如表 4-9 所示。

表 4-9　方式 0 译码表

十六进制	d_3	d_2	d_1	d_0	7 段显示
00H	0	0	0	0	0
01H	0	0	0	1	1
02H	0	0	1	0	2
03H	0	0	1	1	3
04H	0	1	0	0	4
05H	0	1	0	1	5
06H	0	1	1	0	6
07H	0	1	1	1	7
08H	1	0	0	0	8
09H	1	0	0	1	9
0AH	1	0	1	0	—
0BH	1	0	1	1	E
0CH	1	1	0	0	H
0DH	1	1	0	1	L
0EH	1	1	1	0	P
0FH	1	1	1	1	空(无显示)

小数点的显示由 DP 位控制。DP=1 时，小数点显示；DP=0 时，小数点不显示。

- 下载数据且按方式 1 译码(仅对 HD7279A 有效，指令如表 4-10 所示)。

表 4-10　“下载数据且按方式 1 译码”指令

D_{15}	D_{14}	D_{13}	D_{12}	D_{11}	D_{10}	D_9	D_8	D_7	D_6	D_5	D_4	D_3	D_2	D_1	D_0
1	1	0	0	1	a_2	a_1	a_0	DP	X	X	X	d_3	d_2	d_1	d_0

其中，X=无影响。

此指令与上一条指令基本相同，所不同的是译码方式，且只有 HD7279A 才具有此指令。该指令的译码如表 4-11 所示。

表 4-11　方式 1 译码表

十六进制	d_3	d_2	d_1	d_0	7 段显示
00H	0	0	0	0	0
01H	0	0	0	1	1
02H	0	0	1	0	2
03H	0	0	1	1	3
04H	0	1	0	0	4
05H	0	1	0	1	5
06H	0	1	1	0	6
07H	0	1	1	1	7
08H	1	0	0	0	8
09H	1	0	0	1	9
0AH	1	0	1	0	A
0BH	1	0	1	1	B
0CH	1	1	0	0	C
0DH	1	1	0	1	D
0EH	1	1	1	0	E
0FH	1	1	1	1	F

- 下载数据但不译码(指令如表 4-12 所示)。

表 4-12　"下载数据但不译码"指令

D_{15}	D_{14}	D_{13}	D_{12}	D_{11}	D_{10}	D_9	D_8	D_7	D_6	D_5	D_4	D_3	D_2	D_1	D_0
1	0	0	1	0	a_2	a_1	a_0	DP	A	B	C	D	E	F	G

其中，a_2、a_1、a_0 为位地址(参见"下载数据且译码"指令)，A～G 和 DP 为显示数据，分别对应 7 段 LED 数码管的各段。

- 闪烁控制(指令如表 4-13 所示)。

表 4-13　"闪烁控制"指令

D_{15}	D_{14}	D_{13}	D_{12}	D_{11}	D_{10}	D_9	D_8	D_7	D_6	D_5	D_4	D_3	D_2	D_1	D_0
1	0	0	0	1	0	0	0	d_8	d_7	d_6	d_5	d_4	d_3	d_2	d_1

此指令控制各个数码管的闪烁属性。$d_1 \sim d_8$ 分别对应数码管 1～8，0＝闪烁，1＝不闪烁。开机后，缺省的状态为各位均不闪烁。

• 消隐控制(指令如表 4－14 所示)。

表 4－14 “消隐控制”指令

D_{15}	D_{14}	D_{13}	D_{12}	D_{11}	D_{10}	D_9	D_8	D_7	D_6	D_5	D_4	D_3	D_2	D_1	D_0
1	0	0	1	1	0	0	0	d_8	d_7	d_6	d_5	d_4	d_3	d_2	d_1

此指令控制各个数码管的消隐属性。$d_1 \sim d_8$ 分别对应数码管 1～8，1＝显示，0＝消隐。当某一位被赋予了消隐属性后，HD7279A 在扫描时将跳过该位，因此在这种情况下，无论对该位写入何值，均不会被显示，但写入的值将被保留，在将该位重新设为显示状态后，最后一次写入的数据将被显示出来。当无需用到全部 8 个数码管显示的时候，将不用的位设为消隐属性，可以提高显示的亮度。

注意：至少应有一位保持显示状态，如果消隐控制指令中 $d_1 \sim d_8$ 全部为 0，该指令将不被接收，HD7279A 保持原来的消隐状态不变。

• 段点亮(指令如表 4－15 所示)。

表 4－15 段点亮指令

D_{15}	D_{14}	D_{13}	D_{12}	D_{11}	D_{10}	D_9	D_8	D_7	D_6	D_5	D_4	D_3	D_2	D_1	D_0
1	1	1	0	0	0	0	0	X	X	d_5	d_4	d_3	d_2	d_1	d_0

此为段点亮指令，作用为点亮数码管中某一指定的段，或 LED 矩阵中某一指定的 LED。

指令中，X＝无影响；$d_0 \sim d_5$ 为段地址，范围为 00H～3FH，具体分配为：第 1 个数码管的 G 段地址为 00H，F 段为 01H……A 段为 06H，小数点 DP 为 07H；第 2 个数码管的 G 段为 08H，F 段为 09H……依此类推，直至第 8 个数码管的小数点 DP 地址为 3FH。

• 段关闭(指令如表 4－16 所示)。

表 4－16 段关闭指令

D_{15}	D_{14}	D_{13}	D_{12}	D_{11}	D_{10}	D_9	D_8	D_7	D_6	D_5	D_4	D_3	D_2	D_1	D_0
1	1	0	0	0	0	0	0	X	X	d_5	d_4	d_3	d_2	d_1	d_0

此指令为段关闭指令，作用为关闭(熄灭)数码管中的某一段，指令结构与“段点亮指令”相同，请参阅上文。

• 读键盘数据(指令如表 4－17 所示)。

表 4－17 读键盘数据指令

D_{15}	D_{14}	D_{13}	D_{12}	D_{11}	D_{10}	D_9	D_8	D_7	D_6	D_5	D_4	D_3	D_2	D_1	D_0
0	0	0	1	0	1	0	1	d_7	d_6	d_5	d_4	d_3	d_2	d_1	d_0

该指令从 HD7279A 读出当前的按键代码。与其他指令不同，此命令的前一个字节 00010101B 为微控制器传送到 HD7279A 的指令，而后一个字节 $d_0 \sim d_7$ 则为 HD7279A 返回的按键代码，其范围是 0～3FH(无键按下时为 0xFF)。

在指令的前半段，HD7279A 的 DATA 引脚处于高阻输入状态，以接收来自微处理器的指令；在指令的后半段，DATA 引脚从输入状态转为输出状态，输出键盘代码的值。故微处理器连接到 DATA 引脚的 I/O 口应有一从输出态到输入态的转换过程，详情请参阅本书“串行接口”的内容。

当 HD7279A 检测到有效的按键时，$\overline{\text{KEY}}$引脚从高电平变为低电平，并一直保持到按键结束。在此期间，如果 HD7279A 接收到“读键盘数据指令”，则输出当前按键的键盘代码；如果在收到“读键盘指令”时，没有有效按键，HD7279A 将输出 FFH (11111111B)。

(4) 串行接口。

HD7279A 采用串行方式与微处理器通信，串行数据从 DATA 引脚送入芯片，并由 CLK 端同步。当片选信号变为低电平后，DATA 引脚上的数据在 CLK 引脚的上升沿被写入 HD7279A 的缓冲寄存器。

HD7279A 的指令结构有三种类型：

① 不带数据的纯指令，指令的宽度为 8 个 bit，即微处理器需发送 8 个 CLK 脉冲。

② 带有数据的指令，宽度为 16 个 bit，即微处理器需发送 16 个 CLK 脉冲。

③ 读取键盘数据指令，宽度为 16 个 bit，前 8 个 bit 为微处理器发送到 HD7279A 的指令，后 8 个 bit 为 HD7279A 返回的键盘代码。执行此指令时，HD7279A 的 DATA 端在第 9 个 CLK 脉冲的上升沿变为输出状态，并于第 16 个脉冲的下降沿恢复为输入状态，等待接收下一个指令。

• 不带数据的纯指令，时序图如图 4-4 所示。

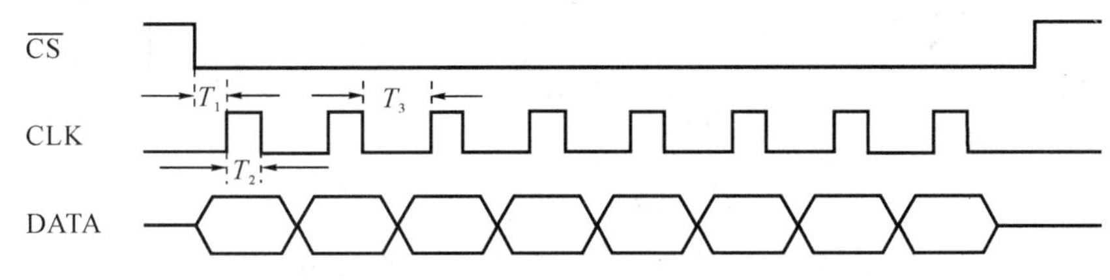

图 4-4　不带数据的纯指令的时序图

• 带有数据的指令，时序图如图 4-5 所示。

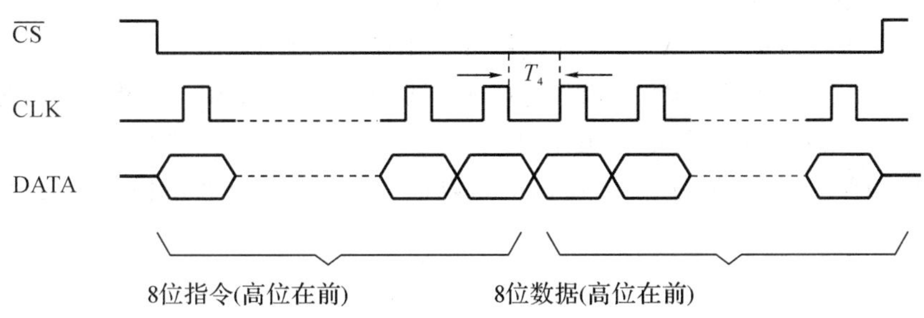

图 4-5　带有数据的指令的时序图

• 读键盘数据指令(时序图如图 4－6 所示)。

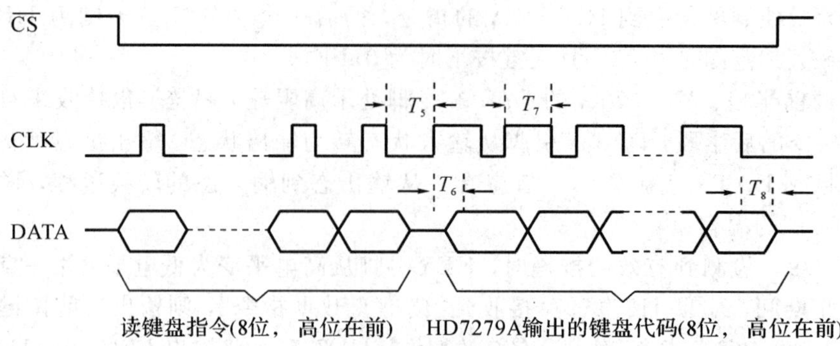

图 4－6　读键盘数据指令的时序图

(5) 接口电路图。

与 CPU 接口采用串口连接，所以只需要 CPU 提供片选信号、按键控制端、时钟 CLK 和数据信号，接线如图 4－7 所示。

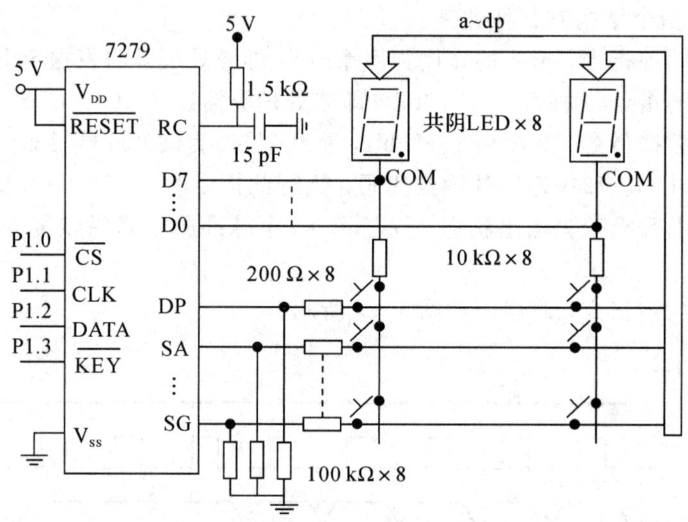

图 4－7　HD7279A 与 CPU 接口电路图

注意：

① HD7279A 应连接共阴式数码管。

② 应用中，无需用到的键盘和数码管可以不连接。

③ 应用中，串入 DP 及 SA～SG 连接的 8 只电阻为 200 Ω。

④ 应用中，8 只下拉电阻和 8 只键盘连接位选线 D0～D7 的电阻，应遵从一定的比例关系，典型值为 10 倍，即下拉电阻的取值范围是 10～100 kΩ，位选电阻的取值范围是 1～10 kΩ。

⑤ HD7279A 需要一外接的 RC 振荡电路以供系统工作，其典型值分别为 R＝1.5 kΩ，C＝15 pF。

4) 编码旋钮开关

在电子产品设计中，经常会用到编码旋钮开关，也就是我们通常所说的旋转编码器、数码电位器，其英文名为 Rotary Encoder。它具有左转、右转功能，有的编码旋钮开关还有按下功能，其实物图与引脚如图 4－8 所示。

编码旋钮开关一般有 5 个引脚：中间 2 脚接地；1、3 脚接上拉电阻后，当左转、右转时，在 1、3 脚上就有脉冲信号输出；另两只脚为按压开关，按下时导通，恢复时断开。

在单片机编程时，左转和右转的判别是难点，用示波器观察会发现这种开关左转和右转时两个输出脚的信号有个相位差，如图 4－9 所示。

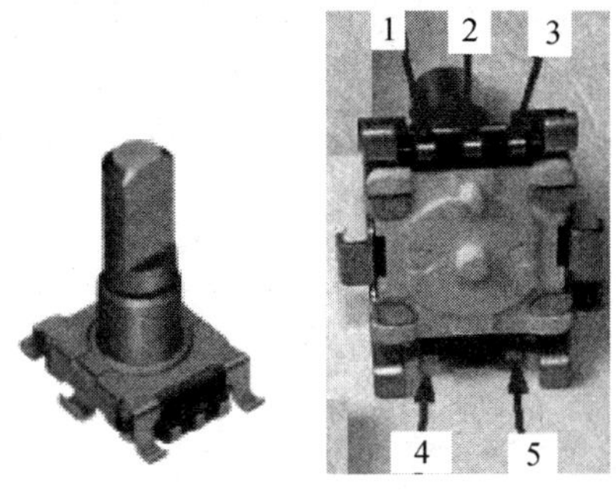

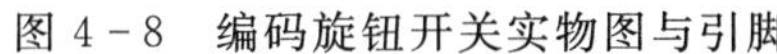

图 4－8　编码旋钮开关实物图与引脚

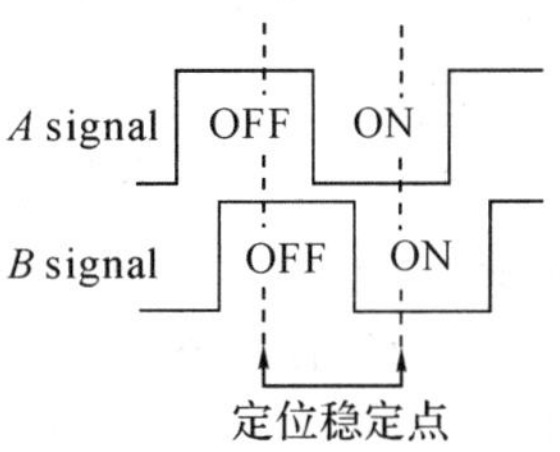

图 4－9　编码旋钮开关输出信号

由此可见，如果输出 A 为高电平时，输出 B 出现一个高电平，这时开关就是顺时针旋转的；当输出 A 为高电平，输出 B 出现一个低电平，这时就一定是逆时针方向旋转的。

4.1.2　触摸屏

触摸屏是一种新型的智能仪表输入设备，它具有简单、方便、反应速度快、易于人机交互等优点。它的应用彻底改变了计算机的应用界面，使用时操作者仅需用手指或其他工具触摸屏幕就能实现对主机操作，大大简化了计算机的操作模式，摆脱了键盘和鼠标操作，使人机交互更简单直观。

1. 触摸屏的简介

1）触摸屏的发展

触摸屏技术起源于国外军方，其在国内的应用可以追溯到 20 世纪 80 年代末。1992 年以前，由于触摸屏销量很小，所以多是作为整个系统的部件之一提供给用户，没有出现主营此项目的公司。经过 4～5 年的尝试之后，随着一批以触摸屏为主营项目的专业公司的出现，市场于 1996 年进入一个稳定发展时期。在此之后，随着大量应用软件的出现，触摸屏迅速成为可以应用于各行业的大众化产品。

触摸屏的发展经历了从初级到高级的历程。从红外屏、四线电阻屏到电容屏，现在又发展到声波触摸屏、五线电阻触摸屏，技术越来越先进，性能越来越可靠。根据各行各业应用特点的不同以及各类触摸屏的自身优缺点，其使用时间有先后，最先投入使用的是红外屏，其后是电阻屏、电容屏和声波屏。虽然红外屏、电阻屏投入应用早，但其性能欠佳，经过后期改进后的红外线技术和电阻技术能够长时间稳定工作。电阻屏功耗较低，但易被划伤。电容屏的参数特性容易漂移，难以长时间稳定工作。声波屏对灰尘较敏感，其传感器寿命较短。

2）触摸屏的技术特性

触摸屏的技术特性有：

(1) 透明性能。透明性能直接影响到触摸屏的视觉效果。触摸屏是多层的复合薄膜，仅从它的视觉效果来概括它的透明性能是不够的，它还包括透明度、色彩失真度、反光性和清晰度。对用户而言，用这四个度量来衡量触摸屏的透明性能基本够了。

(2) 绝对坐标系统。传统的鼠标是一种相对定位系统，即选定当前坐标与上一次鼠标位置坐标相关，而触摸屏则是一种绝对坐标系统，直接点所选位置坐标即可，与上一次所定位坐标无关，它与鼠标这类相对定位系统的本质区别是一次到位的直观性。每次触摸产生的数据通过校准转为屏幕上的坐标，这就要求触摸屏这套坐标不管在什么情况下，同一点的输出数据是稳定的。不过，由于技术问题，触摸屏并不能保证同一点触摸每一次采样数据相同，即不能保证绝对坐标定位，这就是触摸屏的漂移。但是性能质量好的触摸屏的漂移情况并不严重。

(3) 检测触摸并定位。各种触摸屏技术都是依靠各自的传感器来工作的，甚至有的触摸屏本身就是一套传感器系统。各自的定位原理和各自所用的传感器决定了触摸屏的反应速度、可靠性、稳定性和寿命。

3) 触摸屏的应用范围及用途

触摸屏在我国的应用范围非常广泛，主要是公共信息的查询，如税务局、银行、电力等部门的业务查询；城市街头的信息查询等。此外，它还应用于办公、工业控制、军事指挥、电子游戏、点歌点菜、多媒体教学等。随着触摸屏已经逐渐走入千家万户，它主要被应用于液晶显示模块、个人计算机、移动电话、掌上仪表、家用电器、电子书、工业计算机、公共信息站、汽车导航系统、信息终端设备、手写板、游戏机等。

2. 触摸屏的类型与结构

根据工作原理和传输信息介质的不同，触摸屏分为四类，即红外线式触摸屏、电阻式触摸屏、电容式触摸屏及表面声波触摸屏。下面分别介绍各类触摸屏的结构原理及特点。

1) 红外线式触摸屏

红外线式触摸屏(见图 4-10)的显示器不需要覆盖任何材料，只是在其四周增加了光点距(Opti-matrix)框架。光点距框架四周排列了红外线发射管以及接收管，在屏幕表面形成一个红外线网。红外线式触摸屏是以光束阻断技术为基础，当用户用手指触摸屏幕某一

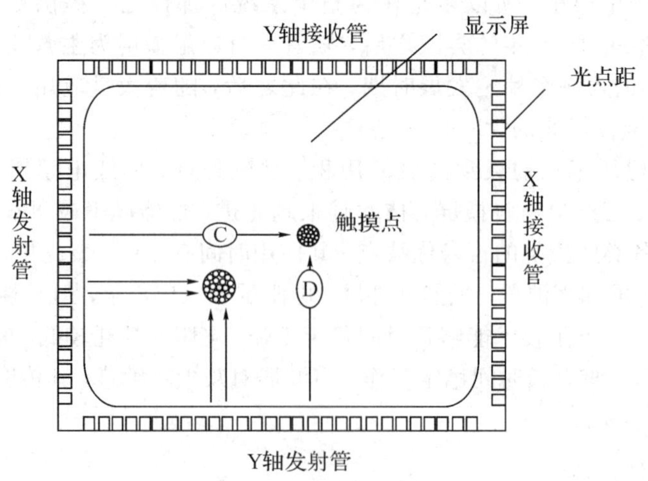

图 4-10　红外线式触摸屏

点时，手指就会挡住经过该点的纵横两条红线。此时，红外线接收管就会产生相应的信号变化，计算机根据 X、Y 方向上两个接收管变化的信号来检测并定位用户的触摸坐标。

红外线式触摸屏不受电流、电压和静电干扰，适宜某些恶劣的环境。它的主要优点是：价格低，方便安装，不需要任何控制器或卡，适用于各档次的系统；由于没有充放电过程，响应速度比较快；完全透光，不影响显示器的清晰度；可针对用户定制扩充功能，如网络控制、声感应、人体接近感应、用户软件加密保护、红外数据传输等。它的主要缺点是：由于发射管、接收管排列有限，因此分辨率低；由于发光二极管的寿命比较短，因此影响了整个触摸屏的寿命；红外线触摸屏不防水和污垢，任何细小的外来物都会引起误差，影响其性能，不宜置于户外和公共场合；由于红外线触摸屏是依靠红外线感应动作的，因此外界光线的变化都会影响其准确度。由于这些局限，早期的红外线式触摸屏曾一度淡出市场，而近年来由于技术的提升和发展，第二代红外线式触摸屏部分解决了抗光干扰的问题，第三、四代产品提升了分辨率和稳定性，第五代产品采用最新技术使其分辨率已达 1000×720PPI。

2）电阻式触摸屏

电阻式触摸屏的使用比较广泛，它的主要部分是一块与显示器表面紧密配合的多层复合薄膜。该薄膜由一层玻璃或有机玻璃作为基层，表面涂有一层叫 ITO（铟锡氧化层）的透明导电层，该导电层下面统称为内层 ITO，上面再盖有一层外表面被硬化处理、光滑防刮的塑料层，它的内表面也涂有一层透明导电层，该导电层下面统称为外层 ITO；两层导电层之间有一层具有许多细小隔离点的隔离层，将两层导电层绝缘隔开，如图 4－11 所示。当触摸屏处于工作状态时，内外导电层相当于电阻网络，由于电阻的分压作用，在两导电层上不同位置的电压是不同的，其分压电路如图 4－12 所示。当操作者按压触摸屏时，内外层导体接触，微控制器检测到该接触点，根据分压原理得到纵横方向的电压值后，利用 ADC（模/数转换器）就可以计算该点的坐标位置。根据引线的多少，电阻式触摸屏分为 4 线、5 线、6 线、7 线、8 线等。4 线和 8 线触摸屏由两层具有相同表面电阻的透明阻性材料组成，5 线和 7 线触摸屏由一个阻性层和一个导电层组成，中间用弹性材料隔开。下面主要介绍 4 线和 5 线电阻触摸屏。

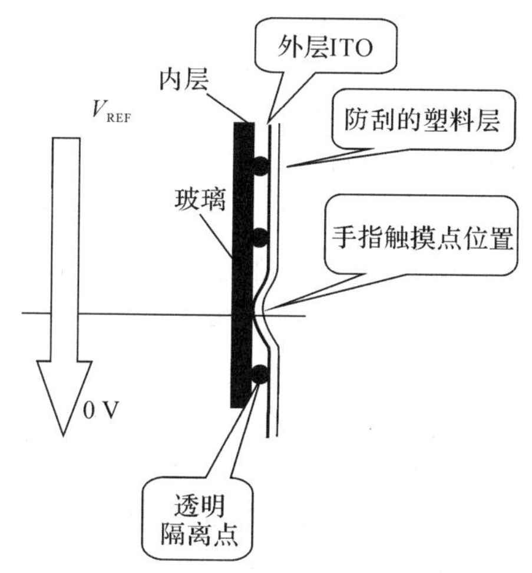

图 4－11　电阻式触摸屏结构

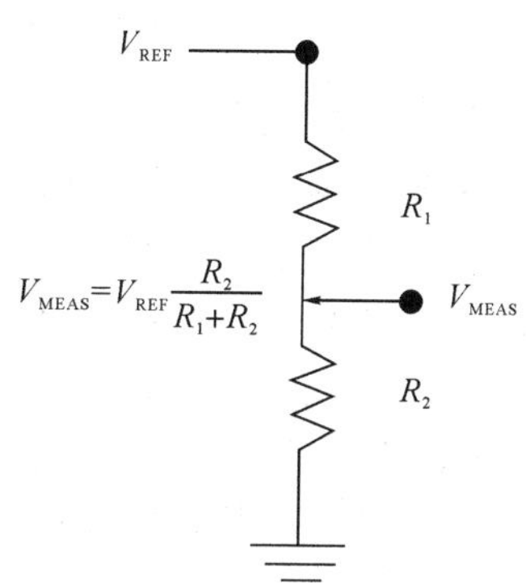

图 4－12　电阻式触摸屏的分压电路

(1) 4 线电阻式触摸屏。

图 4－13 所示是 4 线电阻式触摸屏的检测原理。4 线电阻式触摸屏在一个导电层(如内层 ITO)的左、右两边各镀一个电极，引出端为 X＋、X－，另一个导电层(如外层 ITO)的上、下两边也各镀一个电极，引出端为 Y＋、Y－。X 轴的位置信号的获取方法为在内层 ITO 的电极 X＋、X－上分别加 V_{REF} V、0 V 电压，从而内层 ITO 便形成 0～V_{REF} V 的电压梯度，从触摸点到 X－端的电压即为该两端电阻对 V_{REF} 的分压，令外层 ITO 的 Y－端悬空，从另一端读取触摸点在 X 轴的分压值。X 轴与 Y 轴获取位置信息的方法类似，互换 X 轴与 Y 轴的电极电压的接法，即可获取触摸点在 Y 轴的分压值。将获取的分压值进行 A/D 转换便得到 X、Y 轴坐标。

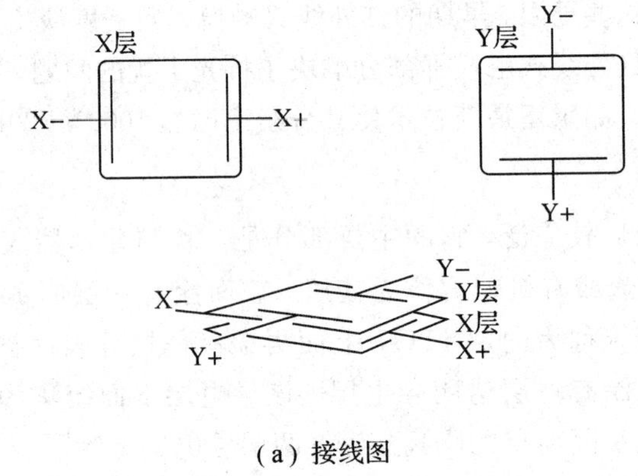

(a) 接线图

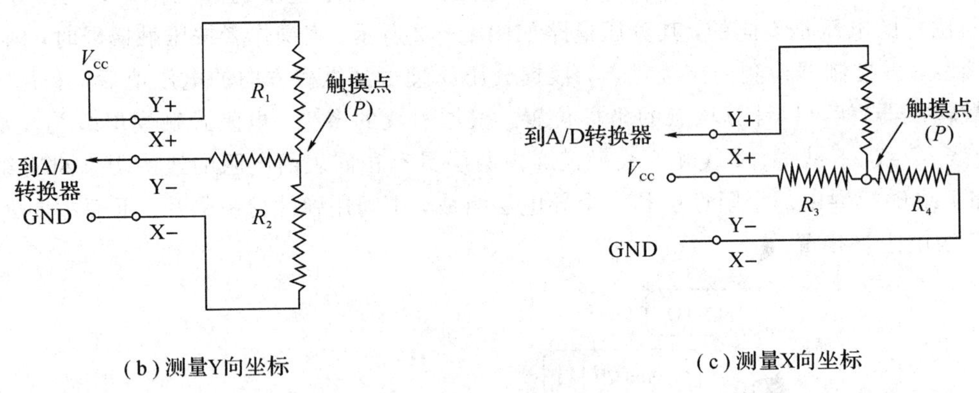

图 4－13　4 线电阻式触摸屏的检测原理

(2) 5 线电阻式触摸屏。

图 4－14 所示为 5 线电阻式触摸屏的结构。5 线电阻式触摸屏将 X、Y 电极都加在内层 ITO 上，而外层 ITO 只作为活动电极。内层 ITO 的 X、Y 电极从 4 个角引出电极引线 UL、UR、DL、DR，加上外层 ITO 的活动电极引出的电极引线，这样一共 5 条线。X 轴的位置信号的获取方法为将 UL 和 UR 端加上 V_{REF} 的电压，DL 和 DR 端接地，外层 ITO 上引出的线接在 A/D 转换器的输入端。由于上、下角左右两端为同一电压，因此类似于 4 线电阻式触摸屏中采用的方法，其效果与连接上下侧的总线差不多。X 轴与 Y 轴获取位置信息的方法类似，互换 DL 和 UR 端的电压接法即可。将获得的触摸点 X 轴和 Y 轴的分压值进行 A/D转换便得到 X、Y 轴坐标。这种方法的优点在于它可以使 UL 和 DR 的电压保持不变。

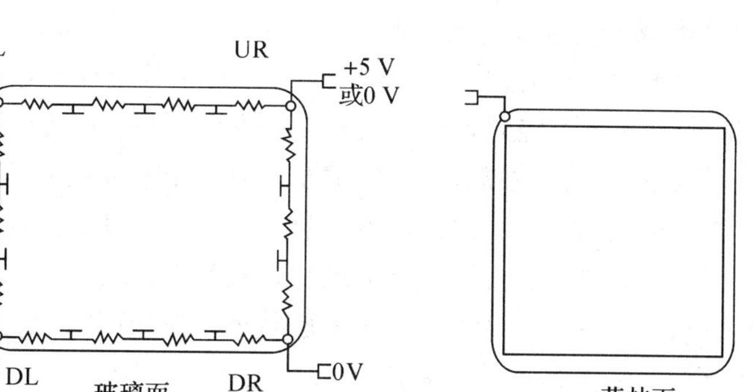

图 4-14　5 线电阻式触摸屏的结构

不管是 4 线电阻式触摸屏还是 5 线电阻式触摸屏，它们都与外界工作环境完全隔离，不怕油污、灰尘和水汽；它可以用任何物体来触摸，比较适合工业控制领域及办公室内有限人的情况；电阻触摸屏的精度只取决于 A/D 转换的精度，能轻松达到 4096×4096PPI。比较而言，5 线电阻式触摸屏比 4 线电阻式触摸屏在保证分辨率精度上要优越，但是成本代价大，因此售价非常高。虽然电阻式触摸屏是市场上的主流产品，但是电阻屏存在其自身的局限。电阻式触摸屏共同的缺点是因为复合薄膜的外层采用塑胶材料，操作者太用力或使用锐器触摸可能划伤整个触摸屏而导致报废。不过，在限度之内，划伤只会伤及外导电层，而外导电层的划伤对于 5 线电阻式触摸屏是没有影响的。

3）电容式触摸屏

如图 4-15 所示，电容式触摸屏的显示屏是一块 4 层复合玻璃屏，玻璃屏的内表面和夹层各涂一层导电层，再在导电层外加一层玻璃保护层，在触摸屏的四周镀上电极。电容式触摸屏的工作原理为将人体当做一个电容元件的一个电极，利用人体的电流感应进行工作。当用户用手指触摸屏幕某一点时，人体的电场使手指与导电层形成一个耦合电容，四周电极发出的电流流向触点，这个电流的强弱与手指到四角电极的距离成正比，控制器根据这 4 个电流的精确比例，定位用户的触摸坐标。

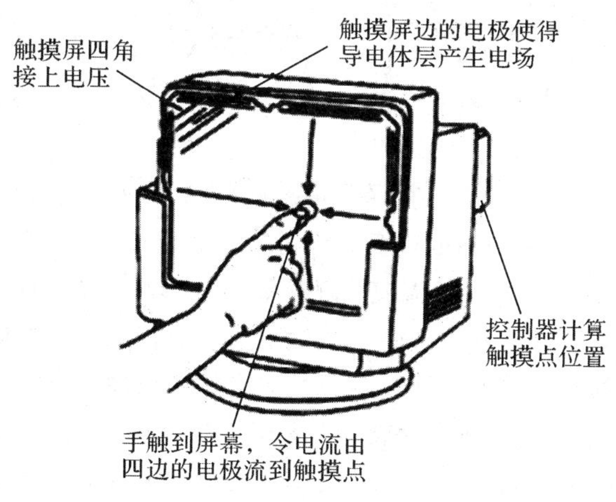

图 4-15　电容式触摸屏示意图

电容式触摸屏的双玻璃设计既能保护导电层以及感应器，又能防止外界的影响，适宜某些恶劣的环境。它的主要优点是：不易误触，只感应人体电流，对其他物体的触碰不会有反应；感应度高，能准确感应轻微且快速的触碰；耐用度高，在防尘、防水、耐磨等方面比电阻式触摸屏性能更优。它的主要缺点是：成本高，由于一些技术问题，导致成品率不高；易受环境影响，当环境温度、湿度改变或者环境电场改变时都会引起电容式触摸屏的不稳定甚至漂移；精度不高，难以在小屏幕上实现辨识较复杂的手写输入；反光严重，透光率不均匀，存在色彩失真的问题，光线在各层间的反射还会造成图像字符的模糊。近年来，由于技术的提升和发展，高端电容式触摸屏达到 99% 精度，具备小于 3 ms 的响应速度，而且可实现多点触摸。

4）*表面声波触摸屏*

如图 4－16 所示，表面声波触摸屏由触摸屏、声波发生器、反射器和声波接收器组成。固定在触摸屏的左上角和右下角的声波发生器发送一种超声波，这种表面声波能沿屏幕传播，由触摸屏的右上角固定的两个相应的声波接收器接收，屏幕四周刻有 45°角由疏到密间隔精密的反射条纹。当右下角 X 轴的声波发生器将控制器通过触摸屏电缆传送过来的信号转化为声波能量向左面传递时，反射条纹会将声波能量反射，并沿着触摸屏表面传递到上面的反射条纹，再经反射成为向右的信号传播到 X 轴的声波接收器，然后将声波能量转化为电信号。当用户用手指或软性物体触摸屏幕某一点时，部分声波能量被吸收，便改变了接收信号，控制器通过分析接收信号来判定 X 坐标。同理可判定 Y 轴坐标，从而定位用户的触摸坐标。

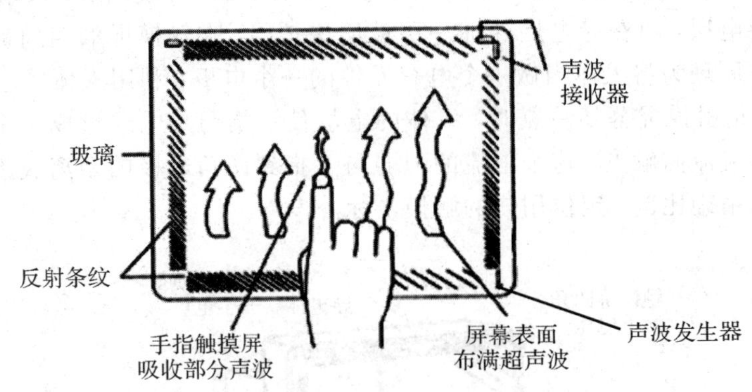

图 4－16　表面声波触摸屏示意图

表面声波触摸屏是市场上畅销的产品，价格适中，且较可靠、精确。它的主要优点是：表面声波触摸屏经久耐用，不受外界温度、湿度等因素影响；光学性能好；清晰度和透光率高，反光少，无色彩失真；对屏幕表面的平整度要求低；有第三轴响应，能感知用户触摸压力大小；没有漂移，只需在安装时校正一次即可。它的主要缺点是：要求触摸屏体的软性物体必须能够吸收声波；容易受到噪声污染；要求用户注意环境卫生，屏幕表面保持洁净；由于该技术无法加以封装，应防止灰尘、水渍、油污等脏物附着在屏幕表面。

由以上对各类触摸屏的接收原则，可知选择哪类触摸屏主要取决于应用的需要。常用触摸屏的特性如表 4－18 所示。

表 4－18　常用触摸屏的特性

类别	红外线式触摸屏	4 线电阻式触摸屏	5 线电阻式触摸屏	电容式触摸屏	表面声波触摸屏
性能类别	低	低	较高	高	高
清晰度		一般	较好	一般	很好
分辨率/PPI	100×100	4096×4096	4096×4096	4096×4096	4096×4096
反光率		有	较少	较严重	较少
透光率	好	60%左右	75%	85%	92%(极限)
漂移	较大	无	较大	有	较小
防刮擦	好	差	较好，怕锐器	一般	很好，不怕锐器
反应速度	50～300 ms	10～20 ms	10 ms	15～24 ms	10 ms
寿命	损坏概率大	500 万次	3500 万次以上	2000 万次以上	5000 万次以上
多点触摸	左上角	中心点	中心点	中心点	智能判断
现场维修	清洁外壳	经常	不需要	经常校准	经常清洗
缺陷	不能挡住透光部分	怕划伤	怕锐器划伤	怕电磁干扰	怕灰尘积累
材质	塑料框架或透光外壳	多层玻璃或塑料复合膜	多层玻璃或塑料复合膜	多层玻璃或塑料复合膜	纯玻璃

3. 触摸屏控制芯片

触摸屏这种输入设备有专门的控制芯片，本节以适用于电阻式触摸屏的控制芯片为例来介绍触摸屏控制的实现。

1) ADS7843 芯片

(1) ADS7843 功能简介。

ADS7843 是一个内置 12 位模/数转换、低导通电阻模拟开关的串行接口芯片。它的供电电压为 2.7～5 V，参考电压 V_{REF} 为 1～$+V_{CC}$ V，转换电压的输入范围为 0～V_{REF} V，最高转换频率为 125 kHz。ADS7843 共有 16 个引脚，如图 4－17 所示。引脚说明如表 4－19 所示。

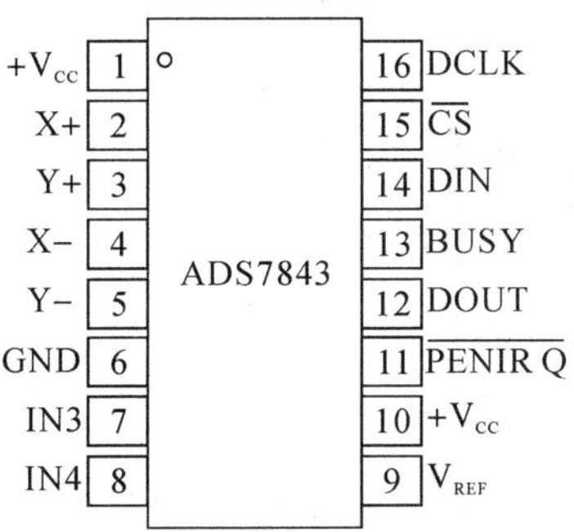

图 4－17　ADS7843 引脚图

表 4-19 ADS7843 引脚功能表

引脚号	引脚名	功 能 描 述
1，10	$+V_{CC}$	供电电源 2.7～5 V
2，3	X+，Y+	接触摸屏正电极和内部 A/D 通道
4，5	X-，Y-	接触摸屏负电极
6	GND	电源地
7，8	IN3，IN4	两个附属 A/D 输入通道
9	V_{REF}	A/D 参考电压输入
11	$\overline{PENIRQ}$	中断输出，需接外接电阻(10 kΩ 或 100 kΩ)
12，14	DOUT，DIN	串行数据输出、输入，在时钟下降沿数据移出，上升沿数据移入
16	DCLK	串行时钟
13	BUSY	忙指示
15	$\overline{CS}$	片选

(2) ADS7843 的控制字及参考电压模式选择。

ADS7843 的控制字格式如表 4-20 所示。

表 4-20 ADS7843 的控制字

bit(MSB)	bit6	bit5	bit4	bit3	bit2	bit1	bit0
S	A2	A1	A0	MODE	SER/$\overline{DFR}$	PD1	PD0

下面介绍各控制字的功能。

S：数据传输起始标志位，必为"1"。

A2～A0：通道选择。当 A2～A0 为 101 时，选择 X 坐标输入；当 A2～A0 为 001 时，选择 Y 坐标输入；当 A2～A0 为 110 或者 010 时，选择 IN3 或 IN4 两个附属 A/D 通道。

MODE：选择 A/D 转换的精度。当 MODE 为"1"时，选择 8 位精度；当 MODE 为"0"时，选择 12 位精度。

PD1、PD0：选择省电模式。当 PD1、PD0 选择 "00" 时，为允许省电模式，可在两次 A/D 转换之间掉电，且中断允许；选择"01"时，为允许省电模式，但不允许中断；选择"10"时，为保留模式；选择"11"时，为禁止省电模式。

SER/$\overline{DFR}$：选择参考电压的输入模式。当 SER/$\overline{DFR}$为"1"时，选择单端输入模式；当 SER/$\overline{DFR}$为"0"时，选择差动输入模式。

ADS7843 可提供两种参考电压输入模式：一种是参考电压固定为 V_{REF} 的单端输入模式，它判断的是信号与 GND 的电压差；另一种为参考电压来自驱动电极的差动输入模式，它判断的是两个信号线的电压差。这两种模式分别如图 4-18(a)、(b)所示。采用差动输入

模式可以消除开关导通压降带来的影响。表 4－21 和表 4－22 为两种参考电压输入模式所对应的内部开关状况。

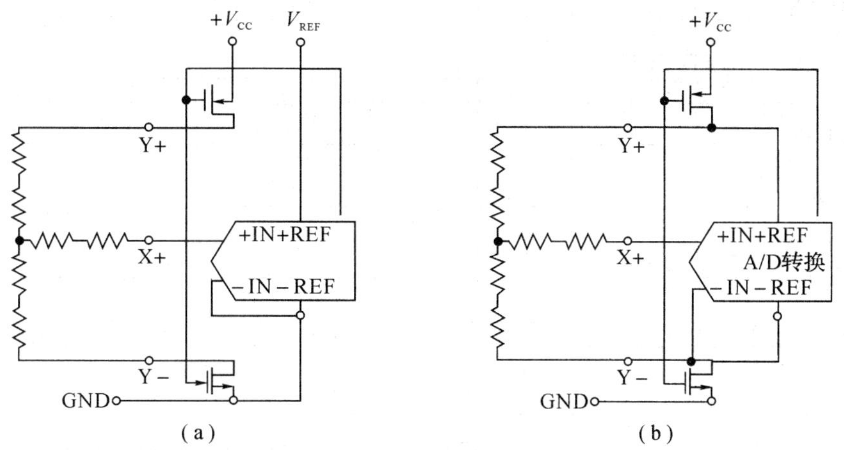

图 4－18　ADS7843 参考电压输入模式

表 4－21　参考电压单端输入模式（SER/$\overline{\text{DFR}}$＝“1”）

A2	A1	A0	X＋	Y＋	IN3	IN4	－IN	X 开关	Y 开关	＋REF	－REF
0	0	1	＋IN				GND	OFF	ON	$+V_{REF}$	GND
1	0	1		＋IN			GND	ON	OFF	$+V_{REF}$	GND
0	1	0			＋IN		GND	ON	OFF	$+V_{REF}$	GND
1	1	0				＋IN	GND	ON	OFF	$+V_{REF}$	GND

表 4－22　参考电压差动输入模式（SER/$\overline{\text{DFR}}$＝“0”）

A2	A1	A0	X＋	Y＋	IN3	IN4	－IN	X 开关	Y 开关	＋REF	－REF
0	0	1	＋IN				Y－	OFF	ON	Y＋	GND
1	0	1		＋IN			X－	ON	OFF	X＋	GND
0	1	0			＋IN		GND	ON	OFF	$+V_{REF}$	GND
1	1	0				＋IN	GND	ON	OFF	$+V_{REF}$	GND

（3）ADS7843 的 A/D 转换时序。

为完成一次电极电压切换和 A/D 转换，需要先通过串口往 ADS7843 发送控制字，转换完成后再通过串口读出电压转换值。标准的一次转换需要 24 个时钟周期。由于串口支持双向同时进行传送，并且在一次读数和下一次发送控制字之间可以重叠，所以转换速率可以提升到每次 16 个时钟周期。若条件允许，CPU 可产生 15 个 CLK 的话，转换速率还可以提高到每次 15 个时钟周期，如图 4－19 所示。

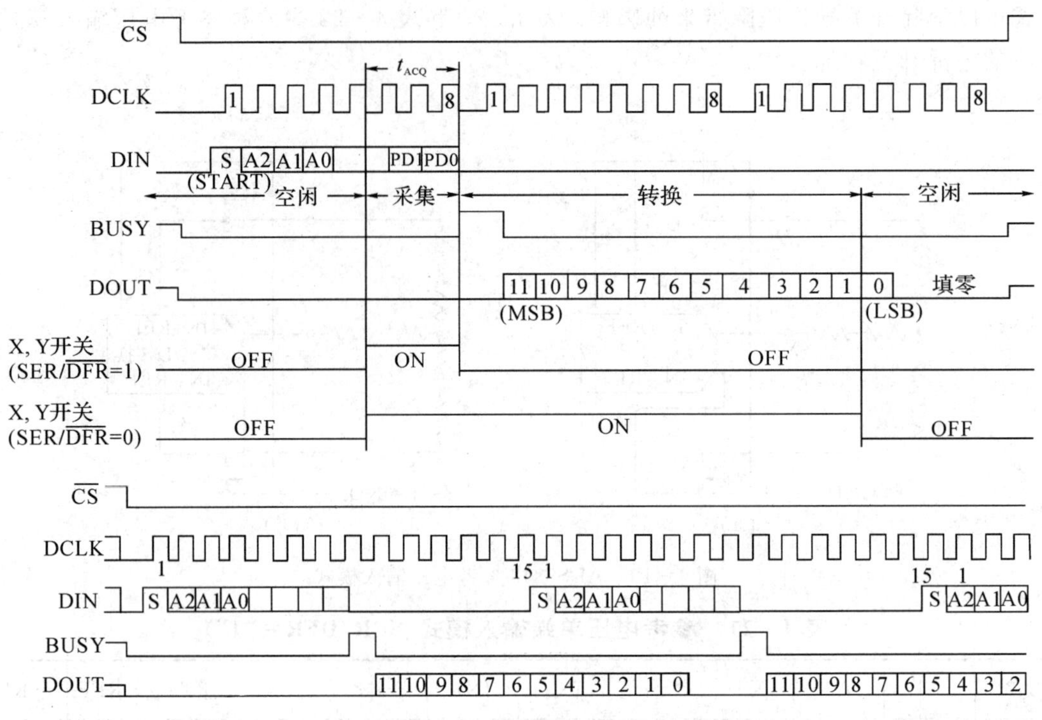

图 4-19　A/D 转换时序图(每次转换需要 15 个时钟周期)

(4) ADS7843 与单片机的接口设计。

ADS7843 芯片适用于电阻式触摸屏，它通过标准 SPI 协议和 CPU 通信，操作简单、精度高。ADS7843 与触摸屏和 51 单片机的连接如图 4-20 所示，51 单片机不带 SPI 接口，需要用软件模拟 SPI 的时序操作，ADS7843 的 DCLK、$\overline{\text{CS}}$、DIN、BUSY、DOUT 分别与单片机的 P1.0～P1.4 连接，$\overline{\text{PENIRQ}}$与单片机的 P1.5 连接，向单片机申请中断。

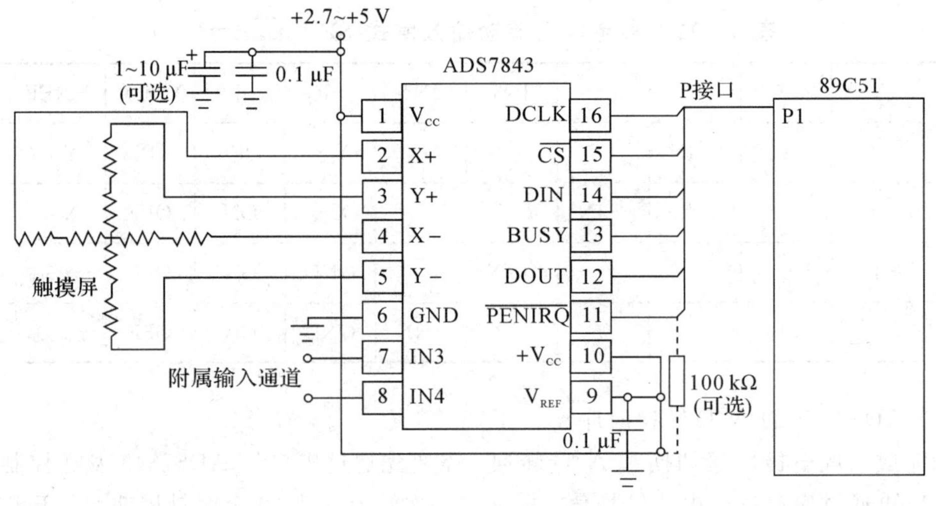

图 4-20　ADS7843 的典型应用

2) 触摸屏驱动 XPT2046 设计

触摸屏控制芯片 XPT2046 是一款 4 线制触摸屏控制器，内含 12 位分辨率、125 kHz

转换速率逐步逼近型 A/D 转换器。

(1) XPT2046 芯片的特点。

XPT2046 具有以下特点：

① 具有触摸压力测量功能。

② 能直接测量电源电压(0～6 V)。

③ 低功耗(260 μA)。

④ 可单电源工作，工作电压范围为 2.2～5.25 V。

⑤ 内部自带+2.5 V 参考电压。

⑥ 具有 125 kHz 的转换速率。

⑦ 采用 QSPI™和 SPI™3 线制通信接口。

⑧ 具有可编程的 8 位或 12 位的分辨率。

⑨ 具有 1 路辅助模拟量输入。

⑩ 能够自动掉电。

(2) XPT2046 芯片的引脚。

采用 16 引脚封装，引脚图如图 4-21 所示，其引脚功能如表 4-23 所示。

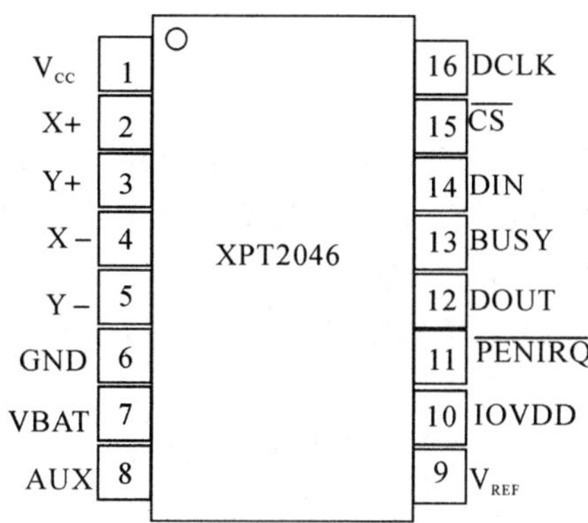

图 4-21　引脚图

说明：1、9、10 引脚接 V_{CC}，6 引脚接 GND，2、3、4、5 引脚接触摸屏的 4 条引脚线，16、15、14、12 引脚接单片机 SPI 引脚，11 引脚接单片机某个引脚。

表 4-23　XPT2046 引脚功能

引脚号	名　称	说　　明
1	V_{CC}	电源输入端
2	X+	X+位置输入端
3	Y+	Y+位置输入端
4	X-	X-位置输入端
5	Y-	Y-位置输入端
6	GND	接地

续表

引脚号	名　称	说　　明
7	VBAT	电池监视输入端
8	AUX	ADC 辅助输入通道
9	V_{REF}	参考电压输入/输出
10	IOVDD	数字电源输入端
11	$\overline{\text{PENIRQ}}$	笔接触中断引脚
12	DOUT	串行数据输出端。数据在 DCLK 的下降沿移出，当$\overline{\text{CS}}$高电平时为高阻状态
13	BUSY	忙时信号线，当$\overline{\text{CS}}$为高电平时为高阻状态
14	DIN	串行数据输入端。当$\overline{\text{CS}}$为低电平时，数据在 DCLK 上升沿锁存进来
15	$\overline{\text{CS}}$	片选信号，控制转换时序和使能串行输入输出寄存器，高电平时 ADC 掉电
16	DCLK	外部时钟信号输入

(3) XPT2046 芯片的工作原理。

XPT2046 与单片机采用 SPI 连接，连接时分别用到 XPT2046 的这些引脚，即引脚 16：DCLK(SPI 时钟引脚)；引脚 15：$\overline{\text{CS}}$(使能引脚或者叫做片选引脚)；引脚 14：DIN(数据输入引脚)；引脚 12：DOUT(数据输出引脚)。

带 SPI 模块的单片机，可以配置 SPI 模块与 XPT2046 通信。不带 SPI 模块的单片机，可以随便找 4 个引脚，模拟 SPI 时序，与 XPT2046 通信。

除了 SPI 通信的 4 个引脚，还有 1 个引脚必须接，即$\overline{\text{PENIRQ}}$引脚。当触摸屏有触摸事件发生，这个引脚就会变为低电平，所以我们把这个引脚接到单片机的某个中断引脚，就可以随时发现触摸屏被按下(用外部中断)。XPT2046 的 SPI 时序如图 4-22 所示。

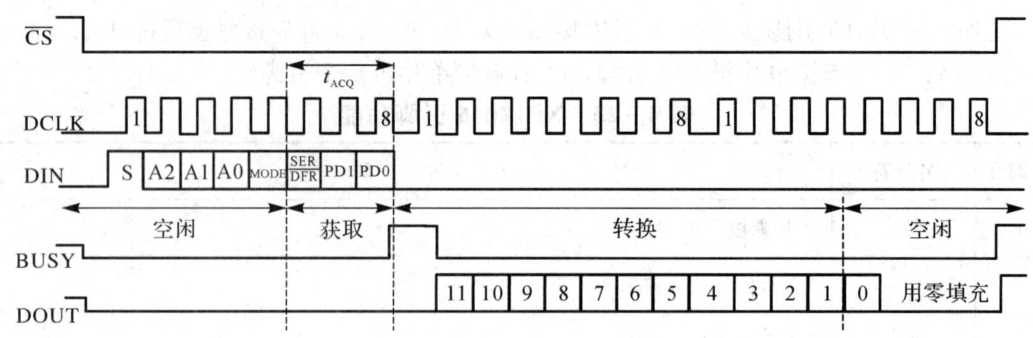

图 4-22　XPT2046 的 SPI 时序

用触摸液晶屏的 4 个角采集 X 和 Y 坐标的 12 位值，就分别得到了 X 坐标和 Y 坐标的最小值和最大值。根据液晶屏的分辨率，再通过数学等比公式，就可以通过采集得到的 12 位 ADC 值，得出现在的触摸位置。当我们读出触摸屏的 ADC 值后，就可以把它对应到 TFT-LCD(薄膜晶体管液晶显示器)上，这就是触摸屏校准工作。

如果发生了触摸屏按下事件，单片机首先通过 SPI 口，发送读取 X 坐标的命令 0X90，接着读出 2 个字节的数据，然后再发送读取 Y 坐标的命令 0XD0，再读出 2 个字节的数据。这时候，X、Y 的坐标值就知道了。因为 XPT2046 是 12 位精度的 ADC，所以读出的 2 个字节中，只有高 12 位是有效数据。

(4) 连接方法。

XPT2046 与 CPU 连接图如图 4 - 23 所示。

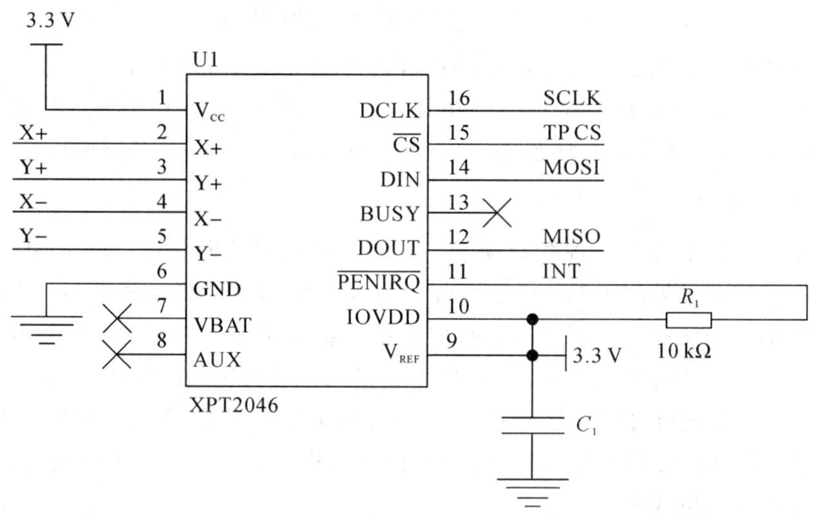

图 4 - 23　XPT2046 与 CPU 连接图

4.1.3　其他非接触式人机交互

当前，接触式的交互方式使操作者在一定程度上局限于实体信息终端，基于鼠标、键盘、触摸屏等传统接触式交互方式具有操作负担，直接降低了获取信息服务的快捷性。因此，人们可通过利用针对用户语言、行为的机器感知技术手段，研究非接触式新型人机交互系统，打破传统信息交互方式给人带来的束缚。

声音信号和光信号可识别的方式如下：

声音信号：语音识别，超声波控制设备，电磁波控制设备；

光信号：手势识别，表情识别，红外检测控制。

1. 语音识别

语音识别是计算机通过识别和理解过程把语音信号转变为相应的文本文件或命令的技术，与声学、语音学、数字信号处理理论等多学科交叉紧密相连。语音识别经过四十多年的发展，已经取得显著进步，并显示出巨大的应用前景。

语音识别方法主要是模式匹配法。例如，识别词汇表中的词汇，方法为：在训练阶段，用户将词汇表中的每一词依次说一遍，并将其特征矢量作为模板库；在识别阶段，将输入语音的特征矢量依次与模板库中的每个模板进行相似度比较，将相似度最高的作为识别结果输出。目前语音识别技术主要是基于统计的模式识别的基本理论，如图 4 - 24 所示。

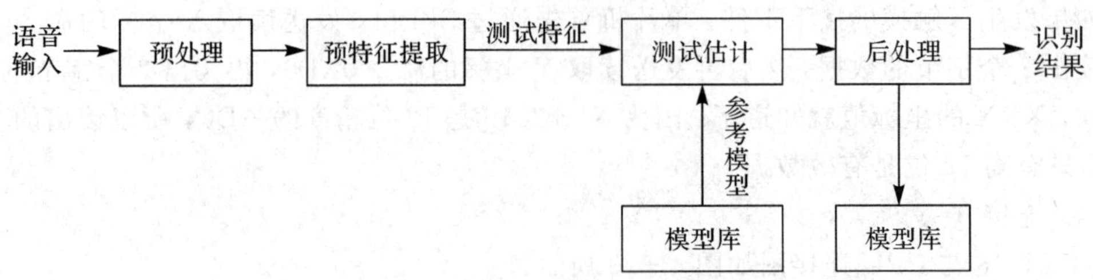

图 4-24 语音识别系统的处理流程

语音识别的基本原理是对语音信号进行特征提取。目前常用的语音识别算法有隐马尔可夫模型法(HMM, Hidden Markov Model), 人工神经网络识别法(ANN, Artifical Neural Network)以及动态时间规整法(DTW, Dynamic Time Warping)等。

1) 隐马尔可夫模型法(HMM)

HMM 作为语音信号的一种统计模型，在语音处理领域中获得广泛应用。HMM 是在马尔可夫链的基础上发展起来的。由于实际问题比马尔可夫链模型所描述的更为复杂，观察到的事件并不是与状态一一对应的，而是通过一组概率分布相联系的，这样的模型就称为 HMM。它是一个双重随机过程，其中之一就是马尔可夫链，这是基本随机过程，它描述状态的转移。另一个随机过程描述状态与观察值的统计对应关系。站在观察者的角度，只能看到观察值，不能直接看到状态，只能通过一个随机过程去感知状态的存在及其特性。因而称之为“隐”马尔可夫模型。

隐马尔可夫模型法可用于大多数大词汇量、连续语音的非特定人语音识别，它很好地模仿了人的发音系统的状态与语音信号这两个随机过程，是一种较为理想的语音模型，但是它的缺点在于统计模型的建立需要依赖一个较大的语音库。这在实际工作中占有很大的工作量，且模型所需要的存储量和匹配计算(包括特征矢量的输出概率计算)的运算量相对较大，通常需要具有一定容量 SRAM(静态随机存取存储器)的 DSP 才能完成。

2) 人工神经网络识别法(ANN)

ANN 在语音识别领域的应用是在 20 世纪 80 年代中后期发展起来的，其思想是用大量简单的处理单元并行连接构成一种信息处理系统。这种系统可以进行自我更新，且有高度的并行处理及容错能力，因而在认知任务中非常吸引人。但是，ANN 相对于模式匹配而言，在反映语音的动态特性上存在重大缺陷。单独使用 ANN 的系统识别性能不高，所以目前 ANN 通常在多阶段识别中与 HMM 算法配合使用。

3) 动态时间规整法(DTW)

语音识别中，不能简单地将输入与模板直接比较，因为语音信号具有相当大的随机性，即使是同一个人，在不同时刻的同一句话发的同一个音，也不可能具有完全相同的时间长度，因此时间规整必不可少。DTW 是时间规整与距离测度结合的非线性规整技术。假设参考模板特征矢量序列为 a_1, a_2, …, a_m, …, a_M; 输入语音特征矢量序列为 b_1, b_2, …, b_n, …, b_N, $M \neq N$, 那么动态时间规整就是要寻找时间规整函数 $m=\omega(n)$, 即时间规整函数把输入模板的时间轴 n 非线性地映射到参考模板的时间轴 m。

$$d[n, \omega(n)] = \mathrm{sqrt}\left(\sum \omega(D_i)^{\wedge}\right) \qquad i = 1, 2, 3, \cdots, n \tag{4-1}$$

上式中，$d[n, \omega(n)]$是第 n 帧输入矢量和第 m 帧参考矢量的距离，D 是相应于最优时间规整下一个模板的距离测度。DTW 是一个典型的最优化问题，它用满足一定条件的时间规整函数 $\omega(n)$描述输入模板和参考模板的时间对应关系，求解两模板匹配时的累计距离最小所对应的规整函数。DTW 算法通过将待识别语音信号的时间轴进行不均匀的扭曲和弯曲，使其特征与模板特征对齐，并在两者之间不断地进行两个矢量最小的匹配路径计算，从而获得两个矢量匹配时累计距离最小的规整函数。这是一个将时间规整和距离测度有机结合在一起的非线性规整技术，保证了待识别特征与模板特征之间最大的声学相似特征和最小的时差失真，是成功解决匹配问题的最早、最常用的方法。

由于 DTW 模板匹配的运算量不大，并且限于小词表，一般的应用领域为孤立数码、简单命令集、地名或人名集的语音识别。

语音识别系统的性能受许多因素的影响，包括不同的说话方式、环境噪音、传输信道等，提高系统的鲁棒性，即提高克服这些不良因素影响的能力，有利于系统在不同条件下性能的稳定。自适应是根据不同的影响来源，自动地、有针对性地对系统进行调整，在使用中逐步提高性能的。

2. 手势识别

手势识别是通过数学算法来识别人类手势的。手势识别的信号可以来自人体各部位的运动，但一般是指脸部和手的运动。如果能将手势很好地运用于计算机，那么便可以改善人机交互的效率。利用计算机识别和解释手势输入是将手势应用于人机交互的关键前提。手势识别系统的处理流程如图 4－25 所示。

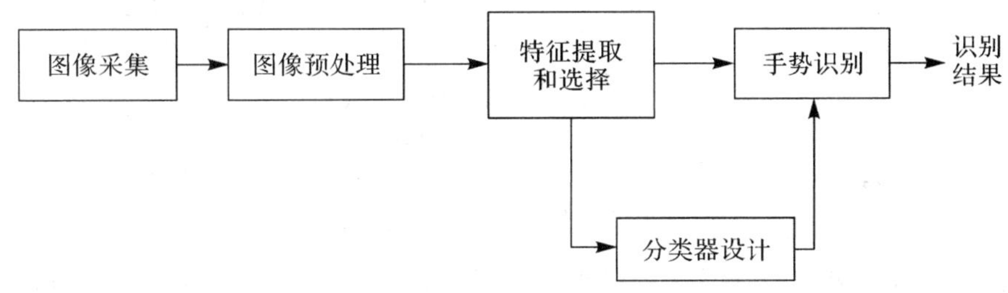

图 4－25　手势识别系统的处理流程

1）识别手段

目前，人们主要采用如下几种不同的手段来识别手势：

（1）鼠标和笔。其缺点是只能识别手的整体运动而不能识别手指的动作；优点是仅利用软件算法实现，适合于一般桌面系统。需要说明的是，仅当用鼠标或笔尖的运动或方向变化来传达信息时，才可将鼠标或笔看作手势表达工具。这类技术可用于文字校对等。

（2）数据手套。其主要优点是可以测定手指的姿势或手势，但是相对而言较为昂贵，并且有时会给用户带来不便，如手心出汗等问题。

（3）计算机视觉。计算机视觉是利用摄像机输入手势的，其优点是不干扰用户。这是一种很有前途的技术，但是目前在技术上存在很多困难，还难以胜任手势识别和理解的任务。

目前较为实用的手势识别方式是数据手套。因为数据手套不仅可以输入包括三维空间运动在内的较为全面的手势信息，而且比基于计算机视觉的手势在技术上更容易实现。

手势输入不能像鼠标那样指点设备，精确控制到屏幕的像素级，只能反映具有一定范围的“兴趣区域”，而且这个范围的界限是模糊的，有可能存在一个感兴趣中心。

2）识别技术

手势识别技术主要有以下几种：

(1) 模板匹配技术。这是一种最简单的识别技术，它将传感器输入的原始数据与预先存储的模板进行匹配，通过度量两者之间的相似度完成识别任务。

(2) 神经网络技术。这是一种较新的模式识别技术，具有自组织和自学习能力，具有分布性特点，抗噪声能力比较强，能处理不完整的模式，并具有模式推广能力。

(3) 统计分析技术。这是一种通过统计样本特征向量确定分类器的基于概率的分类方法。在模式识别中，一般采用贝叶斯极大似然理论确定分类函数。该技术的缺点是要求人们从原始数据中提取特定的特征向量，而不能直接对原始数据进行识别。

3. 表情识别

表情是人类用来表达情绪的一种基本方式，人脸表情识别所要研究的就是如何自动、可靠、高效地利用人脸表情所传达的信息。人脸表情识别是人机智能交互的重要基础。人脸表情识别包括人脸检测、表情特征提取和人脸表情分类 3 个关键环节。表情识别系统的处理流程如图 4－26 所示。

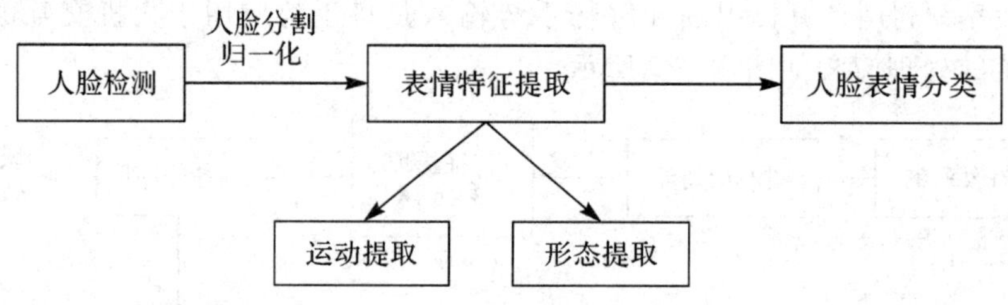

图 4－26　表情识别系统的处理流程

表情特征提取是表情识别系统中最重要的部分，有效的表情特征提取工作将使识别的性能大大提高，当前的研究工作也大部分是针对表情特征提取的。目前，人脸面部表情特征提取方法大都是从人脸识别的特征提取方法演变而来的，所用到的识别特征主要有：灰度特征、运动特征和频率特征。

(1) 灰度特征：从表情图像的灰度值上来处理，利用不同表情有不同灰度值来得到识别的依据。这种情况下，要求图像对光照、角度等因素要进行充分的预处理，使获得的灰度值具有归一性。

(2) 运动特征：利用不同的表情情况下人脸的主要表情点的运动信息来进行识别。

(3) 频率特征：主要是利用了表情图像在不同的频率分解下的差别，速度快是其显著特点。

在具体的表情识别方法上，分类方向主要有三个：整体识别法和局部识别法、形变提取法和运动提取法、几何特征法和容貌特征法。整体识别法中，无论是从脸部的变形出发还是从脸部的运动出发，都是将人脸表情作为一个整体来分析，找出各种表情下的图像差别。

用计算机来分析识别面部表情是一个非常复杂的问题，准确的人脸表情识别仍然存在诸多困难。

4.2　输 出 设 备

输出设备是人机交互的一种装备，用于计算机数据和信息的输出，是用户和计算机系统之间进行信息交换的主要装置之一。它把各种计算结果数据或信息以数字、字符、图像、声音等外界能接受的表现形式表示出来。常见的有 LED/LCD 显示器、打印机等。

4.2.1　LED 显示器

发光二极管(LED，Light Emitting Diode)是简单而廉价的显示输出设备。它是一种能够将电能转化为光能的半导体，在目前智能仪表的显示器件中应用最为广泛。单个发光二极管常用于指示系统的工作状态和显示数据，若干个发光二极管的组合可显示各种字符。LED 具有响应快、寿命长、电光转化效率高、启动无延时、无辐射与低功耗等优点。

1. LED 显示器类型及其主要应用

LED 显示器有单个、段码式和点阵式等类型。

单个 LED 可充作低压稳压管用。由于 LED 正向导通后，电流随电压变化非常快，具有普通稳压管稳压特性，故单个 LED 主要应用在电路及仪表中作为指示灯，如图 4－27 所示。

段码式 LED 按段数分为 7 段数码管和 8 段数码管，8 段数码管比 7 段数码管多一个发光二极管单元(多一个小数点显示)。按能显示多少个“8”，可分为 1 位、2 位、4 位等数码管。所谓的 8 段就是指数码管里有 8 个小 LED 发光二极管，通过控制不同的 LED 的亮灭来显示出不同的字形，其显示如图 4－28 所示。

图 4－27　单个二极管的显示

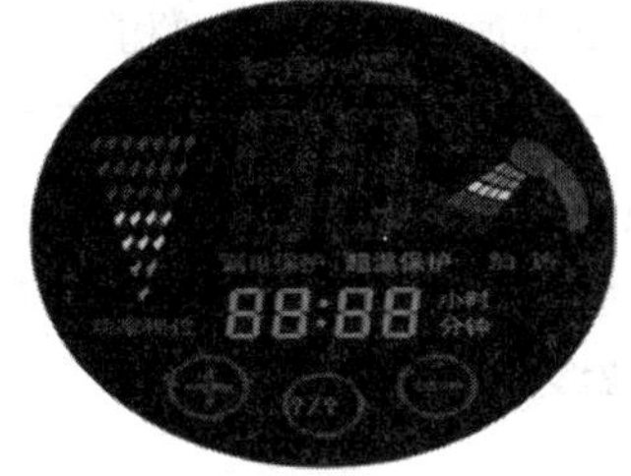

图 4－28　段码式 LED 的显示

点阵式 LED 就是用很多 8×8 或 16×16 点阵组合而成的显示板，用电脑控制这些点阵来显示图形或文字。它是以点阵格式进行显示，因而显示的符号较为逼真。用多个点阵式 LED 显示器可以组成大屏幕 LED 显示屏，用来显示汉字、图形和表格，而且能产生各种动画效果，所以被广泛用作新闻媒介和广告宣传的有力工具，其显示如图 4－29 所示。

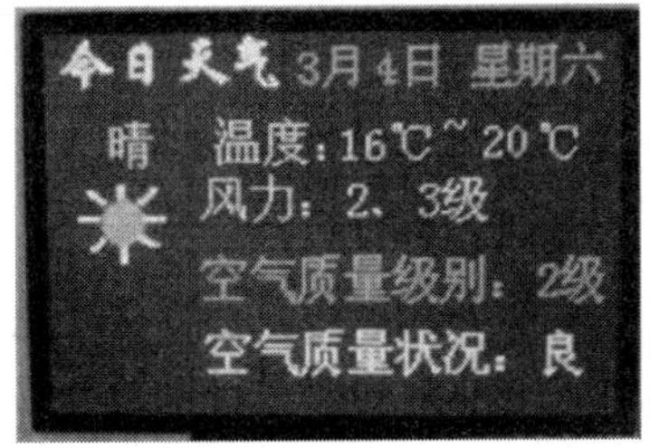

图 4－29　点阵式 LED 的显示

鉴于 LED 的自身优势，目前它主要应用于以下几大方面：

景观照明市场：主要用于街道、商业中心、社区、家居、休闲娱乐场所的装饰照明，以及集装饰与广告为一体的商业照明。

汽车市场：主要用于车内的仪表盘、空调、音响等指示灯，车外的尾灯、转向灯、侧灯等。

背光源市场：LED 作为背光源已普遍运用于手机、电脑、手持掌上电子产品及汽车、飞机的仪表盘等众多领域。

交通灯市场：红、黄、绿 LED 有亮度高、寿命长、省电等优点，故它广泛应用于交通灯。

特殊工作照明和军事运用：由于 LED 光源具有抗振性、耐热性、密封性好，以及热辐射低、体积小、便于携带等特点，可广泛应用于防爆、野外作业、矿山、军事行动等特殊工作场所或恶劣工作环境之中。

2. LED 显示原理与接口电路

1）单个 LED 的原理及接口

LED 是半导体二极管的一种，与普通二极管一样是由一个 PN 结组成，也具有单向导电性。当给 LED 加上正向电压后，注入的少数载流子和多数载流子(电子和空穴)复合而发光。不同的半导体材料中电子和空穴所处的能量状态不同。当电子和空穴复合时，释放出的能量越多，则发出的光的波长越短。常用的是发红、黄、绿光的二极管。发光二极管的反向击穿电压大于 5 V，它的正向伏安特性曲线很陡，使用时必须串联限流电阻，以控制通过二极管的电流。发光二极管的核心部分是由 P 型半导体和 N 型半导体组成的晶片，在 P 型半导体和 N 型半导体之间有一个过渡层，称为 PN 结。在某些半导体材料的 PN 结中，注入的少数载流子与多数载流子复合时，会把多余的能量以光的形式释放出来，从而把电能直接转换为光能。

在图 4-30 中，74LS374 可以作为一个输入输出接口。74LS374 是一个封装有 8 个 D 触发器的锁存器，能最多同时驱动 8 个 LED 显示器。微处理器可经数据总线 $D_0 \sim D_7$ 输出待显示的代码，送至输出接口。当某个输出端 Q 为低电平时，对应的单个 LED 显示器就导通并发光，反之则熄灭。

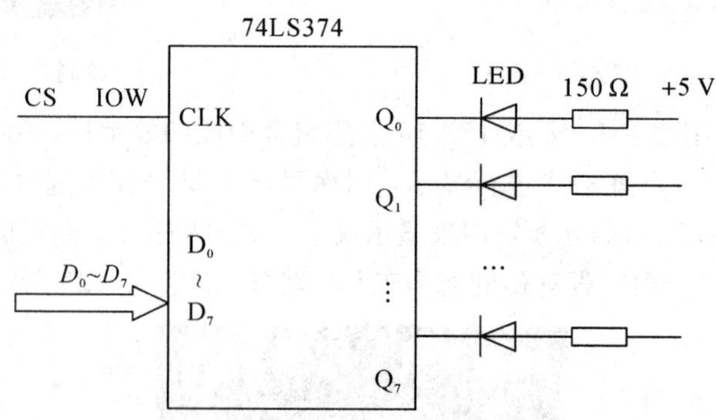

图 4-30 单个 LED 显示器的接口电路

2）段码式 LED 显示器的原理及接口(以 8 段 LED 显示器为例)

8 段 LED 显示器由多个 LED 封装在一起组成“8”字形的器件。为适用于不同的驱动电路，8 段 LED 显示器有共阳极和共阴极两种结构，如图 4-31 所示。为适应各种装置的需要，8 段

LED 显示器实际由 7 个 LED 组成“8”字形，1 个 LED 作为小数点，这 8 段分别用字母 a、b、c、d、e、f、g、dp 来表示。

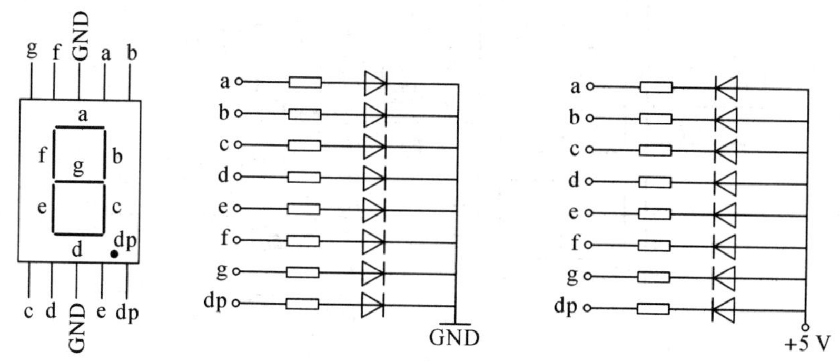

图 4 - 31　8 段 LED 显示器的结构

(1) 硬件译码显示电路与软件译码显示电路。

为了在段码显示器上显示数字或字符，需要将数字或字符转换为对应的显示器的 LED 段码，这一过程称为译码。对于不同的器件和电路接法，有不同的对应段码，各显示信息对应的段码如表 4 - 24 所示。

表 4 - 24　LED 显示器的段译码

显示字符	共阴极段码	共阳极段码	显示字符	共阴极段码	共阳极段码
0	3FH	C0H	A	77H	88H
1	06H	F9H	B	7CH	83H
2	5BH	A4H	C	39H	C6H
3	4FH	B0H	D	5EH	A1H
4	66H	99H	E	79H	86H
5	6DH	92H	F	71H	8EH
6	7DH	82H	H	76H	09H
7	07H	F8H	P	73H	8CH
8	7FH	80H	U	3EH	C1H
9	6FH	90H	灭	00H	FFH

译码分为硬件译码和软件译码。

硬件译码器分为 BCD 型和十六进制型，前者只能译出数字 0～9，后者可译出数字 0～9 和字符 A～F，但是在通用硬件译码芯片构成的电路中，不能显示除此之外的信息，这是硬件译码的最大缺点。硬件译码电路的优点是计算机时间开销较小。硬件译码显示电路如图 4 - 32 所示。

软件译码电路与硬件译码电路相比，省去了硬件译码器。在智能仪表中，应用段码式显示器显示特别的符号时，只能采用软件译码。软件译码的接口电路只需锁存器和驱动电路。

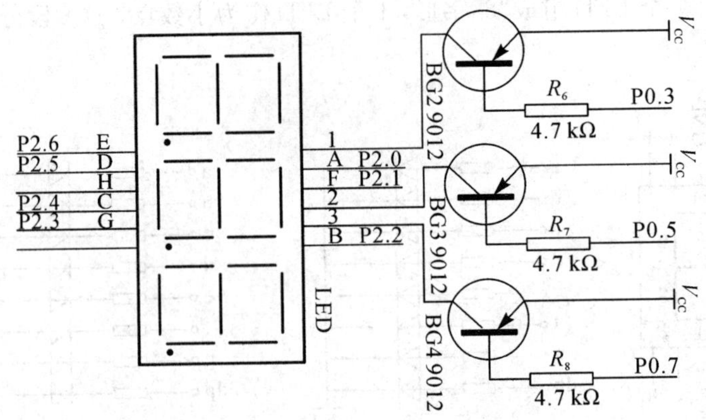

图 4-32　硬件译码显示电路(共阳极接法)

采用软件译码可使硬件电路简化，其译码逻辑可随编程设定，不受硬件译码逻辑的限制，所以智能仪表多使用软件译码方式。

(2) 静态显示驱动方式与动态显示驱动方式。

静态显示就是当显示器显示某段字符时，相应段的发光二极管恒定地导通或截止，并且显示器的各位可同时显示。由于在显示时间内驱动电压一直保持，故称作静态显示驱动。

静态显示时，较小的驱动电流就能得到较高的显示亮度。当 LED 显示器工作于静态显示驱动方式时，不同数位的 LED 数码管的公共极(共阴极或共阳极)将被连接在一起并接地或+5 V，而每个数位的 8 字段分别与一个 8 位锁存器相连。不同数位的数码管相互独立，分别用不同的驱动器件进行驱动，它们的显示字符一旦确定，只要不改变显示字符，相应的锁存器的输出就将一直维持不变。图 4-33 为利用并行驱动接口 MC1413 构成的静态显示电路。

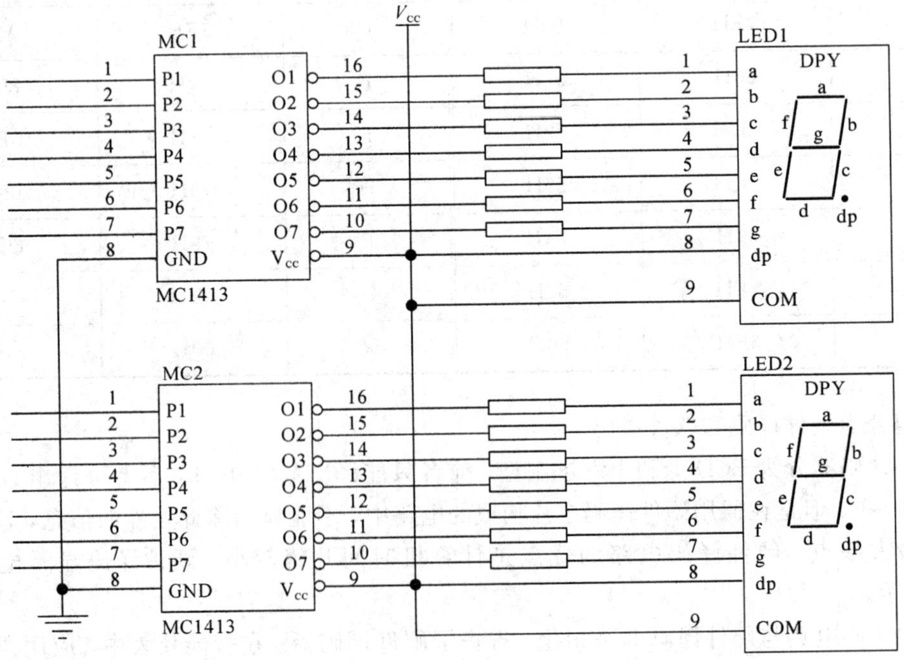

图 4-33　静态显示接线图

动态显示接口是单片机中应用最为广泛的一种显示方式，动态显示接线图如图 4－34 所示。动态驱动将所有数码管的 8 个显示笔画“a，b，c，d，e，f，g，dp”的同名端连在一起，另外为每个数码管的公共极 COM 增加位选通控制电路，位选通由各自独立的 I/O 线控制。当单片机输出字形码时，单片机对位选通 COM 端电路进行控制，所以我们只要将需要显示的数码管的选通控制打开，该位就显示出字形，没有选通的数码管就不会亮。通过分时轮流控制各个数码管的 COM 端，就使各个数码管轮流受控显示，这就是动态驱动。

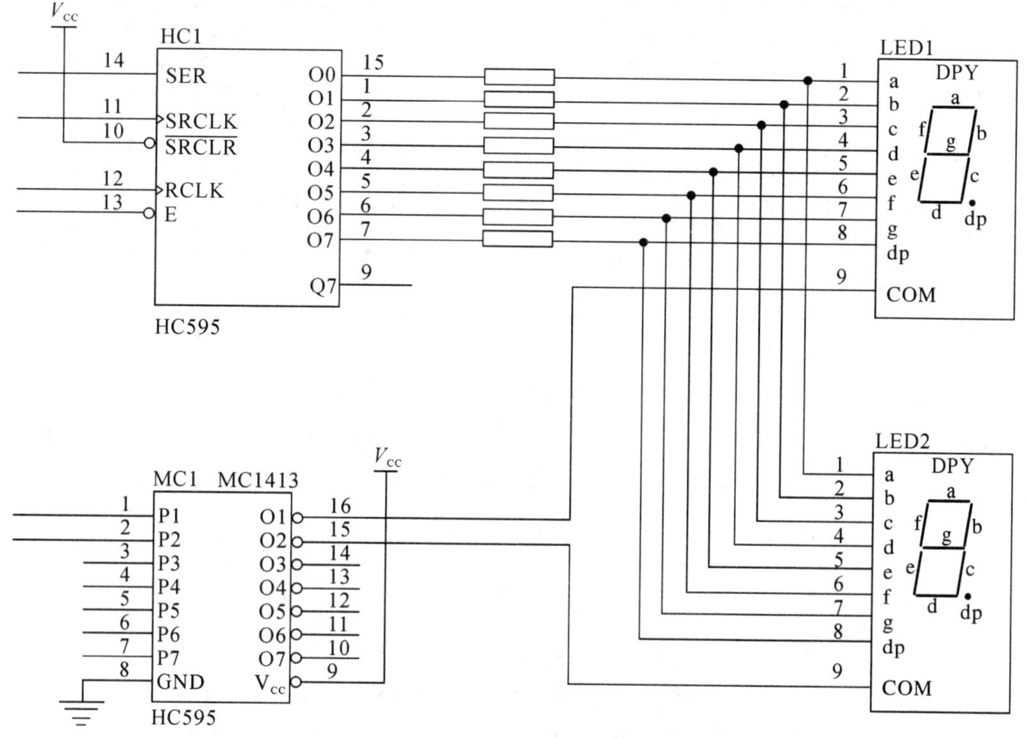

图 4－34 动态显示接线图

在轮流显示的过程中，每位数码管的点亮时间为 1～2 ms。由于人的视觉暂留现象及发光二极管的余辉效应，尽管实际上各位数码管并非同时点亮，但只要扫描的速度足够快，给人的印象就是一组稳定的显示数据，不会有闪烁感。动态显示的效果和静态显示的效果是一样的，并且动态显示能够节省大量的 I/O 端口，而且功耗更低。

3）点阵式 LED 显示器的原理及接口

点阵式 LED 显示器是由几万到几十万个半导体发光二极管像素点均匀排列组成的，利用不同的材料可以制造不同色彩的 LED 像素点。目前应用最广的是红色、绿色、黄色，而蓝色和纯绿色 LED 的开发已经达到了实用阶段。点阵式 LED 显示器具有混色好、抗静电性能优势超强、可靠性强等特点。

8×8 点阵屏的内部电路原理图如图 4－35 所示。点阵屏有两类：一类为共阴极如图 4－35(a)所示；另一类为共阳极如图 4－35(b)所示。

从图 4－35 可以看出，8×8 点阵共需要 64 个发光二极管，且每个发光二极管均放置在行线和列线的交叉点上。当对应的某一列置高电平，某一行置低电平时，相应的二极管就发光。要实现显示图形或字体，只需考虑其显示方式即可。通过编程控制各显示点对应

LED 阳极和阴极端的电平，就可以有效地控制各显示点的亮灭。

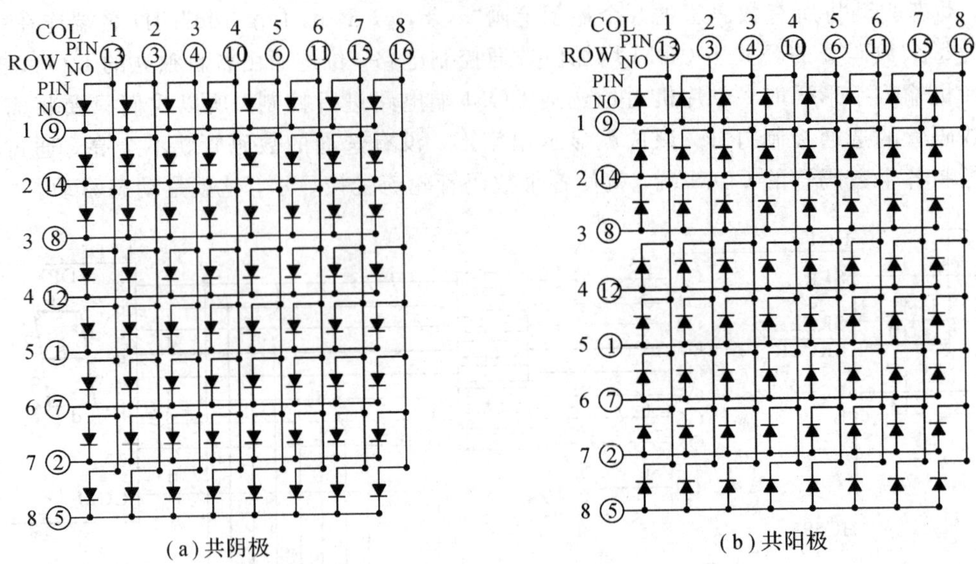

图 4－35　8×8 点阵屏的内部电路原理图

点阵有 16 个引脚，分别为 8 个“行脚”、8 个“列脚”。共阳“行脚”写 1，“列脚”写 0；共阴“行脚”写 0，“列脚”写 1，即可点亮点阵中的 LED。图 4－36 为共阳点阵显示字形码示意图。

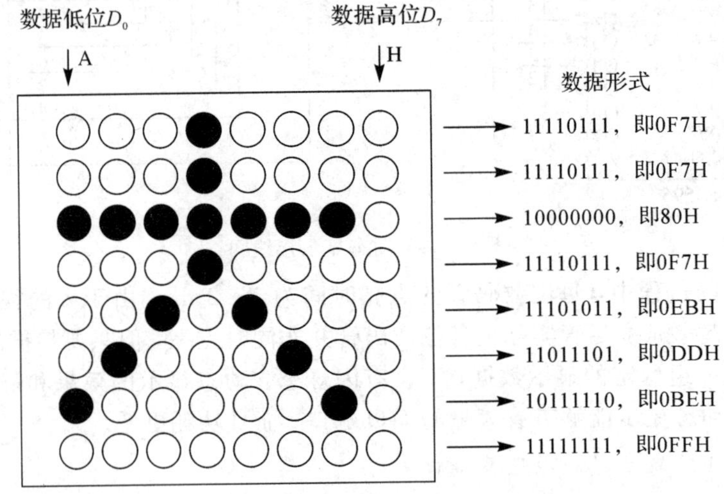

图 4－36　共阳点阵显示字形码示意图

移位锁存器 74HC595 是一个串入并出的芯片。具体来说，其锁存过程就是第一个时钟信号到来时低位数据向高位挪动 1 位，当 SH_CP 位于时钟信号的上升沿时，传入的形参 DATA 与 0x80 相与，得到的数为 1，则通过 SDATA 置 1，否则，通过 SDATA 置 0，并存储在 74HC595 的相应位置(最低位即 Q0)上；之后，DATA 向左移 1 位，使次高位变为最高位与 0x80 相与并存储。通过 8 次变换后，就可以得到数据，并存储在 Q0～Q7 中。这时，若 ST_CP 位于时钟信号上升沿，则数据即发送出去。利用移位锁存器 74HC595 构成的点阵 LED 驱动电路如图 4－37 所示。

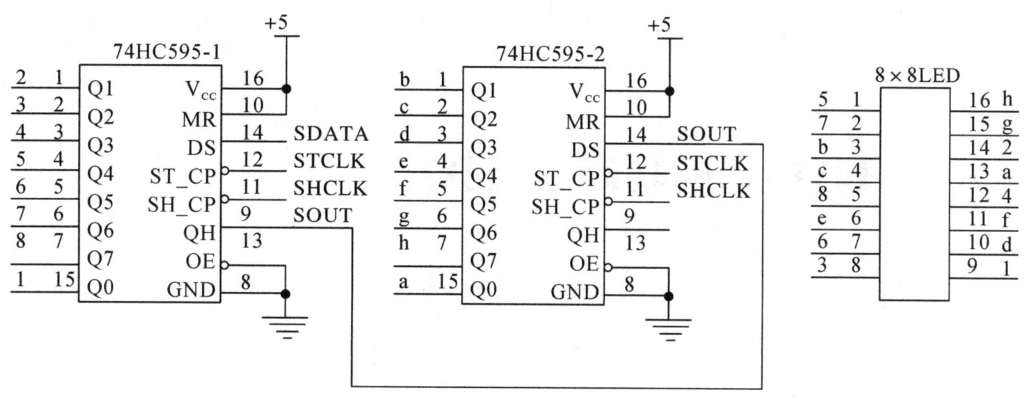

图 4-37　利用移位锁存器 74HC595 构成的点阵 LED 驱动电路

4.2.2 LCD 显示器

液晶显示器具有工作电压低、功耗少、寿命长、可以显示各种复杂的文字和图形曲线的特点，因此在各种单片机应用系统中有着广泛的使用。

液晶显示器的上、下玻璃电极之间封入向列型液晶材料，液晶分子平行排列，上、下扭曲 90°，外部入射光线通过上偏振片后形成偏振光。该偏振光通过平行排列的液晶材料后被旋转 90°，再通过与上偏振片垂直的下偏振片，被反射板反射回来，呈透明状态；当上、下电极加上一定的电压后，电极部分的液晶分子垂直排列，失去旋光性，从上偏振片入射的偏振光不被旋转，光无法通过下偏振片返回，因而呈黑色。根据需要，将电极做成各种文字、数字、图形，就可以获得各种状态显示。

液晶显示器的驱动方式由电极引线的选择方式确定。因此，在选择好液晶显示器后，用户就无法改变驱动方式了。液晶显示器的驱动方式一般有静态驱动和时分割驱动两种。在静态驱动方式中，当某个液晶显示字段上两个电极的电压相位相同时，两电极的相对电压为零，该字段不显示；当此字段上两个电极的电压相位相反时，两电极的相对电压为两倍幅值方波电压，该字段呈黑色显示。时分割驱动方式通常采用电压平均化法，其占空比有 1/2、1/8、1/11、1/16、1/32、1/64 等，偏比有 1/2、1/3、1/4、1/5、1/7、1/9 等。

液晶显示器有字段型、字符型、点阵图形型。字段型液晶显示器有六段、七段、八段等多种，七段是常用的一种。字符型液晶显示器有 5×8 点阵、5×11 点阵，单片机与字符型 LCD 显示器件的连接有直接访问和间接访问两种。点阵图形型液晶显示器内部都有控制器，各种类型的点阵图形液晶显示器的控制器使用要求不同，指令各异，但基本控制方式相同。一般点阵图形型液晶显示器都有一个对外的接口，了解了接口引脚的定义和使用条件，就可以应用单片机的数据总线或 P1 口对点阵图形型液晶显示器进行控制了。

1) 字段型 LCD 及其接口电路

字段型 LCD 以七段显示为常见，用于显示 0～9 十个数字及少量字符，在单片机应用中需要专用的液晶显示译码驱动器才能工作。常用的字段型液晶显示驱动器有 CD4543、ICL7106、ICL7116、ICL7126、ICL7136、ICM7211、ICM7211A、ICM7211M、ICM7211AMD 等。

字段型显示器采用通用的三位半字段式芯片，它的具体尺寸和显示信息如图 4-38 所示。

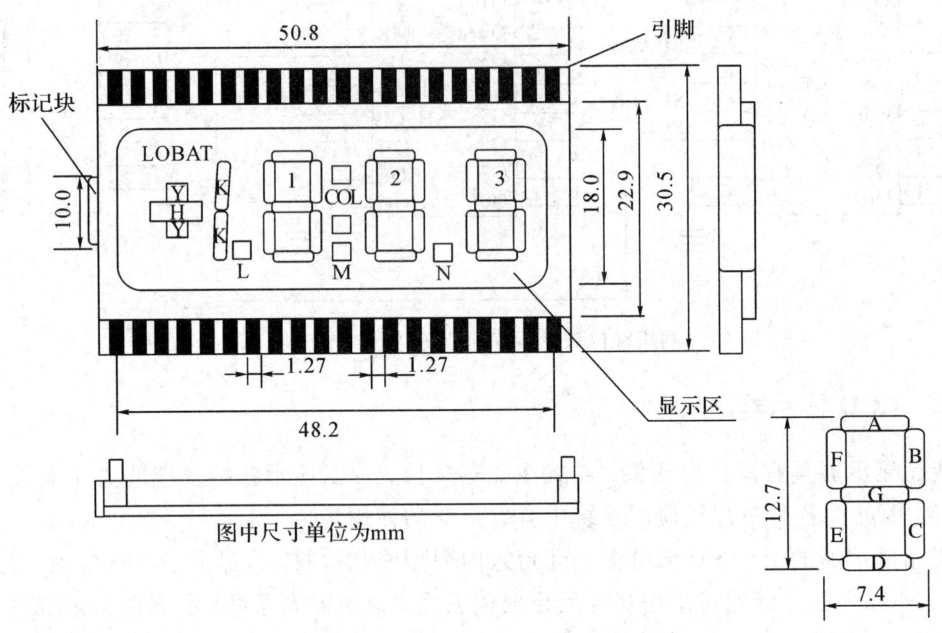

图 4-38 字段型显示器

字段型液晶显示器的显示字段分布如表 4-25 所示。

表 4-25 字段型液晶显示器的显示字段分布

PIN	1	2	3	4	5	6	7	8	9	10
SEG	COM	H	K	—	—	—	—	L	1E	1D
PIN	11	12	13	14	15	16	17	18	19	20
SEG	1C	M	2E	2D	2C	N	3E	3D	3C	3B
PIN	21	22	23	24	25	26	27	28	29	30
SEG	3A	3F	3C	2B	2A	2F	2G	COL	1B	1A
PIN	31	32	33	34	35	36	37	38	39	40
SEG	1F	1G	—	—	—	—	—	LOBAT	V	COM

该液晶显示器共 40 个引脚，有 3 位半数字可以显示(即可以显示 000 到 1999 的数字)，有 3 个可以选择的小数点位置(通过程序来决定小数点的位置表示数的大小)，还有 LOBAT 字符和时钟符号“:”。液晶显示器的显示有动态和静态两种方式。CD4543 是液晶显示器的驱动接口电路，具有 BCD 七段锁存、译码、驱动的功能。CD4543 电路的引脚排列如图 4-39 所示，CD4543 电路的真值表如表 4-26 所示。

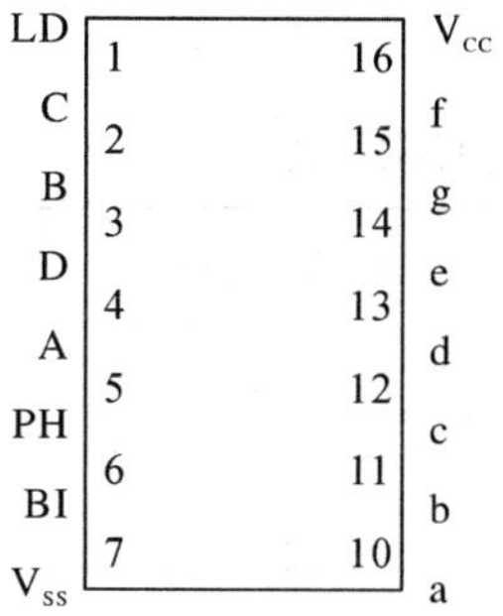

引脚	编号	编号	引脚
LD	1	16	V_{cc}
C	2	15	f
B	3	14	g
D	4	13	e
A	5	12	d
PH	6	11	c
BI	7	10	b
V_{ss}			a

图 4-39　CD4543 电路的引脚排列

表 4-26　CD4543 电路的真值表

BI	LD	D　C　B　A	显示
1	×	×	无显示
0	1	0～9	0～9
0	1	A～F	无显示
0	0	×	不变

当 CD4543 的锁存信号端 LD=1 时，锁存器的输出数据 a～g 随着输入端的输入值 D～A 的变化而变化，当 LD=0 时，锁存器保存最后变化的值，并且不再接收新的数据。BI 端为显示开关，在 BI=1 时，不显示。PH 端为外部振荡电路脉冲信号输入端，振荡频率在 32～200 Hz，CD4543 适用于位数少的液晶显示器件。

51 系列单片机 P1 口控制 P1.0～P1.3 向 CD4543 输入显示的数据，P1.4～P1.6 用来控制 3 位 CD4543 的锁存信号端 LD，决定液晶显示字符是否锁存。由于在静态液晶显示过程中，液晶显示器件上要加脉冲电信号，故将单片机 CPU 的 ALE 引脚产生的时钟 6 分频信号通过外电路分频器后得到的脉冲电信号加到 CD4543 芯片的 PH 端和液晶显示器件的 BP 端。这种脉冲电信号也可以采用外振荡频率电路来产生。CD4543 的软件编写是简单的，只需对 P1 口进行写入操作和对某位进行置位、清零操作就能实现显示的功能。

2）点阵图形型 LCD 及其接口电路

需要进行图形显示的场合，可以使用图形型液晶驱动器组成的液晶显示驱动和控制系统。该驱动和控制系统的成本低、功耗低、集成度高。下面介绍几种点阵图形型液晶显示驱动器。

（1）YEJHD12864C 系列液晶显示驱动器。

YEJHD12864C 系列为 128×64 点阵液晶显示驱动器，它的电性能如表 4-27 所示。

表 4-27　YEJHD12864C 系列图形型液晶显示驱动器电性能

名　称		符号	测试条件	标 准 值			单位
				最小值	典型值	最大值	
电压	逻辑	VDD-VSS	—	4.75	5.0	5.25	V
	LCD	VDD-VO	—	—	9.5	—	V
电流	逻辑	IDD	—	—	4.0	—	mA
	LCD	IEE	—	—	3.0	—	mA
LCD 工作电压（推荐值）		VDD-VO	0℃	—	10.5	—	V
			24℃	—	9.5	—	V
			40℃	—	8.5	—	V
输入电压	“H”电平	VIH	高电平	$0.7V_{DD}$	—	V_{DD}	V
	“L”电平	VIIL	低电平	0	—	$0.3V_{DD}$	V

驱动器接口引脚定义如表 4－28 所示。

表 4－28　YEJHD12864C 系列引脚定义

引脚号	引脚名称	电平	管脚功能描述
1	V_{SS}	0 V	电源地
2	V_{CC}	3～5 V	电源正
3	V_0	—	对比度(亮度)调整
4	RS(CS)	H/L	RS＝"H"，表示 D_7～D_0 为显示数据； RS＝"L"，表示 D_7～D_0 为显示指令数据
5	R/W(SID)	H/L	R/W＝"H"，E＝"H"，数据被读到 D_7～D_0； R/W＝"L"，E＝"H→L"，D_7～D_0 的数据被写到 IR 或 DR
6	E(SCLK)	H/L	使能信号
7	D_0	H/L	三态数据线
8	D_1	H/L	三态数据线
9	D_2	H/L	三态数据线
10	D_3	H/L	三态数据线
11	D_4	H/L	三态数据线
12	D_5	H/L	三态数据线
13	D_6	H/L	三态数据线
14	D_7	H/L	三态数据线
15	PSB	H/L	H：8 位或 4 位并口方式；L：串口方式(见注释 1)
16	NC	—	空脚
17	$\overline{\text{RESET}}$	H/L	复位端，低电平有效(见注释 2)
18	V_{OUT}	—	LCD 驱动电压输出端
19	A	V_{DD}	背光源正端(＋5 V)(见注释 3)
20	K	V_{SS}	背光源负端(见注释 3)

＊注释 1：如在实际应用中仅使用并口通信模式，可将 PSB 接固定高电平。

＊注释 2：由于模块内部接有上电复位电路，因此在不需要经常复位的场合可将该端悬空。

＊注释 3：如背光和模块共用一个电源，可以将模块上的 JA、JK 用焊锡短接。

单片机与 YEJHD12864C 系列液晶显示驱动器的接口电路如图 4－40 所示。

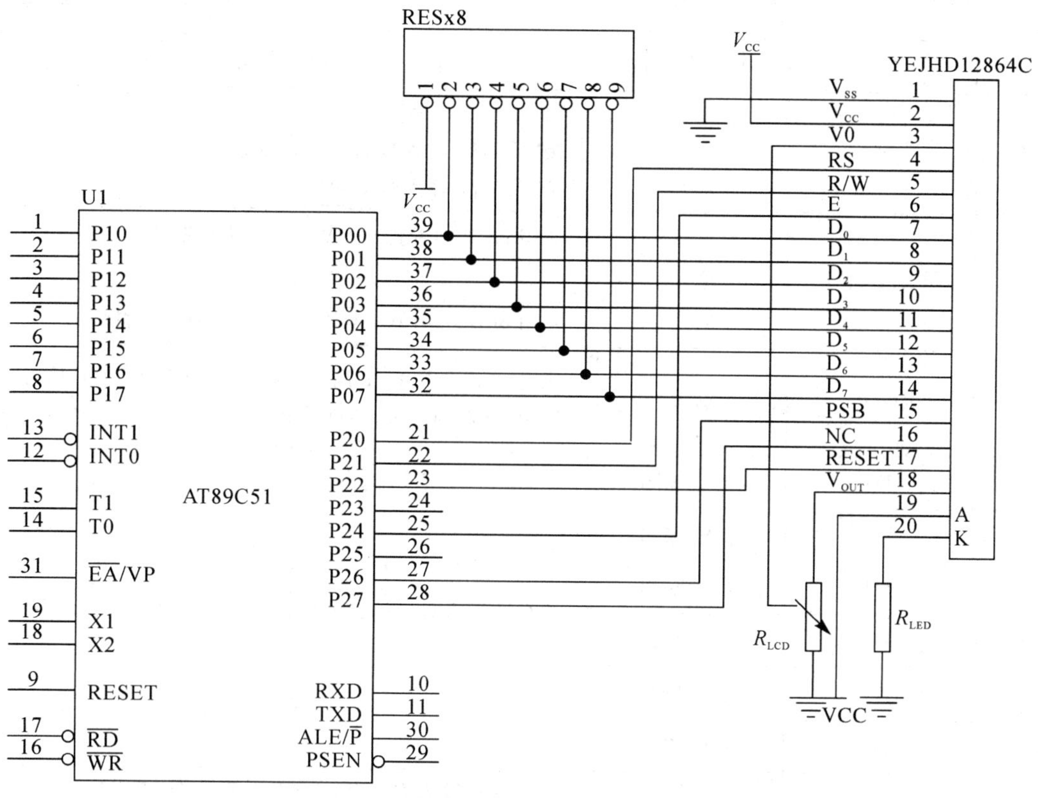

图 4-40　单片机与 YEJHD12864C 系列液晶显示驱动器的接口电路

(2) LMB-018 图形型液晶显示驱动器。

LMB-018 的占空比及偏压有 1/64、1/6 两种，点阵数为 128×64(点)，点尺寸为 0.48×0.48(mm)，点间为 0.52×0.52(mm)。它的引脚定义如表 4-29 所示。单片机与 LMB-018 图形型液晶显示驱动器的连接图如图 4-41 所示。

表 4-29　LMB-018 图形型液晶显示驱动器的引脚定义

序号	符号	输入/输出	功　　能
1	V_{SS}	供电	地
2	V_{DD}	供电	正电源
3	$\overline{RES}$	输入	复位端，该端为“低”电平时系统复位并初始化
4	P/S	输入	串行/并行接口选择端； 接“高”时，并行接口方式； 接“低”时，串行接口方式
5	$\overline{CS1}$	输入	片选输入端，“低”电平有效
6	CS2	输入	片选输入端，“高”电平有效
7	C86	输入	接口方式选择端； 接“高”时，使用 68 系列方式； 接“低”时，使用 80 系列方式

续表

序号	符号	输入/输出	功　　能
8	A0	输入	数据/命令选择端； 接"低"时，输入数据为控制命令； 接"高"时，输入数据为显示数据
9	$\overline{\text{WR}}$(R/$\overline{\text{W}}$)	输入	使用 68 系列方式：R/$\overline{\text{W}}$"高"，读数据； R/$\overline{\text{W}}$"低"，写数据； 使用 80 系列方式：$\overline{\text{WR}}$"低"，写有效(边沿触发)
10	$\overline{\text{RD}}$(E)	输入	使用 68 系列方式，E 高电平有效(相当于使能时钟输入)； 使用 80 系列方式，RD 低电平读有效
11	D0	输入/输出	并行数据 I/O 口。当串行输入(P/S="0")时，高阻
12	D1	输入/输出	
13	D2	输入/输出	
14	D3	输入/输出	
15	D4	输入/输出	
16	D5	输入/输出	
17	D6(SCL)	输入/输出	选择并行输入方式时，D6 为并行数据 I/O 口； 选择串行输入方式时，SCL 为串行时钟输入端
18	D7(SI)	输入/输出	选择并行输入方式时，D7 为并行数据 I/O 口； 选择串行输入方式时，SI 为串行数据输入端
19	NC	—	未用端，不接收任何信号
20	NC	—	未用端，不接收任何信号

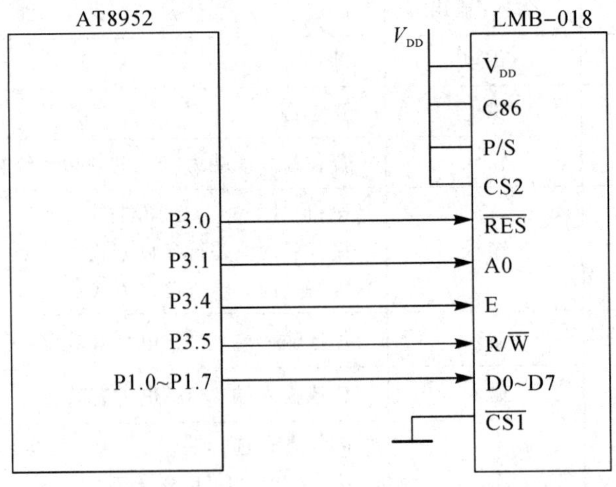

图 4-41　单片机与 LMB-018 图形型液晶显示驱动器的连接图

(3) T6963C 图形型液晶显示控制器。

T6963C 是点阵图形型液晶显示控制器，它能直接与 8 位微处理器接口。内藏 T6963C 的液晶显示模块上实现了 T6963C 与行、列驱动器及显示缓冲区 RAM 的接口，同时用硬件设置了液晶屏的结构(单、双屏)，数据传输方式，显示窗口长度、宽度等。

① T6963C 的基本结构。

内藏 T6963C 的单屏结构点阵图形型液晶显示模块的方框图如图 4-42 所示，实物图及引脚如图 4-43 所示，引脚定义如表 4-30 所示。

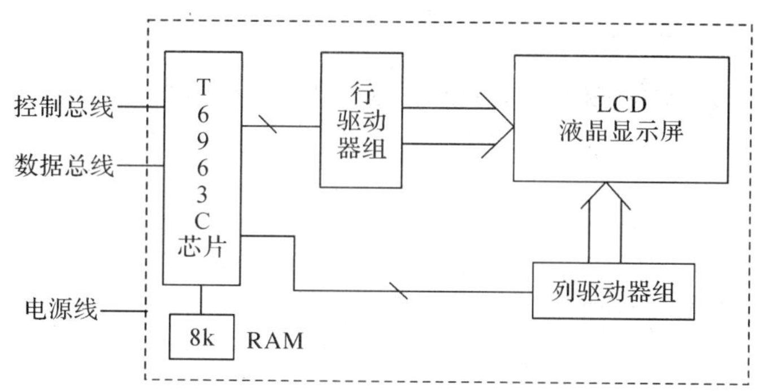

图 4-42 内藏 T6963C 的单屏结构点阵图形型液晶显示模块的方框图

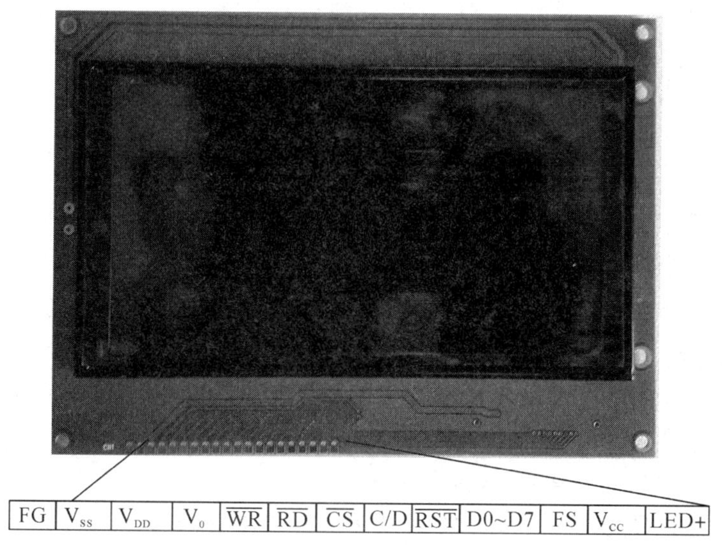

图 4-43 点阵图形型液晶显示模块实物图及引脚

表 4-30 液晶显示模块引脚定义

引脚名称	引 脚 定 义
FG	边框地，用于防静电、防雷击，应与大地相连，禁止悬空
V_{SS}	数字地
V_{DD}	逻辑电源+5 V
V_0 (V_{adj}) *	对比度调节(不与 V_{EE} 成对提供时，也作液晶驱动电源)

续表

引脚名称	引 脚 定 义
V_{EE}	液晶驱动电源
$\overline{WR}$	写
$\overline{RD}$	读
$\overline{CS}$	片选信号
C/D	指令数据通道
$\overline{RST}$	复位信号，该信号可通过对+5 V 接 4.7 kΩ 电阻，对地接 4.7 μF 电容来实现
D0	
D1	
D2	
D3	数据线
D4	
D5	
D6	
FS	字体选择。FS=1 时，选 8×6 点阵；FS=0 时，选 8×8 点阵
LED+	LED 背光正电源端
LED−	LED 接地端
V_{CC}	电源，一般接+5 V

② T6963C 的工作原理。

(a) T6963C 的特点。

T6963C 的特点有：

• T6963C 是点阵图形型液晶显示控制器，它能直接与 80 系列的 8 位微处理器接口。

• T6963C 的字符字体可由硬件或软件设置，其字体有 4 种：5×8、6×8、7×8、8×8。

• T6963C 的占空比可从 1/16 到 1/128。

• T6963C 能以图形方式、文本方式及图形和文本合成方式进行显示，以及文本方式下的特征显示，还可以实现图形拷贝操作等。

• T6963C 具有内部字符发生器 CGROM，共有 128 个字符。T6963C 可管理 64 KB 显示缓冲区及字符发生器 CGRAM，并允许 MPU 随时访问显示缓冲区，甚至可以进行位操作。

(b) T6963C 的引脚功能。

T6963C 的 QFP 封装共有 67 个引脚，各引脚说明下：

• D0～D7：T6963C 在 MPU 接口中的数据总线，三态。

• $\overline{RD}$，$\overline{WR}$：读、写选通信号，低电平有效，为输入信号。

• $\overline{CS}$：T6963C 的片选信号，低电平有效，为输入信号。

• C/D：通道选择信号，1 为指令通道，0 为数据通道。

• $\overline{RST}$，$\overline{HALT}$：$\overline{RST}$为低电平有效的复位信号，它将行、列计数器和显示寄存器清零，关闭显示功能；$\overline{HALT}$具有$\overline{RST}$的基本功能，同时还将中止内部时钟振荡器的工作。

• DUAL，SDSEL：DUAL＝1 为单屏结构，DUAL＝0 为双屏结构；SDSEL＝0 为一位串行数据传输方式，SDSEL＝1 为两位并行数据传输方式。

• MD2，MD3：设置显示窗口长度，从而确定列数据传输个数的最大值，其组合逻辑关系如表 4－31 所示。

表 4－31　MD2，MD3 的组合逻辑关系

MD3	1	1	0	0
MD2	1	0	1	0
每行数字	32	40	64	80

• MDS，MD1，MD0：设置显示窗口宽度(行)，从而确定 T6963C 的帧扫描信号的时序和显示驱动的占空比系数。当 DUAL＝1 时，其组合功能如表 4－32 所示；当 DUAL＝0 时，所设置的字符行和总行数变为原来的 2 倍，其他都不变，这种情况下的液晶屏结构为双屏结构。

表 4－32　DUAL＝1 的组合功能

MDS	0	0	0	0	1	1	1	1
MD1	1	1	0	0	1	1	0	0
MD0	1	0	1	0	1	0	1	0
字符行	2	4	6	8	10	12	14	16
总行数	16	32	48	64	80	96	112	128
占空比	1/16	1/32	1/48	1/64	1/80	1/96	1/112	1/128

• FS1，FS0：显示字符的字体选择如表 4－33 所示。

表 4－33　字 体 选 择

FS1	1	1	0	0
FS0	1	0	1	0
字体	5×8	6×8	7×8	8×8

• X1，X0：振荡时钟引脚。

• AD0～AD15：输出信号，显示缓冲区 16 位地址总线。

• R/W：输出，显示缓冲区读、写控制信号。

• $\overline{CE0}$，$\overline{CE1}$：输出 DUAL＝1 时的存储器片选信号。

• T1，T2，CH，CH2：用来检测 T6963C 工作使用情况，T1、T2 作为测试信号输入端，CH、CH2 作为输出端。

• HOD，HSCP，LODLSCP(CE1)，EDLP，CDATA，FR 为 T6963C 驱动部信号。

(c) T6963C 指令集。

T6963C 的初始化设置一般都由引脚完成，因此其指令系统将集中于显示功能的设置上。T6963C 的指令可带一个或两个参数，也可无参数。每条指令的执行都是先送入参数(如果有的话)，再送入指令代码。每次操作之前最好先进行状态字检测。

T6963C 的状态字如表 4-34 所示。

表 4-34 T6963C 的状态字

STA7	STA6	STA5	STA4	STA3	STA2	STA1	STA0

STA0：指令读写状态，1=准备好；0=忙。

STA1：数据读写状态，1=准备好；0=忙。

STA2：数据自动读状态，1=准备好；0=忙。

STA3：数据自动写状态，1=准备好；0=忙。

STA4：未用。

STA5：控制器运行检测可能性，1=可能；0=不能。

STA6：屏读/拷贝出错状态，1=出错；0=正确。

STA7：闪烁状态检测，1=正常显示；0=关闭显示。

由于状态位作用不一样，因此执行不同指令必须检测不同状态位。在 MPU 一次读、写指令和数据时，STA0 和 STA1 要同时有效——处于“准备好”状态。当 MPU 读、写数组时，要判断 STA2 或 STA3 状态。屏读、屏拷贝指令使用 STA6。STA5 和 STA7 反映 T6963C 内部运行状态。

T6963C 指令系统包括指针设置指令、显示区设置、显示方式设置、显示开关、数据自动读/写方式设置、数据一次性读/写方式和位操作等命令。

• 指针设置指令。指针设置指令格式如表 4-35 所示。

表 4-35 指针设置指令格式

D_1	D_2	0	0	1	0	0	N_2	N_1	N_0

D_1、D_2 为第一个和第二个参数，后一个字节为指令代码。根据 N_0、N_1、N_2 的取值，该指令有三种含义(N_0、N_1、N_2 不能有两个同时为 1)，如表 4-36 所示。

表 4-36 指令的三种含义

D_1	D_2	指令代码	功　能
水平位置(低 7 位有效)	垂直位置(低 5 位有效)	21H(N_0=1)	光标指针设置
地址(低 5 位有效)	00H	22H(N_1=1)	CGRAM 偏置地址寄存器设置
低字节	高字节	24H(N_2=1)	地址指针位置

光标指针设置：D_1 表示光标在实际液晶屏上离左上角的横向距离(字节数)，D_2 表示纵向距离(字符行)。

CGRAM 偏置地址寄存器设置：设置了 CGRAM 在显示 64 KB RAM 内的高 5 位地址。

地址指针设置：设置将要进行操作的显示缓冲区(RAM)的一个单元地址，D_1，D_2 为该单元地址的低位和高位地址。

• 显示区设置。显示区设置格式如表 4-37 所示。

表 4-37　显示区设置格式

D_1	D_2	0	1	0	0	0	N_2	N_1	N_0

根据 N_1、N_0 的不同取值，该指令有四种指令功能形式，如表 4-38 所示。

表 4-38　四种指令功能形式

N_1	N_0	D_1	D_2	指令代码	功　能
0	0	低字节	高字节	40H	文本区首地址
0	1	字节数	00H	41H	文本区宽度(字节数/行)
1	0	低字节	高字节	42H	图形区首地址
1	1	字节数	00H	43H	图形区宽度(字节数/行)

文本区和图形区首地址对应显示屏上左上角字符位或字节数，修改该地址可以产生卷动效果。D_1、D_2 分别为该地址的低位和高位字节。

文本区宽度(字节数/行)设置和图形区宽度(字节数/行)设置用于调整一行显示所占显示 RAM 的字节数，从而确定显示屏与显示 RAM 单元的对应关系。

T6963C 硬件设置的显示窗口宽度是指 T6963C 扫描驱动的有效列数。需要说明的是，当硬件设置 6×8 字体时，图形显示区单元的低 6 位有效，对应显示屏上 6×1 显示位。

• 显示方式设置。显示方式设置格式如表 4-39 所示。

表 4-39　显示方式设置格式

无参数	0	1	0	0	N_3	N_2	N_1	N_0

其中，N_3：字符发生器选择位。$N_3=1$ 为外部字符发生器有效，此时内部字符发生器被屏蔽，字符代码全部提供给外部字符发生器使用，字符代码为 00H～FFH；$N_3=0$ 为 CGRAM 即内部发生器有效，由于 CGRAM 字符代码为 00H～FFH，因此选用 80H～FFH 的字符代码时，将会自动选择 CGRAM。

N_2～N_0：合成显示方式控制位。N_2、N_1、N_0 的组合功能如表 4-40 所示。

表 4-40　N_2、N_1、N_0 的组合功能

N_2	N_1	N_0	合成方式
0	0	0	逻辑“或”合成
0	0	1	逻辑“异或”合成
0	1	1	逻辑“与”合成
1	0	0	文本特征

当设置文本方式和图形方式均打开时，上述合成显示方式设置才有效。其中的文本特

征方式是指将图形改为文本特征区。文本特征区大小与文本区相同，每个字节作为对应文本区的每个字符显示的特征，包括字符显示、字符闪烁及字符的"负向"显示。通过这种方式，T6963C 可以控制每个字符的文本特征。

文本特征区内，字符的文本特征码由一个字节的低四位组成，如表 4-41 所示。

表 4-41　文本特征码

D_7	D_6	D_5	D_4	D_3	D_2	D_1	D_0
*	*	*	*	d_3	d_2	d_1	d_0

其中，d_3：字符闪烁控制位，$d_3=1$ 为闪烁，$d_3=0$ 为不闪烁。

$d_2 \sim d_0$ 组合功能如表 4-42 所示。

表 4-42　$d_2 \sim d_0$ 的组合功能

d_2	d_1	d_0	显示效果
0	0	0	正常显示
1	0	1	负向显示
0	1	1	禁止显示，空白

- 显示开关。显示开关格式如表 4-43 所示。

表 4-43　显示开关格式

无参数	1	0	0	1	N_3	N_2	N_1	N_0

N_0：1 表示光标闪烁启用，0 表示光标闪烁禁止。

N_1：1 表示光标显示启用，0 表示光标显示禁止。

N_2：1 表示文本显示启用，0 表示文本显示禁止。

N_3：1 表示图形显示启用，0 表示图形显示禁止。

- 数据自动读/写方式设置。数据自动读/写方式设置格式如表 4-44 所示。

表 4-44　数据自动读/写方式设置格式

无参数	1	0	1	1	0	0	N_1	N_0

该指令执行后，MPU 可以连续地读、写显示缓冲区 RAM 的数据，每读、写一次，地址指针自动增 1。自动读、写结束时，必须写入自动结束命令，以使 T6963C 退出自动读、写状态，开始接收其他指令。

N_1，N_0 的组合功能如表 4-45 所示。

表 4-45　N_1，N_0 的组合功能

N_1	N_0	指令代码	功　能
0	0	B0H	自动写设置
0	1	B1H	自动读设置
1	*	B2H/B3H	自动读、写结束

• 数据一次性读/写方式。数据一次性读/写方式设置格式如表 4－46 所示。

表 4－46 数据一次性读/写方式

D_1	1	1	0	0	0	N_2	N_1	N_0

D_1 为需要写的数据，读时无此数据。N_2、N_1、N_0 的组合功能如表 4－47 所示。

表 4－47 N_2、N_1、N_0 的组合功能

N_2	N_1	N_0	指令代码	功　能
0	0	0	C0H	数据写，地址加 1
0	0	1	C1H	数据读，地址加 1
0	1	0	C2H	数据写，地址减 1
0	1	1	C3H	数据读，地址减 1
1	0	0	C4H	数据写，地址不变
1	0	1	C5H	数据读，地址不变

• 位操作。位操作设置格式如表 4－48 所示。

表 4－48 位操作设置格式

无参数	1	1	1	1	N_3	N_2	N_1	N_0

该指令可将显示缓冲区中某个单元的某一位清零或置 1，该单元地址由当前地址指针提供。$N_3=1$ 表示置 1，$N_3=0$ 表示清零。$N_2 \sim N_0$：操作位，对应该单元的 $D_0 \sim D_7$ 位。

③ 液晶模块接口技术。

MCU 可利用总线方式与内藏 T6963C 的液晶显示模块直接通信和间接通信，直接通信方式如图 4－44 所示。

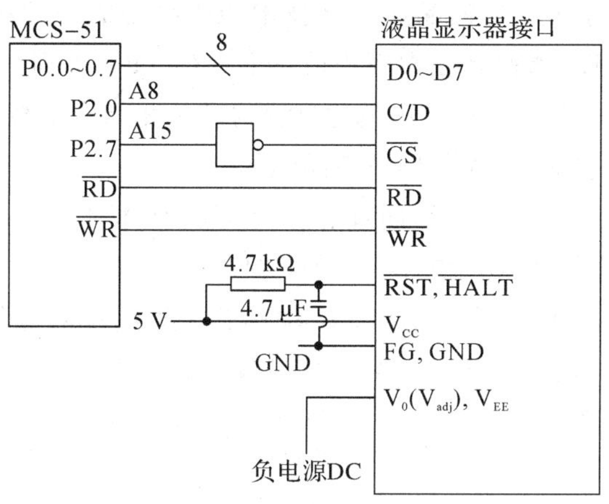

图 4－44 直接通信方式原理图

51单片机数据口P0口直接与液晶显示模块的数据口连接，由于T6963C接口适用于8080系列和Z80系列MPU，所以可以直接用MCS-51的$\overline{RD}$、$\overline{WR}$作为液晶显示模块的读、写控制信号，液晶显示模块$\overline{HALT}$接在+5 V电压上，$\overline{RST}$接RC复位电路，$\overline{CS}$信号可由地址线译码产生。C/D信号由MCS-51地址线A8提供，A8=1为指令口地址；A8=0为数据口地址。

间接通信方式是MCU通过I/O并行接口，按照模拟模块时序的方式，间接实现对液晶显示模块的控制。根据液晶显示模块的需要，选择一个11位并行接口，如图4-45所示。MCS-51的P1口作为数据总线，P3口中3位作为读、写及寄存器选择信号。对于只用于液晶显示模块的电路，$\overline{CS}$信号接地即可。

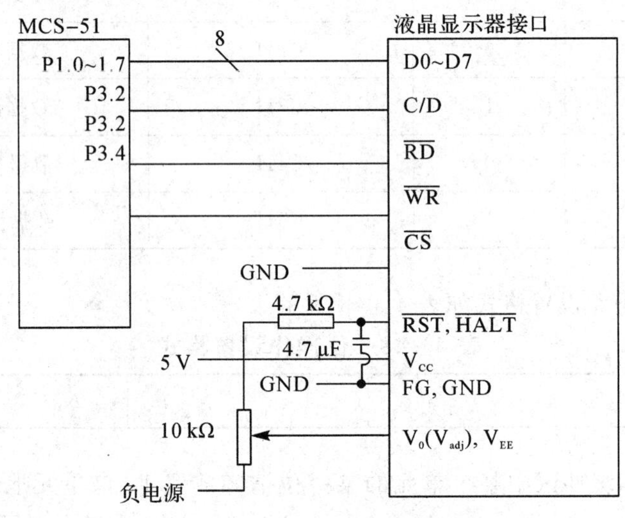

图4-45 间接通信方式原理图

3) TFT-LCD液晶显示及接口电路

TFT-LCD即薄膜晶体管液晶显示器(Thin Film Transistor-Liquid Crystal Display)，TFT-LCD技术是微电子技术与液晶显示器技术巧妙结合的一种技术。人们将在Si上进行的微电子精细加工技术，移植到在大面积玻璃上进行TFT阵列加工，再利用业已成熟的LCD技术，将该阵列基板与另一片带彩色滤色膜的基板相结合形成一个液晶盒，而后经过后续工序如偏光片贴覆等过程，最终形成液晶显示器。

在液晶显示屏的每一个像素上都设置有一个薄膜晶体管(TFT)，克服非选通时的串扰，使液晶显示屏的静态特性与扫描线数无关，提高图像质量。

TFT-LCD具有亮度好、对比度高、层次感强、颜色鲜艳等优点，是目前最主流的LCD显示器，广泛用于电视、手机、电脑、平板等各种电子产品。本节以ALINETEK2.8寸TFT-LCD模块为例介绍。

(1) TFT-LCD模块。

ALINETEK2.8寸TFT-LCD模块实物图如图4-46所示，TFT-LCD为对外接口，引出2×17排针，TFT-LCD和2.8寸LCD引脚图如图4-47所示。

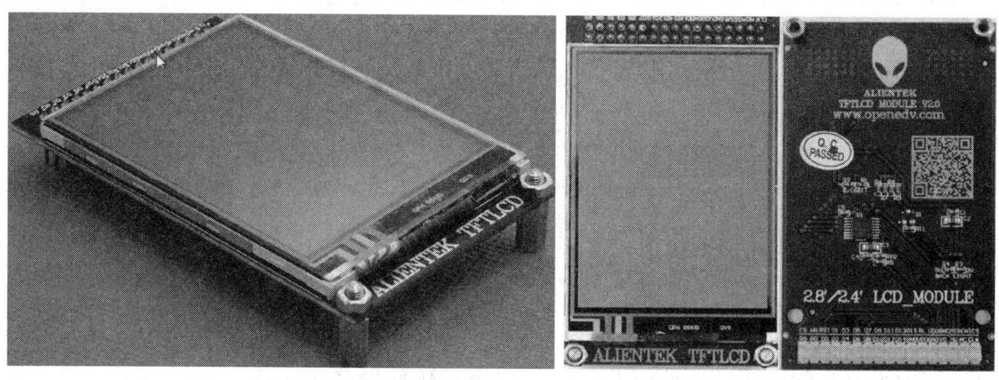

图 4－46　TFT－LCD 模块实物图

LCD1（TFT_LCD）

网络	引脚	名称	名称	引脚	网络
LCD CS	1	LCD CS	RS	2	LCD RS
LCD WR	3	WR/CLK	RD	4	LCD RD
LCD RST	5	RST	DB1	6	DB1
DB2	7	DB2	DB3	8	DB3
DB4	9	DB4	DB5	10	DB5
DB6	11	DB6	DB7	12	DB7
DB8	13	DB8	DB10	14	DB10
DB11	15	DB11	DB12	16	DB12
DB13	17	DB13	DB14	18	DB14
DB15	19	DB15	DB16	20	DB16
DB17	21	DB17	GND	22	GND
BL CTR	23	BL	VDD3.3	24	VCC3.3
VCC3.3	25	VDD3.3	GND	26	GND
GND	27	GND	BL_VDD	28	BL VDD
T MISO	29	MISO	MOSI	30	T MOSI
T PEN	31	T PEN	MO	32	
T CS	33	T CS	CLK	34	T CLK

TFT2.8（V_{CC}3.3V；C_1、C_2：104；GND）

网络	引脚	名称	名称	引脚	网络
LCD RST	1	RST	VCC	6	
LCD CS	7	$\overline{CS}$	VCC	33	
LCD RS	8	RS	VCI	32	
LCD WR	9	WR	GND	5	
LCD RD	10	RD	GND	34	
DB1	1	DB0			
DB2	2	DB1	LEDK4	20	LEDK4
DB3	3	DB2	LEDK3	19	LEDK3
DB4	4	DB3	LEDK2	18	LEDK2
DB5	22	DB4	LEKD1	17	LEDK1
DB6	35	DB5	LEDA	16	LEDA
DB7	36	DB6			
DB8	37	DB7	Y−	15	Y−
DB10	23	DB10	X−	14	X−
DB11	24	DB11	Y+	13	Y+
DB12	25	DB12	X+	12	X+
DB13	26	DB13			
DB14	27	DB14	NC	41	
DB15	28	DB15	NC	40	
DB16	29	DB16	NC	39	
DB17	30	DB17	NC	38	
	21	LCMID	NC	11	LM0

图 4－47　TFT－LCD 和 2.8 寸 LCD 引脚图

TFT－LCD 模块的主要特点有：

- 240×320 分辨率。
- 16 位真彩显示(65536 色)。
- 自带电阻触摸屏。
- 自带背光电路。

TFT－LCD 模块为 3.3 V 供电，不支持 5 V 电压的 MCU 供电。如果供电为 5 V 电压，可以经 120 Ω 电阻降压后输入。2.8 寸 LCD 液晶屏的控制芯片为 ILI9341。

TFT-LCD 对外接口功能如下：

- LCD CS：LCD 的片选信号。
- LCD WR：LCD 的写信号。
- LCD RD：LCD 的读信号。
- DB 17～DB1：16 位双向数据线。
- LCD RST：硬复位 LCD 信号。
- LCD RS：命令/数据标志(0：命令，1：数据)。
- BL CTR：背光控制信号。
- T MISO/T MOSI/T PEN/T CS/T CLK：触摸屏接口信号。

注意：DB1～DB8，DB10～DB17，共 16 引脚，总是按顺序连接 MCU 的 D0～D15。如果我们只是要点亮 LCD，而不使用触摸屏，可以不接 MCU 的 D0～D15。

TFT2.8 的 12～15 引脚 X＋、Y＋、X－、Y－为电阻触摸屏信号，可以连接到触摸屏 XPT2046 的相应引脚，再由 TFT-LCD 相关引脚(T MISO/T MOSI/T PEN/T CS/T CLK)引出。

TFT-LCD 的兼容处理电路如图 4-48 所示，背光处理电路如图 4-49 所示。

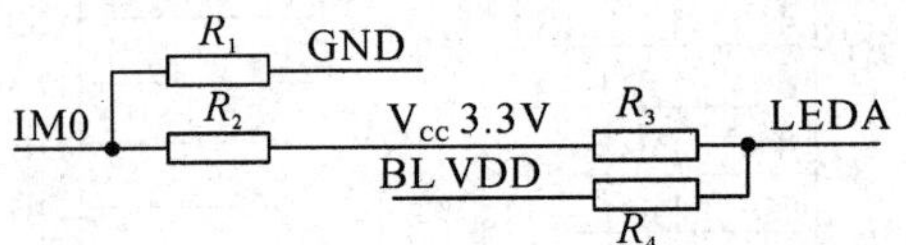

图 4-48　兼容处理电路

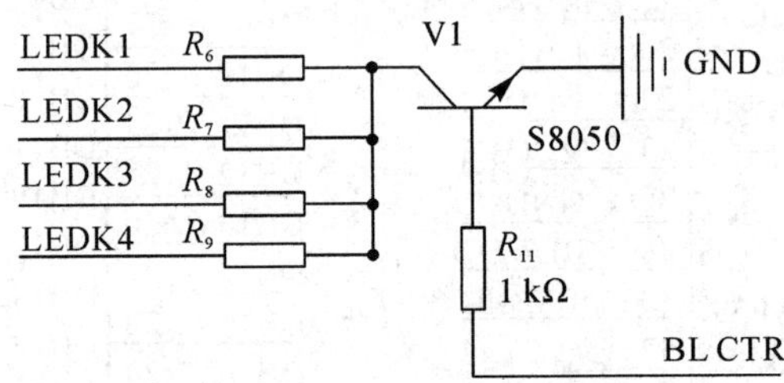

图 4-49　背光处理电路

- IM0：兼容不同 LCD 的处理，由于 2.8 寸屏不支持 8 或 16 位设置，所以此处 R_1，R_2 未焊接。
- LEDA 为 LCD 背光控制，背光电压可以选择 3.3 V 或来自 BL VDD。
- BL VDD 来自 TFT-LCD 的 BL VDD，可以不接，在开发板上要接 5 V 电压。
- 此处 R_3 焊接，R_4 未焊接，所以 BL VDD 没有使用，LEDA＝3.3 V。
- 通过 TFT-LCD 的 BL CTR 引脚控制 S8050 的三极管，从而控制背光是否点亮，R_6～R_9 为限流电阻。

(2) 工作原理。

驱动芯片时序图如图 4-50 所示。

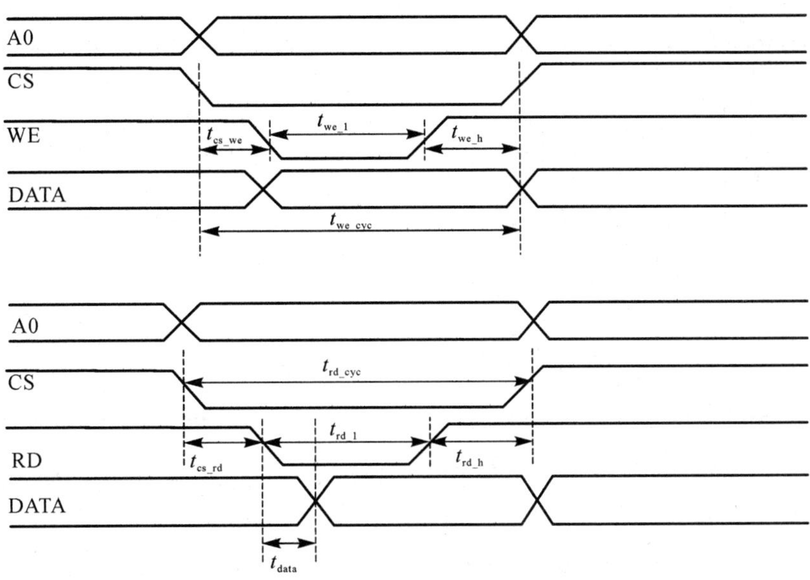

图 4-50　驱动芯片时序图

• 读 ID(ID 指 LCD 的 ID 号)低电平脉宽(t_{rdl})最小持续时间需要 45 ns，读 ID 高电平脉宽(t_{rdh})最小持续时间需要 90 ns，如图 4-51 所示。

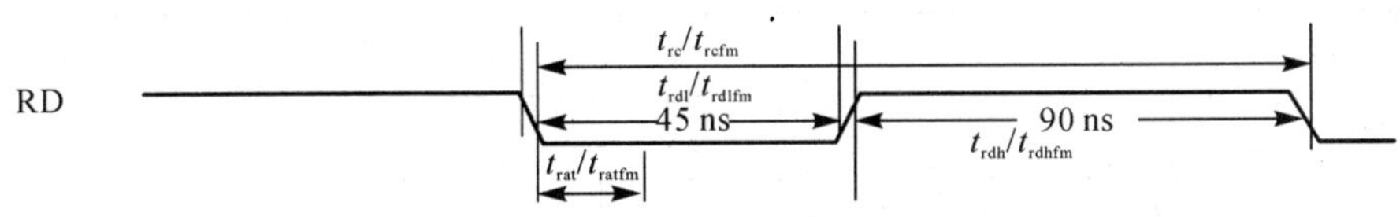

图 4-51　读 ID 的时序图

• 读 FM(FM 指帧缓存，即 GRAM)低电平脉宽(t_{rdlfm})最小持续时间需要 355 ns，读 FM 高电平脉宽(t_{rdhfm})最小持续时间需要 90 ns。

• 写控制低电平脉宽(t_{wrl})最小持续时间 15 ns，写控制高电平脉宽(t_{wrh})最小持续时间 15 ns。

可见，读 FM 低电平时速度比较慢，高电平和读 ID 相同都是 90 ns，写 LCD 速度较快。

(3) 主要指令。

ILI9341 所有的指令都是 8 位(高 8 位无效)，参数除了读写 GRAM 的时候是 16 位，其他操作参数也都是 8 位。

① 0xD3——读 ID4 指令。读取 LCD 控制器 ID，根据 ID 执行不同的 LCD 驱动初始化，实现多屏幕兼容。ID4 指令参数如表 4-49 所示。

• RS=0 为命令，RD=1 为写入，在 WR 上升沿写入指令 0xD3，高 8 位无效。

• RS=1 为数据，WR=1 为读取，在 RD 上升沿读取参数 1，ID 值为无效参数。

• RS=1 为数据，WR=1 为读取，在 RD 上升沿读取参数 2，ID 值为 00H。

• RS=1 为数据，WR=1 为读取，在 RD 上升沿读取参数 3，ID 值为 93H。

• RS=1 为数据，WR=1 为读取，在 RD 上升沿读取参数 4，ID 值为 41H。

由参数 3 和参数 4，组成 LCD 控制器 ILI9341，确定执行 9341 的驱动代码。

表 4-49　ID4 指令参数

顺序	控制位			各位描述									十六进制 HEX
	RS	RD	WR	$D_{15}\sim D_8$	D_7	D_6	D_5	D_4	D_3	D_2	D_1	D_0	
指令	0	1	1	××	1	1	0	1	0	0	1	1	D3H
参数 1	1	1	1	××	×	×	×	×	×	×	×	×	×
参数 2	1	1	1	××	0	0	0	0	0	0	0	0	00H
参数 3	1	1	1	××	1	0	0	1	0	0	1	1	93H
参数 4	1	1	1	××	0	1	0	0	0	0	0	1	41H

② 0x36——储存访问控制指令。储存访问控制指令可以控制 ILI9341 控制器的读写方向，即 GRAM 的指针自增方向，从而控制显示。

- RS=0 为命令，RD=1 为写入，在 WR 上升沿写入指令 0x36，高 8 位无效。
- RS=1 为数据，RD=1 为写入，在 WR 上升沿写入参数数据，高 8 位无效。

参数 $D_5\sim D_7$ 位控制 GRAM 自增方向，配置如表 4-50 所示，控制参数如表 4-51 所示。

表 4-50　参数配置表

顺序	控制位			各位描述									HEX
	RS	RD	WR	$D_{15}\sim D_8$	D_7	D_6	D_5	D_4	D_3	D_2	D_1	D_0	
指令	0	1	↑	××	0	0	1	1	0	1	1	0	36H
参数	1	1	↑	××	MY	MX	MV	ML	BGR	MH	0	0	0

表 4-51　控制参数

控制位			效　果
MY	MX	MV	LCD 扫描方向(GRAM 自增方式)
0	0	0	从左到右，从上到下
1	0	0	从左到右，从下到上
0	1	0	从右到左，从上到下
1	1	0	从右到左，从下到上
0	0	1	从上到下，从左到右
0	1	1	从上到下，从右到左
1	0	1	从下到上，从左到右
1	1	1	从下到上，从右到左

③ 0x2A——列地址（*X* 轴）设置指令。列地址（*X* 轴）设置指令用于设置横坐标，默认从左到右、从上到下，由 0x36 指令设置储存访问控制。列地址设置指令参数如表 4－52 所示。

表 4－52　列地址设置指令参数

顺序	控制位			各位描述									HEX
	RS	RD	WR	D_{15}～D_8	D_7	D_6	D_5	D_4	D_3	D_2	D_1	D_0	
指令	0	1	↑	××	0	0	1	0	1	0	1	0	2AH
参数 1	1	1	↑	××	SC15	SC14	SC13	SC12	SC11	SC10	SC9	SC8	SC
参数 2	1	1	↑	××	SC7	SC6	SC5	SC4	SC3	SC2	SC1	SC0	
参数 3	1	1	↑	××	EC15	EC14	EC13	EC12	EC11	EC10	EC9	EC8	EC
参数 4	1	1	↑	××	EC7	EC6	EC5	EC4	EC3	EC2	EC1	EC0	

列地址设置指令过程如下：

- 发送 1 个指令 0x2A 和 4 个参数，确定 2 个坐标分别是 SC 和 EC。
- 由于 SC 和 EC 是列地址的起始值和结束值，所以 SC 必须小于 EC。
- LCD 分辨率是 240×320PPI，所以 SC/EC 不能大于 240(0～239)。

一般设置 *X* 坐标值时，EC 无变化(初始化已设置)，只需设置 SC(参数 1 和参数 2)即可。

④ 0x2B——页地址（*Y* 轴）设置指令。页地址（*Y* 轴）设置指令用于设置纵坐标，默认从左到右、从上到下，由 0x36 指令设置储存访问控制。页地址设置指令参数如表 4－53 所示。

表 4－53　页地址设置指令参数

顺序	控制位			各位描述									HEX
	RS	RD	WR	D_{15}～D_8	D_7	D_6	D_5	D_4	D_3	D_2	D_1	D_0	
指令	0	1	↑	××	0	0	1	0	1	0	1	0	2BH
参数 1	1	1	↑	××	SP15	SP14	SP13	SP12	SP11	SP10	SP9	SP8	SP
参数 2	1	1	↑	××	SP7	SP6	SP5	SP4	SP3	SP2	SP1	SP0	
参数 3	1	1	↑	××	EP15	EP14	EP13	EP12	EP11	EP10	EP9	SC8	EP
参数 4	1	1	↑	××	EP7	EP6	EP5	EP4	EP3	EP2	EP1	EP0	

页地址设置指令与列地址相似，具体过程如下：

- 发送 1 个指令 0x2B 和 4 个参数确定 2 个坐标分别是 SP 和 EP。
- SP 和 EP 是页地址的起始值和结束值，所以 SP 必须小于 EP。
- LCD 的分辨率是 240×320PPI，所以 SC/EC 不能大于 320(0～319)。

一般设置 *Y* 坐标值时，EP 无变化(初始化已设置)，只需设置 SP(参数 1 和参数 2)即可。

应用：使用 0x2A 和 0x2B 指令可以在 LCD 屏上进行开窗。

⑤ 0x2C 指令——写 GRAM 指令。发送该指令后，可向 LCD-GRAM 写入颜色数据。该指令支持连续写入，地址自增，可由 0x36 指令设置储存访问控制。写 GRAM 指令参数如表 4-54 所示，其中，D_i[15∶0]表示每个参数长度均为 16，即从 0～15。

表 4-54 写 GRAM 指令参数

顺序	控制位			各位描述									HEX
	RS	RD	WR	D_{15}～D_8	D_7	D_6	D_5	D_4	D_3	D_2	D_1	D_0	
指令	0	1	↑	××	0	0	1	0	1	1	0	0	2CH
参数 1	1	1	↑	D_1[15∶0]									××
⋮	1	1	↑	D_2[15∶0]									××
参数 n	1	1	↑	D_n[15∶0]									××

• RS=0 为命令，RD=1 为写入，在 WR 上升沿写入指令 0x2C，高 8 位无效，随后可以写入颜色数据。

• RS=1 为数据，WD=1 为写入，在 WR 上升沿可连续写入 n 个颜色参数，参数长度为 16，即 RGB565。

⑥ 0x2E 指令——读 GRAM 指令。读 GRAM 指令用于读取 ILI9341 的显存 GRAM，支持连续读取，地址自增，由 0x36 指令设置储存访问控制。读 GRAM 指令参数如表 4-55 所示。

表 4-55 读 GRAM 指令参数

顺序	控制位			各位描述												HEX
	RS	RD	WR	D_{15}~D_{11}	D_{10}	D_9	D_8	D_7	D_6	D_5	D_4	D_3	D_2	D_1	D_0	
指令	0	1	↑	××				0	0	1	0	1	1	1	0	2EH
参数1	1	↑	1	××												dummy
参数2	1	↑	1	R_1[4:0]	××			G_1[5:0]						××		R_1G_1
参数3	1	↑	1	B_1[4:0]	××			R_2[4:0]					××			B_1R_2
参数4	1	↑	1	G_2[5:0]		××		B_2[4:0]					××			G_2B_2
参数5	1	↑	1	R_3[4:0]	××			G_3[5:0]						××		R_3G_3
参数n	1	↑	1	按以上规律输出												

• RS=0 为命令，RD=1 为写入，在 WR 上升沿写入指令 0x2E，高 8 位无效，随后可以读取颜色数据。

• ILI9341 收到 0x2E 指令后，第一次输出为 dummy，即无效参数，从第二次开始为有效的 GRAM(图像寄存器)数据。

• RS=1 为数据，WR=1 为读取，在 RD 上升沿可连续读取 n 个颜色参数，参数长度为 16 位，即 RGB565。

4.3　微型打印机

打印机是计算机系统中最常用的输出设备之一。打印机的种类有很多，从它与计算机的连接方式来分，有并行接口打印机和串行接口打印机两种；从打印原理来分，有点阵式打印机、喷墨式打印机、激光式打印机、热敏式打印机、墨点式打印机、液晶快门式打印机和磁式打印机七种；从打印的色彩分，有单色、双色、彩色打印机三种。在工业控制系统中已广泛采用了各种型号的打印机。除了打印生产过程中的各种记录数据和汇总报表供分析、保存之外，打印机相当重要的作用是用于打印事故追忆信息。当发生报警时，也需要同时启动打印机，将报警信息打印出来，供操作人员事故分析之用。

目前，市场上可供选用的打印机品种很多。价格贵的高档彩色打印输出设备，可打印出颜色鲜艳、像素均匀的各种复杂图像。点阵式打印机的优点是价格一般较低，缺点是打印质量欠佳，噪音大；喷墨式打印机靠喷墨技术产生字符和图像，打印质量高，工作噪音低；激光式打印机的打印质量更高，成本也稍高；液晶快门式打印机的图像精度最高，是目前最先进的打印机。

打印机是一种复杂而精密的机械电子装置。无论哪种打印机，其结构基本上都可分为机械装置和控制电路两部分，这两部分是密切相关的。机械装置包括打印头、字车机构、走纸机构、色带传动机构、墨水(墨粉)供给机构以及硒鼓传动机构等，它们都是打印机系统的执行机构，由控制电路统一协调和控制；而打印机的控制电路则包括 CPU 主控电路、驱动电路、输入输出接口电路及检测电路等。打印机是小型机电一体化系统。机械部分为执行机构，在机内 CPU 及驱动电路控制下完成“数据”打印。

本章小结

智能仪表要求有良好的人机对话能力。交互设备是专门用于人和微控制器之间建立联系、交互信息的信息输入和输出设备。从微型计算机的使用特征来看，这些设备的操作与人们的运动器官和感觉器官的功能有关，人们正是通过这些“器官”对人机交互设备操作，从而达到控制和使用计算机的目的。

本章首先介绍了人机交互设备的接口原理。接口是实现人机交互设备同计算机之间的信息传送，控制人机交互设备工作，在计算机与人机交互设备之间传递重要信息通道。本章较为详细地介绍了接口的配置形式和原理。之后，本章介绍了常用的人机接口设备如键盘、显示器以及打印机等，介绍了它们的工作原理和软、硬件接口。在原理的介绍上，尽量从应用的角度出发与现有的知识相联系，以设备的应用和应用程序设计为目标，对设备的基本原理和接口技术进行了较为详尽的分析。

思考题

1. 什么是独立式按键？什么是行列式按键？
2. 说明矩阵式键盘按键按下的识别原理，键盘程序通常由几部分构成？

3. 键盘主要有哪几种类型？
4. 简述 8×8 矩阵键盘的原理。
5. 简述编码键盘 HD7279A 的特点，并给出常用的接口电路。
6. 简述触摸屏的种类。
7. 共阳极数码管和共阴极数码管有什么不同？可否在电路中互换使用？
8. LED 数码管动态显示原理是什么？与静态显示有何不同？
9. 常用液晶显示器的类型有几种？
10. 液晶显示器与微控制器之间常用的接线方式有哪些？
11. 给出触摸屏 XPT2046 和 TFT－LCD 之间的典型接口电路。

第 5 章　总线及接口电路设计

本章介绍常用总线及其接口设计和常用的无线数据传输技术。

5.1　概　　述

随着电子技术的发展和市场需求的激增，各种各样的仪表越来越多地应用于各个不同领域的自动化控制设备和监测系统中。这就要求系统之间以及各系统自身的各组成部分之间必须保持良好的通信，以完成采集数据的传输。目前，智能仪表的发展都需要以通信系统为核心来构建。通信接口解决怎样把发送端的信号变换成适合传输的信号，或者把接收到的电信号变换为终端设备可接收的信号。总线的功能是连接多个集成部件，并完成它们之间的信息流动。

为了将各部件和外围设备与 CPU 直接连接，常用一组线路配以适当的接口电路来实现，这组多个功能部件共享的信息传输线称为总线。计算机系统通过总线将 CPU、主存储器及 I/O 设备连接起来。所以，总线是 CPU 与其他部件之间传送数据、地址和控制信号的公用通道。

总线是描述电子信号传输线路的一种结构形式，是一类信号线的集合，是子系统间传输信息的公共通道。总线能实现整个系统内各部件之间信息的传输、交换、共享和逻辑控制等功能。按照功能对数据总线进行划分，可以分为地址总线(Address Bus)、数据总线(Data Bus)和控制总线(Control Bus)。按照数据传输的方式划分，总线可以被分为串行总线和并行总线。常见的串行总线有 SPI、I^2C、USB、IEEE 1394、RS－232C、CAN 等；并行总线相对来说种类较少，常见的如 IEEE 1284、ISA、PCI 等。随着微电子技术和计算机技术的发展，总线技术也在不断地发展和完善，这使得计算机总线技术种类繁多，各具特色。

无线传输(Wireless Transmission)是指利用无线技术进行数据传输。目前使用较广泛的近距离无线数据传输技术是蓝牙(Bluetooth)技术、无线局域网 IEEE 802.11(Wi－Fi)技术和红外无线传输(IrDA)技术。同时，还有一些具有发展潜力的近距离无线数据传输技术标准，它们分别是：ZigBee、超宽频(Ultra WideBand)、短距通信(NFC)、WiMedia(无线多媒体)、GPS(全球卫星定位)、DECT(数字增强无绳通信)、无线 1394 标准和专用无线系统等。随着无线技术的日益发展，无线数据传输技术应用越来越被各行各业所接受。

5.2　常用总线及其接口设计

5.2.1　RS－232C 总线

RS－232C 标准(协议)的全称是 EIA－RS－232C 标准，其中 EIA(Electronic Industry Association)代表美国电子工业协会，RS(Recommended Standard)代表推荐标准，232 是标识号，C 代表 RS232 的最新一次修改(在 1969 年)。在 1969 年前，有 RS－232B、RS－232A。

1. RS-232C 接口概述

RS-232C 标准规定采用一个 25 脚的 DB-25 连接器，一般使用型号为 DB-25 的 25 芯插头座，通常插头在 DCE(数据通信设备)端，插座在 DTE(数据终端设备)端。一些设备与 PC 机连接的 RS-232C 接口，因为不使用对方的传送控制信号，只需三条接口线，即“发送数据”、“接收数据”和“信号地”，所以可采用 DB-9 的 9 芯插头座，传输线可采用屏蔽双绞线。

1）机械特性

RS-232C 的连接器基本上有 DB-25、DB-15 和 DB-9 三种类型。计算机中常用的是 DB-25 和 DB-9 两种连接器，其接口如图 5-1 所示，各个管脚的定义如表 5-1 所示。

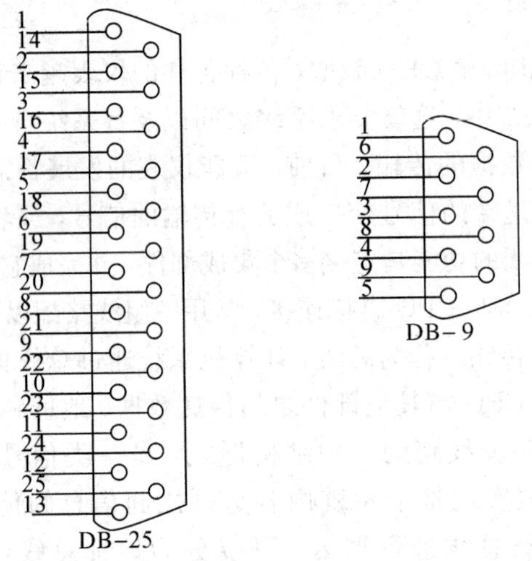

图 5-1　DB-25 和 DB-9 两种连接器接口示意图

表 5-1　DB-25 和 DB-9 的常用信号脚说明

9 针串口(DB-9)			25 针串口(DB-25)		
管脚号	功能说明	缩写	管脚号	功能说明	缩写
1	数据载波检测	DCD	8	数据载波检测	DCD
2	接收数据	RXD	3	接收数据	RXD
3	发送数据	TXD	2	发送数据	TXD
4	数据终端准备	DTR	20	数据终端准备	DTR
5	信号地	GND	7	信号地	GND
6	数据设备准备好	DSR	6	数据设备准备好	DSR
7	请求发送	RTS	4	请求发送	RTS
8	清除发送	CTS	5	清除发送	CTS
9	振铃提示	BELL	22	振铃提示	BELL

PC 机采用 DB-25 连接器。DB-25 连接器定义了 25 根信号线，分为 4 组：异步通信

的 9 个电压信号(管脚分别为 2、3、4、5、6、7、8、20、22)；20 mA 电流环信号 9 个(管脚分别为 12、13、14、15、16、17、19、23、24)；空 6 个(管脚分别为 9、10、11、18、21、25)；保护地 1 个，作为设备接地端(1 脚)。

AT 机不支持 20 mA 电流环接口，可使用 DB-9 连接器作为提供多功能 I/O 卡或主板上 COM1 和 COM2 两个串行接口的连接器。DB-9 连接器只提供异步通信的 9 个信号。

2) 电气特性

RS-232C 对电气特性、逻辑电平和各种信号线功能都作了规定，RS-232C 中任何一条信号线的电压均为负逻辑关系。

在 TXD 和 RXD 控制线上，

逻辑 1(MARK)＝－3～－15 V；

逻辑 0(SPACE)＝＋3～＋15 V。

在 RTS、CTS、DSR、DTR 和 DCD 等控制线上，

信号有效(接通，ON 状态，正电压)＝＋3～＋15 V；

信号无效(断开，OFF 状态，负电压)＝－3～－15 V。

也就是，当传输电平的绝对值大于 3 V 时，电路可以进行有效的检测，介于－3～＋3 V 之间的电压无意义，低于－15 V 或高于＋15 V 的电压也认为无意义。因此，实际工作时，应保证电平在±(3～15)V 之间。

3) 传输电缆长度

RS-232C 标准规定在码元畸变小于 4％的情况下，传输电缆长度约为 15 m(50 英尺)。其实这个 4％的码元畸变是很保守的，在实际应用中，约有 99％的用户是在码元畸变 10％～20％的范围工作的，所以实际使用中最大距离会远超过 15 m。

2. 通信接口的连接

当传输距离大于 15 m 通信时，一般要加调制解调器 Modem，使用的信号线也较多。当通信距离较近时，可不需要 Modem，通信双方可以直接连接，这种情况下，只需使用少数几根信号线。

一般情况下，RS-232C 适用于近距离传输。在通信中可以不需要 RS-232C 的控制联络信号，只需三根线(发送线、接收线、信号地线)便可实现全双工异步串行通信，其接线电路图如图 5-2 所示。图 5-2 中的 2 号线 TXD 与 3 号线 RXD 交叉连接是因为在直连方式下，通信

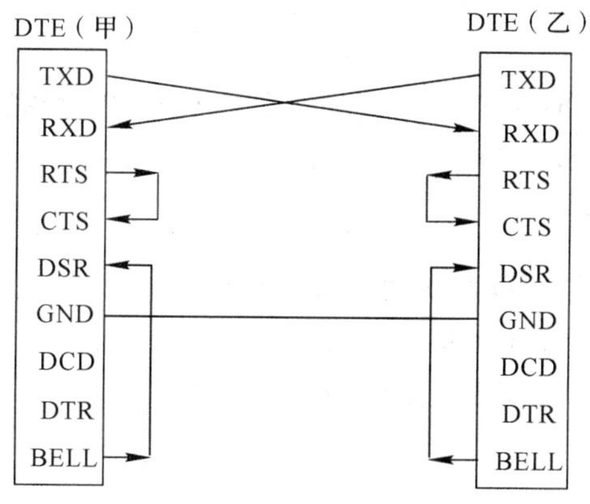

图 5-2　近距离通信接线电路

双方都可把对方当作数据终端设备看待，双方都可发送数据也可接收数据。在这种方式下，通信双方的任何一方，只要请求发送 RTS 有效和数据终端准备好 DTR 有效就能开始发送和接收。RTS 与 CTS 互连可以实现只要请求发送，立即便能得到允许；DTR 与 DSR 互连表示只要本端准备好，则认为本端立即可以接收数据。GND 为信号地，BELL 为振铃提示。

3. RS－232C 与 TTL 转换

RS－232C(全称为 EIA－RS－232C)是用正负电压来表示逻辑状态的，与 TTL 以高低电平表示逻辑状态的规定不同。因此，为了能够同计算机接口或终端的 TTL 器件连接，必须在 RS－232C 与 TTL 电路之间进行电平和逻辑关系的变换。实现这种变换可用分立元件，也可用集成电路芯片。目前较为广泛地使用集成电路转换器件，如 MC1488、SN75150 芯片可完成 TTL 电平到 EIA 电平的转换，而 MC1489、SN75154 可实现 EIA 电平到 TTL 电平的转换。MAX232 芯片可完成 TTL 和 EIA 双向电平转换。

MAX232 引脚图及典型应用电路如图 5－3 所示。

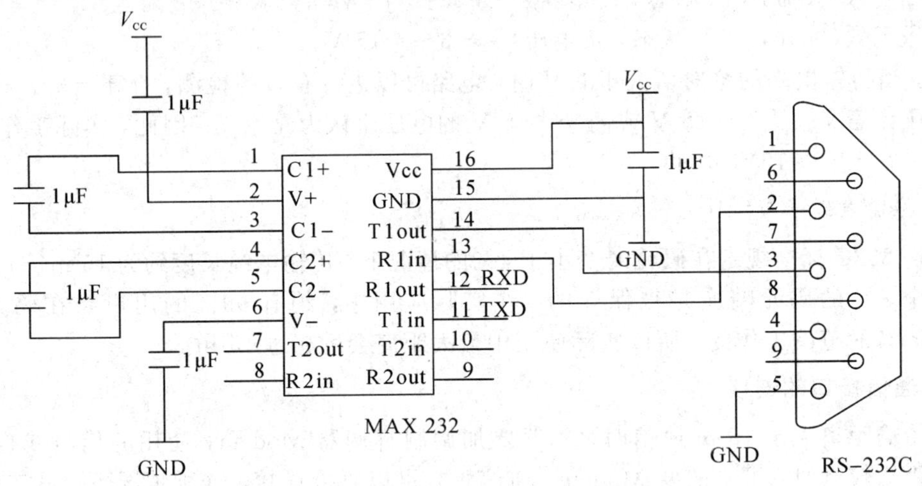

图 5－3　MAX232 引脚及典型应用电路

5.2.2　RS－485 总线

1. RS－485 接口概述

1）机械特性

RS－485 接口连接器一般采用 DB－9 的 9 芯插头座，与智能终端连接的 RS－485 接口采用 DB－9(孔)，与键盘连接的键盘接口 RS－485 采用 DB－9(针)。

2）RS－485 的电气特性

RS－485 发送端中逻辑“1”以两线间的电压差＋2～＋6 V 表示，逻辑“0”以两线间的电压差－2～－6 V 表示。接收端中，差分正输入端 A 比差分负输入端 B 高 200 mV 以上即认为是逻辑“1”，A 比 B 低 200 mV 以上即认为是逻辑“0”。

3）传输电缆长度

RS－485 的最大传输距离约为 1219 m，最大传输速率为 10 Mb/s。平行双绞线的长度与传输速率成反比，在 100 kb/s 速率以下，才可能使用规定最长的电缆长度，即只有在很短的距离下才能获得最高速率传输。一般 100 m 长双绞线最大传输速率仅为 1 Mb/s。

2. 通信接口的连接

RS-485 需要 2 个终接电阻，其阻值要求等于传输电缆的特性阻抗。在短距离传输时可不需终接电阻，即一般在 300 m 以下不需接终接电阻。终接电阻接在传输总线的两端。

最简单的 RS-485 通信线路电缆由两条信号线路组成，接口一般采用屏蔽双绞线传输，通信电缆必须接地参考点。另外，通信电缆应包括第三信号参考线，并将该线连接到每个设备的电缆地。若用屏蔽电缆，屏蔽线应接到电缆设备的外壳。两线连接方式能真正实现多点双向通信。

RS-485 还可以采用四线连接方式。采用四线连接方式时，只能实现一对多点的通信，即只能有一个主设备，其余为从设备。

无论采用哪种连接方式，总线上均可连接多达 32 个设备。

3. RS-485 收发器

RS-485 收发器种类很多，如 MAX 公司的 MAX481E/MAX488E，TI 公司的 SN75LBC184 等，它们的引脚是完全兼容的。

MAX481E/MAX488E 是低电源(只有+5 V 电压)RS-485 收发器，每一个芯片内都含有一个驱动器和一个接收器，采用 8 脚 DIP/S0 封装。这两种芯片的主要区别是前者为半双工，后者为全双工。它们的引脚图如图 5-4 所示，引脚功能如表 5-2 所示。

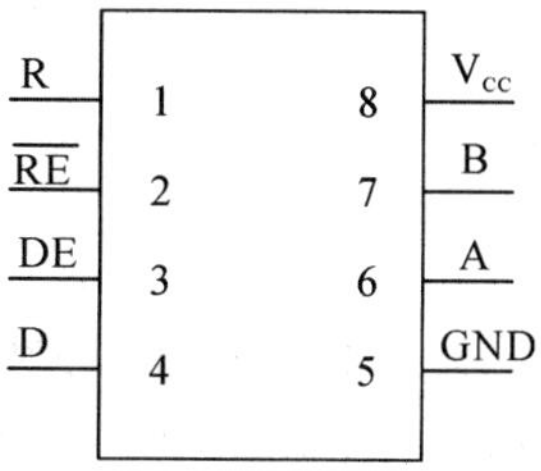

图 5-4　MAX481E 引脚图

表 5-2　MAX481E 引脚功能

引脚名称	说　明
GND	电源地
V_{CC}	正电源电压，+5 V
R	接收端
D	发送端
$\overline{RE}$	接收使能端，低电平有效
DE	发送使能端，高电平有效
A	差分正输入端
B	差分负输入端

RS－485应用电路如图5－5所示。当P1.0为低电平时，接收数据；当P1.0为高电平时，发送数据。

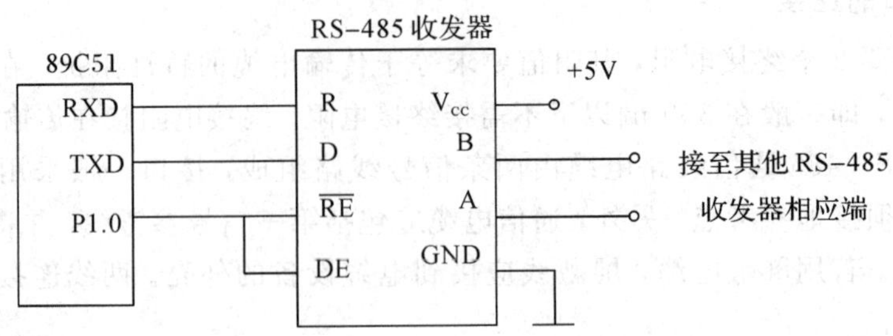

图5－5　RS－485应用电路

因RS－485接口具有良好的抗噪声干扰性，远传输距离和多站能力等优点，使其成为首选的串行接口。

5.2.3　USB总线

USB是一个外部总线标准，用于规范电脑与外部设备的连接和通信。USB接口支持设备的即插即用和热插拔功能。USB接口可用于连接多达127种外设，如鼠标、调制解调器和键盘等。USB是在1994年底由英特尔、康柏、IBM、Microsoft等多家公司联合提出的。自1996年推出后，已成功替代串口和并口，并成为当今个人电脑和大量智能设备的必配的接口之一。自从1994年11月11日发表了USB V0.7版本以后，USB版本经历了多年的发展，到现在已经发展为3.0版本。

1. USB接口概述

1）USB接口基本特性

USB 2.0作为最常用的接口，只有4根线（2根电源，2根信号），信号是串行传输的，因此USB接口也称为串行口。USB接口图如图5－6所示。USB接口一般的排列方式是红白绿黑，从左到右。

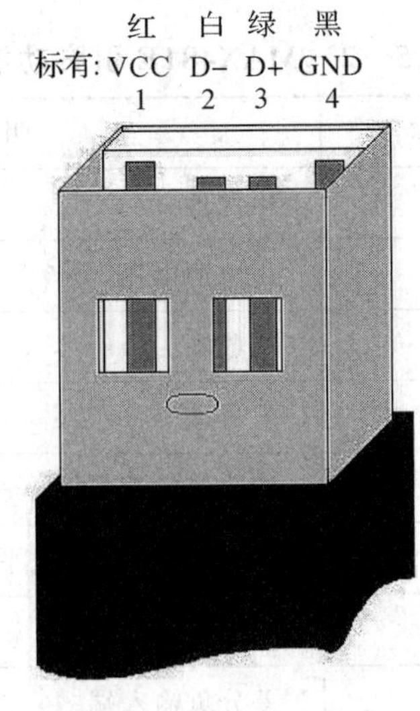

图5－6　USB接口图

① 红色——USB 电源，标有 VCC、Power、5 V、5 V 电源输出字样。

② 绿色——USB 数据线(正)，标有 DATA+、USBD+、PD+、USBDT+、D+。

③ 白色——USB 数据线(负)，DATA-、USBD-、PD-、USBDT-、D-。

④ 黑色——地线，标有 GND、Ground。

接口的输出电压、电流是+5 V 和 500 mA。实际上，输出电压有误差，最大误差范围在+0.2～-0.2 V，也就是输出电压为 4.8～5.2 V。2000 年制定的 USB 2.0 标准是真正的 USB 2.0，被称为 USB 2.0 的高速(High-Speed)版本。USB 2.0 的理论传输速度为 480 Mb/s，即 60 MB/s，实际传输速度一般不超过 30 MB/s，但足以满足大多数外设的速率要求。

从 USB 插口引脚来看，USB 2.0 采用 4 针脚设计，而 USB 3.0 则采取 9 针脚设计。相比而言，USB 3.0 功能更强大。从传输速率来看，USB 3.0 的理论传输速度是 4.8 Gb/s，是 USB 2.0 的 10 倍，即 4.8 Gb/s=600 MB/s。

USB 的主要作用是对设备内的数据进行存储，或者设备通过 USB 接口对外部信息进行读取识别。除此以外，USB 也是做二次开发的有效接口。虽然 USB 3.0 的技术已经在笔记本电脑等领域应用的非常成熟，但是在仪表领域，受处理速率和架构的影响，多见的还是 USB 2.0 的技术。

2) USB 物理总线的拓扑

一个 USB 系统包含三类硬件设备:USB HOST(USB 主机)、USB DEVICE(USB 设备)、USB HUB(USB 集线器)，USB 物理总线的拓扑如图 5-7 所示。

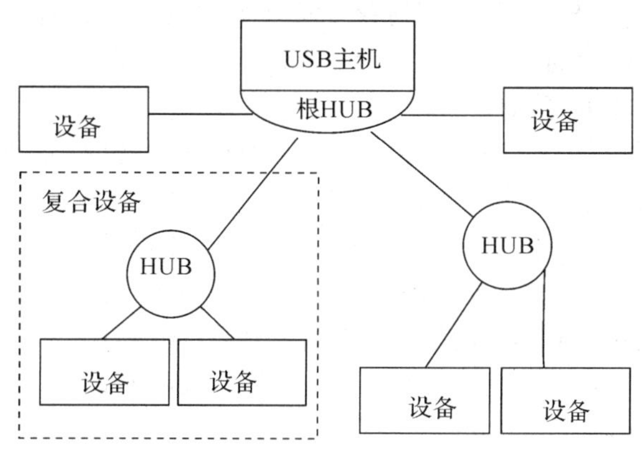

图 5-7　USB 物理总线的拓扑

在一个 USB 系统中，仅有一个 USB HOST。USB HOST 的功能如下：

(1) 管理 USB 系统。

(2) 每毫秒产生一帧数据。

(3) 发送配置请求对 USB 设备进行配置操作。

(4) 对总线上的错误进行管理和恢复。

USB DEVICE(USB 设备)的功能是接收 USB 总线上的所有数据包，并通过数据包的地址域来判断是不是发给自己的数据包。若地址不符，则简单地丢弃该数据包；若地址相符，则通过响应 USB HOST 的数据包与 USB HOST 进行数据传输。

USB HUB(USB 集线器)，用于设备扩展连接，所有 USB DEVICE 都连接在 USB

HUB 的端口上。一个 USB HOST 总与一个根 HUB (USB ROOT HUB)相连。

3) USB 的数据流传输

USB 的数据流传输，有以下四种类型。

(1) 控制传输类型：支持外设与主机之间的控制、状态、配置等信息的传输，为外设与主机之间提供一个控制通道。每种外设都支持控制传输类型，这样主机与外设之间就可以传送配置和命令/状态信息。

(2) 等时传输类型：支持有周期性的、有限的时延和带宽，以及数据传输速率不变的外设与主机间的数据传输。该类型无差错校验，故不能保证正确的数据传输，支持计算机-电话集成系统(CTI)和音频系统与主机的数据传输。

(3) 中断传输类型：支持游戏手柄、鼠标和键盘等输入设备，这些设备与主机间的数据传输量小，无周期性，但对响应时间敏感，要求马上响应。

(4) 数据块传输类型：支持打印机、扫描仪、数码相机等外设，这些外设与主机间传输的数据量大，USB 在满足带宽的情况下才能进行该类型的数据传输。

4) USB 接口主要优点

USB 设备之所以会被大量应用，主要因为它具有以下优点：

(1) 数据传输速率高。USB 标准接口传输速率为 12 Mb/s，最新的 USB 2.0 支持的最高速率达 480 Mb/s。同串行端口比，USB 大约快 1000 倍；同并行端口比，USB 端口大约快并行端口的一半。

(2) 数据传输可靠。USB 总线控制协议要求在数据发送时含有 3 个描述数据类型、发送方向、终止标志、USB 设备地址的数据包。USB 设备在发送数据时支持数据侦错和纠错功能，故增强了数据传输的可靠性。

(3) USB 能同时挂接多个 USB 设备。USB 可通过菊花链的形式同时挂接多个 USB 设备，理论上可达 127 个。

(4) USB 接口能为设备供电。USB 线缆中包含有 2 根电源线及 2 根数据线。耗电比较少的设备可以通过 USB 口直接取电，可通过 USB 口取电的设备又分为低电量模式和高电量模式，前者最大可提供 100 mA 的电流，而后者则是 500 mA。

(5) 支持热插拔。在开机情况下，可以安全地连接或断开设备，达到真正的即插即用。

2. USB 接口电路设计

现在的 USB 生产厂商很多，几乎所有的硬件厂商都有 USB 的产品。USB 控制器一般有两种类型：一种是 MCU(微控制单元)集成在芯片里面的产品，如 Intel 的 8X930AX、Cypress 的 EZ-USB、Siemens 的 C541U 以及 Motorola、National Semiconductors 等公司的产品；另一种就是纯粹的 USB 接口芯片，其仅处理 USB 通信，如 Philips 的 PDIUSBD11 (I^2C 接口)、PDIUSBP11A、PDIUSBD12(并行接口)，National Semiconductor 的 USBN9602、USBN9603、USBN9604 等。前一种由于开发时需要单独的开发系统，因此开发成本较高；而后一种只是一个芯片与 MCU 接口实现 USB 通信功能，因此成本较低，且可靠性高。

1) PDIUSBD12 的基本原理及其接口设计

PDIUSBD12 是一个性能优化的 USB 器件，通常用于基于微控制器的系统，并与微控制器通过高速通用并行接口进行通信，也支持本地 DMA(直接内存存取)。

（1）内部基本结构。

PDIUSBD12 的内部框图如图 5－8 所示。PDIUSBD12 引脚图如图 5－9 所示，其引脚功能如表 5－3 所示。

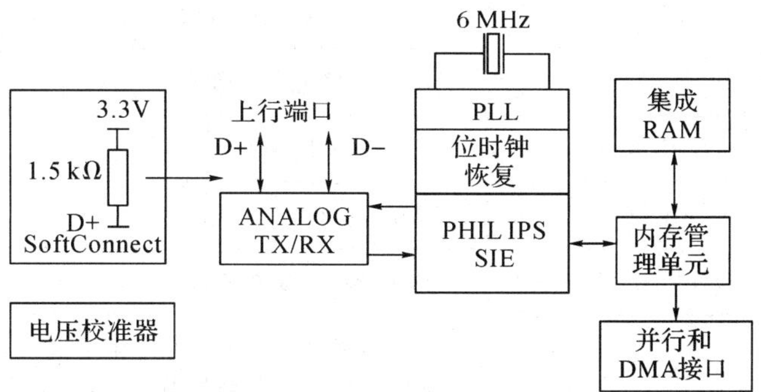

图 5－8　PDIUSBD12 的内部框图

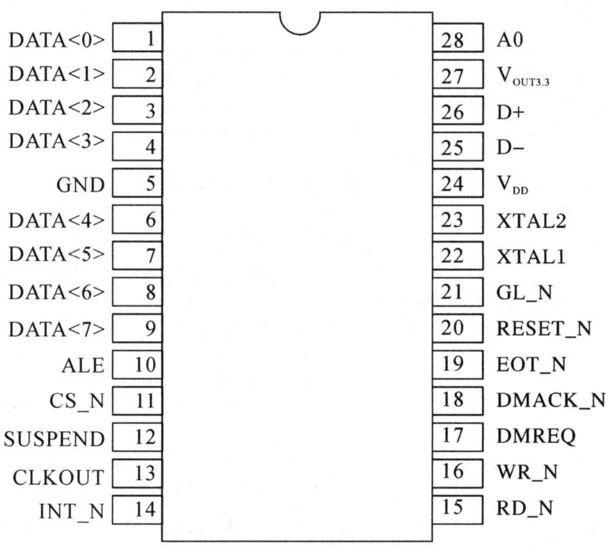

图 5－9　PDIUSBD12 的引脚图

表 5－3　PDIUSBD12 的引脚功能

引脚号	符　　号	说　　明
1～4、6～9	DATA<0>～DATA<7>	8 位双向数据
5	GND	地
10	ALE	地址锁存允许，当为多路地址/数据总线时，ALE 下降沿用于锁存地址信息；当为独立地址/数据总线时，将 ALE 永久接地
11	CS_N	片选（低电平有效）
12	SUSPEND	芯片进入挂起状态
13	CLKOUT	可编程时钟输出

续表

引脚号	符　号	说　明
14	INT_N	中断输出(低电平有效)
15	RD_N	读选通(低电平有效)
16	WR_N	写选通(低电平有效)
17	DMREQ	DMA 请求
18	DMACK_N	DMA 响应(低电平有效)
19	EOT_N	一个功能是指示 DMA 传输结束(低电平有效)，另一个功能是充当 VBUS 感知器
20	RESET_N	复位(低电平有效，异步)，若有片内上电复位电路，则该引脚可以接高电平
21	GL_N	GoodLink 发光二极管指示器(低电平有效)
22	XTAL1	晶振连接 1(6 MHz)
23	XTAL2	晶振连接 2(6 MHz)
24	V_{DD}	正电源(4.0～5.5 V)，要使芯片工作在 3.3 V，对 V_{DD} 和 $V_{OUT3.3}$ 两个引脚都提供 3.3 V 电压
25	D－	USBD－数据线
26	D＋	USBD＋数据线
27	$V_{OUT3.3}$	3.3 V 输出
28	A0	地址位，A0＝1 为选择命令，A0＝0 为选择数据。在多路复用地址和数据总线配置时，这一位将不考虑，应接高电平

PDIUSBD12 与 80C51 的连接电路如图 5－10 所示。在图 5－10 中，ALE 始终接低电

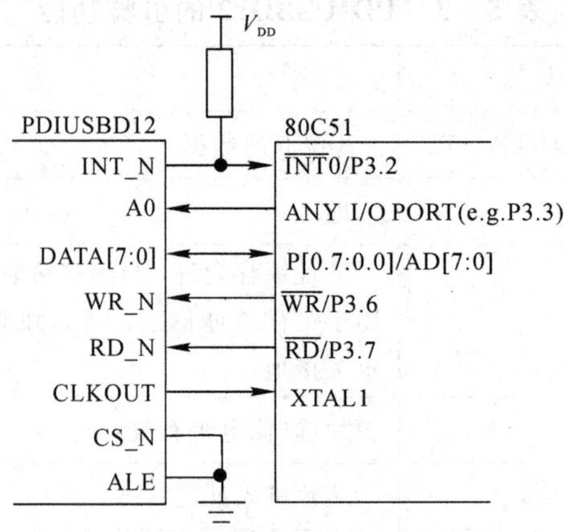

图 5－10　PDIUSBD12 与 80C51 的连接电路

平，说明采用单独地址和数据总线配置。A0 脚接 80C51 的任何 I/O 引脚，控制命令或数据输入到 PDIUSBD12。80C51 的 P0.0 口直接与 PDIUSBD12 的数据总线相连接。CLKOUT 时钟输出为 80C51 提供时钟输入。

(2) PDIUSBD12 的主要特性。

PDIUSBD12 的主要特征有：

• 符合 USB 1.1 协议规范。

• 集成了 SIE(串行接口引擎)FIFO(先进先出)存储器收发器和电压调整器的高性能 USB 接口芯片。

• 适应大多数设备类规范的设计。

• 与任何微控制器/微处理器连接都有 2 MB/s 的高速并行接口。

• 能完全自动 DMA 操作。

• 集成了 320 B 的多配置 FIFO 存储器。

• 主端点有双缓存配置，增加了吞吐量，容易实现实时数据传输。

• 在块传输模式下有 1 MB/s 的数据传输速率，在同步传输模式下有 1 Mb/s 的数据传输速率。

• 具有总线供电能力，有非常好的抗 EMI(电磁干扰)性能。

• 在挂起时，有可控制的 LazyClock 输出。

• 可通过软件控制 USB 总线连接 SoftConnect，SoftConnect 功能允许 USB 设备在“软件控制”下连接和断开。

• 在 USB 传输时，有闪亮的 USB 连接指示灯 GoodLink，可提供良好的 USB 连接指示。

• 时钟频率输出可进行编程。

• 符合 ACPI(高级配置和电源管理接口高级配置及电源管理接口)、OnNOW(电源管理技术)和 USB 电源管理要求。

• 具有内部上电复位和低电压复位电路。

• 有 S018 和 TSS0P28 封装。

• 能在－40～＋85℃范围内进行工业级工作。

• 有片内 8 kV 静电保护。

• 双电压工作为(3.3±0.3)V 或扩大的 5 V 电压范围为 3.6～5.5 V。

• 多中断模式，方便块传输和同步传输。

2) CY7C68013 基本原理及其接口设计

Cypress 的 EZ-USB FX2 是世界上第一款集成了 USB 2.0 接口的微控制器。通过集成 USB 2.0 收发器、串行接口引擎(SIE，Serial Interface Engine)、增强型高速 8051 内核以及可编程的外部接口于一个单片(即 CY7C68013 芯片)中，Cypress 为决策者获取产品快速上市利益建立了一个真正的高效解决方案。

(1) 内部基本结构。

CY7C68013 内部基本结构图如图 5-11 所示，其引脚图如图 5-12 所示。

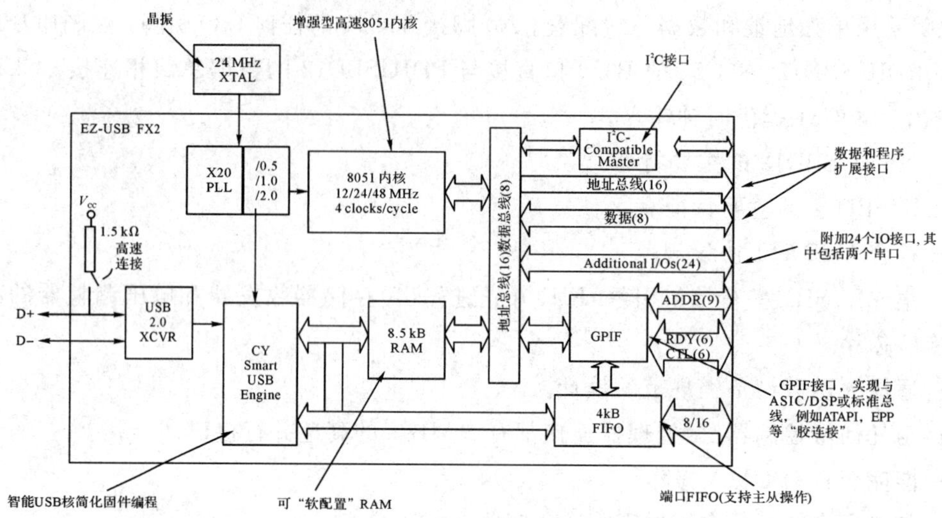

图 5-11　CY7C68013 内部基本结构

引脚	名称	名称	引脚
1	PD5/FD13	PD4/FD12	56
2	PD6/FD14	PD3/FD11	55
3	PD7/FD15	PD2/FD10	54
4	GND	PD1/FD9	53
5	CLKOUT	PD0/FD8	52
6	V_{cc}	WAKEUP	51
7	GND	V_{cc}	50
8	RDY0/SLRD	RESET#	49
9	RDY1/SLWR	GND	48
10	AVCC	PAL/FLAGD/SLCS#	47
11	XTALOUT	PA6/PKTEND	46
12	XTALIN	PA5/FIFOADR1	45
13	AGND	PA4/FIFOADR0	44
14	V_{cc}	PA3/MU2	43
15	DPLUS	PA2/SLOE	42
16	DMINUS	PA1/INT1#	41
17	GND	PA0/INT0#	40
18	V_{cc}	V_{cc}	39
19	GND	CTL2/FLAGC	38
20	IFCLK	CTL1/FLAGB	37
20	RESERVED	CTL0/FLAGA	36
22	SCL	GND	35
23	SDA	V_{cc}	34
24	V_{cc}	GND	33
25	PB0/FD0	PB7/FD7	32
26	PB1/FD1	PB6/FD6	31
27	PB2/FD2	PB5/FD5	30
28	PB3/FD3	PB4/FD4	29

图 5-12　CY7C68013 引脚图

(2) CY7C68013 的主要特性。

• 支持 USB 2.0，CY7C68013 内部包括 USB 2.0 收发器、串行接口引擎(SIE)以及增强型高速 8051 内核。

• 配置灵活，可"软配置"RAM，在功能上取代了传统 8051 的 RAM 和 ROM，配置程序还可以通过以下方式下载：通过 USB 口下载；通过外部 EEPROM 装载；通过外界存储设备(仅支持 128 引脚设备)。

• 模式灵活，可设置为主从模式。主模式下可对外部 FIFO、存储器进行高速读写操作，从模式下外部主控器(例如 DSP、MCU)可把 GPIF 当做 FIFO 进行高速读写操作。

• 支持与外设通过并行 8 位或者 16 位总线传输。

(3) CY7C68013 USB 典型接口电路。

CY7C68013 与外设有主、从两种接口方式：可编程接口 GPIF 和 Slave FIFO。根据光缆监控系统和计算机之间数据交互的特点，CY7C68013 可被配置为 slave(主从)、异步、bulk 模式。当 IFCFG[1:0]指向 IN FIFO 时，芯片配置为 Slave FIFO 模式。在"从 FIFO"模式下，外部逻辑或外部处理器直接与 FX2 端点 FIFO 相连。在这种模式下，GPIF 不被激活，因为外部逻辑可直接控制 FIFO。这种模式下，外部主控端既可以是异步方式，也可以是同步方式，并可以为 FX2 接口提供自己的独立时钟。在 Slave FIFO 方式下，外部逻辑与 FX2 的连接信号图如图 5-13 所示。

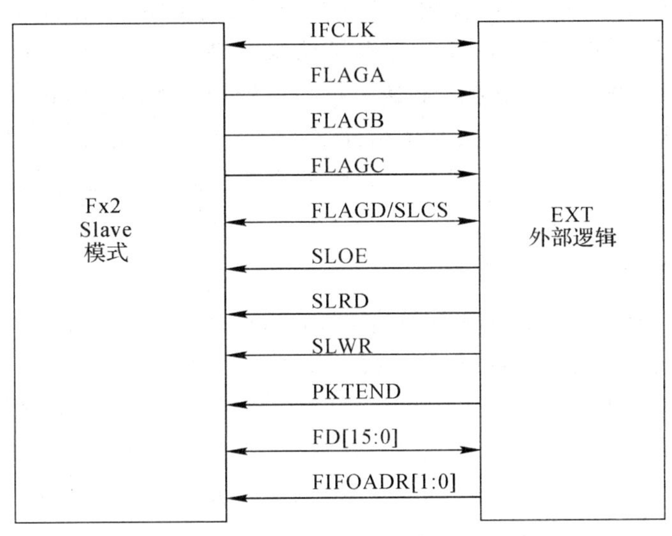

图 5-13　Slave FIFO 外部逻辑与 FX2 的连接信号图

• IFCLK：FX2 输出的时钟，可作为通信的同步时钟。

• FLAGA、FLAGB、FLAGC、FLAGD：FX2 输出的 FIFO 状态信息，如满、空等。

• SLCS：FIFO 的片选信号，由外部逻辑控制。当 SLCS 输出高电平时，不可进行数据传输。

• SLOE：FIFO 的输出使能，由外部逻辑控制。当 SLOE 无效时，数据线不输出有效数据。

• SLRD：FIFO 的读信号，由外部逻辑控制。同步读时，FIFO 读指针在 SLRD 有效时的每个 IFCLK 上升沿递增；异步读时，FIFO 读指针在 SLRD 的每个有效到无效的跳变沿时递增。

• SLWR：FIFO 的写信号，由外部逻辑控制。同步写时，在 SLWR 有效时的每个 IFCLK 的上升沿，数据被写入，FIFO 写指针递增；异步写时，在 SLWR 的每个有效到无效的跳变沿，数据被写入，FIFO 写指针递增。

• PKTEND：包结束信号，由外部逻辑控制。在正常情况下，外部逻辑向 FX2 的 FIFO 中写数，当写入 FIFO 端点的字节数等于 FX2 固件设定的包大小时，数据将自动被打成一包进行传输，但有时外部逻辑可能需要传输一个字节数小于 FX2 固件设定的包大小的包，这时只需要在写入一定数目的字节后，声明此信号。此时，FX2 硬件不管外部逻辑写入了多少字节，都自动将之打成一包进行传输。

• FD[15:0]：数据线。

• FIFOADR[1:0]：选择四个 FIFO 端点的地址线，由外部逻辑控制。

5.2.4 CAN 总线

CAN 总线，全称为 Controller Area Network Bus，即控制器局域网总线，是国际上应用最广泛的现场总线之一。CAN 总线最初出现在 20 世纪 80 年代末的汽车工业中，由德国 Bosch 公司最先提出，其目的是为了解决现代汽车中庞大的电子控制装置之间的通信，减少不断增加的信号线。CAN 总线被设计作为汽车环境中的微控制器通信，在车载各电子控制装置 ECU 之间交换信息，形成汽车电子控制网络。1993 年 11 月，ISO 正式颁布了道路交通运输工具、数据信息交换、高速通信控制器局域网国际标准（ISO 11898 CAN 高速应用标准）和 ISO 11519 CAN 低速应用标准，这为控制器局域网的标准化、规范化铺平了道路。CAN 总线的应用范围很广，从高速的网络到低价位的多路接线都可以使用 CAN 总线。

1. CAN 总线的特点

CAN 总线是一种多主方式的串行通信总线，基本设计规范要求有高的位速率、高抗电磁干扰性，而且能够检测出产生的任何错误。CAN 总线具有如下特点：

(1) CAN 总线工作于多主方式，网络上任意一个节点均可在任意时刻主动地向网络上的其他节点发送信息，不分主从，通信方式灵活，且无需站地址等节点信息。

(2) CAN 总线网络上的节点信息分有不同的优先级，可满足不同的实时性要求，高优先级的数据最快可在 134 μs 内得到传输。

(3) CAN 总线采用非破坏性总线仲裁技术。当多个节点同时向总线发送信息时，优先级较低的节点会主动退出发送，而最高优先级的节点可不受影响地继续传输数据，从而大大地节省了总线仲裁时间。在网络负载很重的情况下，也不会出现网络瘫痪情况。

(4) CAN 总线网络具有点对点、一点对多点和全局广播等几种通信方式。

(5) CAN 总线的直接通信距离最远可达 10 km（速率在 5 kb/s 以下）；通信速率最高可达 1 Mb/s（此时通信距离最长为 40 m）。

(6) CAN 总线上的节点主要取决于总线驱动电路，目前节点可达 110 个，报文表示可达 2032 种（CAN 2.0A），而扩展标准（CAN 2.0B）的报文标识几乎不受限制。

(7) CAN 总线采用短帧结构，传输时间短，受干扰概率低，具有极好的检错效果。

(8) CAN 总线的每帧信息都有 CRC 校验码检错措施，保证了极低的数据出错率。

(9) CAN 总线的通信介质可为双绞线、同轴电缆或光纤，选择灵活。

(10) CAN 节点在错误严重的情况下具有自动关闭输出的功能，以使总线上其他节点的操作不受影响。

2. CAN 技术规范

控制器局域网(CAN)为串行通信协议，能有效地支持具有很高安全等级的分布实时控制。为了达到设计透明度以及实现柔韧性，CAN 被细分为以下不同的层次：

- CAN 对象层(the Object Layer)；
- CAN 传输层(the Transfer Layer)；
- 物理层(the Physical Layer)。

CAN 对象层和传输层包括所有由 ISO/OSI 模型定义的数据链路层的服务和功能。CAN 对象层的作用范围包括查找被发送的报文、确定实际要使用的传输层接收哪一个报文及为应用层相关硬件提供接口。在这里，定义对象处理较为灵活。CAN 传输层的作用主要是传送规则，也就是控制帧结构、执行仲裁、错误检测、出错标定、故障界定。总线上什么时候开始发送新报文及什么时候开始接收报文，均在 CAN 传输层里确定。理所当然，传输层的修改是受到限制的。CAN 物理层的作用是在不同节点之间根据所有的电气属性进行位信息的实际传输。当然，在同一网络内，CAN 物理层对于所有的节点必须是相同的。尽管如此，在选择 CAN 物理层方面还是很自由的。

CAN 通信协议主要描述设备之间的信息传递方式。CAN 层的定义与 OSI 开放式系统互连模型一致，每一层与另一设备上相同的那一层通信。实际的通信发生在每一设备上相邻的两层，而设备只通过模型物理层的物理介质互连。CAN 的规范定义了模型的最下面两层：数据链路层和物理层。表 5-4 中展示了 OSI 开放式系统互连模型的各层。应用层协议可以由 CAN 用户定义成适合特别工业领域的任何方案。已在工业控制和制造业领域得到广泛应用的标准是 DeviceNet，这是为 PLC 和智能传感器设计的。在汽车工业，许多制造商都应用他们自己的标准。

表 5-4　OSI 开放式系统互连模型

7	应用层	最高层，用来进行用户、软件、网络终端等之间的信息交换，如：DeviceNet
6	表示层	将两个应用不同数据格式的系统信息转化为能共同理解的格式
5	会话层	依靠底层的通信功能来进行数据的有效传递
4	传输层	两通信节点之间数据的传输控制，其操作如：数据重发、数据错误修复
3	网络层	规定了网络连接的建立、维持和拆除的协议，如：路由和寻址
2	数据链路层	规定了在介质上传输的数据位的排列和组织，如：数据校验和帧结构
1	物理层	规定了通信介质的物理特性，如：电气特性和信号交换的解释

CAN 总线能够使用多种物理介质，例如双绞线、光纤等。最常用的就是双绞线。信号使用差分电压传送，两条信号线被称为“CAN_H”和“CAN_L”，静态时均是 5.5 V 左右，此时状态表示为逻辑“1”，也可以叫做“隐性”。若 CAN_H 比 CAN_L 高，则表示逻辑“0”，称为“显性”，此时，通常电压值为：CAN_H=3.5 V 和 CAN_L=1.5 V。

3. CAN 总线接口结构

CAN 总线是一种分布式的控制总线。由于总线上的每一个节点都不那么复杂，所以可以使用控制器处 CAN 总线来完成特定的功能，即只需较少的线缆就可以将各个节点通过 CAN 总线连接，同时可靠性也比较高。CAN 总线的线性网络结构如图 5-14 所示。

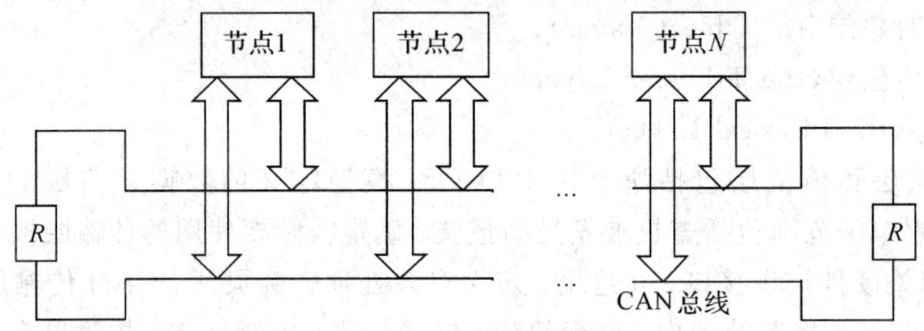

图 5-14　CAN 总线的线性网络结构

CAN 总线节点的硬件构成框架有两种形式，如图 5-15 所示。如果 CPU 内部没有 CAN 控制器，需要外部连接 CAN 控制器芯片，即采用第一种构成框架(见图 5-15(a))。如果 CPU 带有内置数据通信控制器模块，则无需外接数据通信控制器芯片，只需连接数据通信收发器芯片即可构成连接到 CAN 总线的硬件部分，完成数据通信工作，即采用第二种构成框架(见图 5-15(b))。

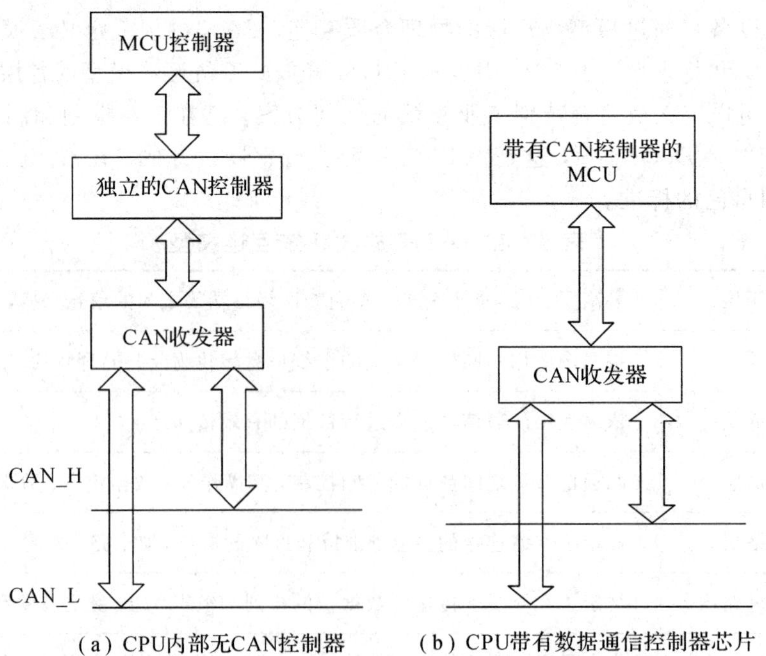

(a) CPU内部无CAN控制器　　(b) CPU带有数据通信控制器芯片

图 5-15　CAN 总线节点的硬件构成框架

4. CAN 通信控制器

1）SJA1000 控制器

SJA1000 是 Philips 公司推出的一款完全符合 CAN 总线协议规定的独立的 CAN 控制器，使用一片控制器即可完成报文控制、数据滤波等 CAN 控制器功能。

（1）SJA1000 的主要特点。

SJA1000 有两种不同的操作模式，它们分别是：Basic CAN 模式（支持 CAN 2.0A 协议）；Peli CAN 模式（它是新的操作模式，支持 CAN 2.0B 协议）。SJA1000 的主要特点如下：

- 可以进行错误检测及处理。
- 可使用单次发送，能取消重发功能。
- 有监听模式（一般无应答，无活动错误标志）。
- 支持热插拔，可由软件实现位速率自动检测。
- 接收过滤器扩大为 4 字节长，接收方式更加灵活，节点可接收自发信息。

操作模式通过内部的时钟分频寄存器 CDR 中的 CAN 模式位来选择。上电复位时默认模式是 Basic CAN。

（2）SJA1000 内部结构。

SJA1000 的内部结构如图 5－16 所示，SJA1000 CAN 控制器主要由以下几部分构成。

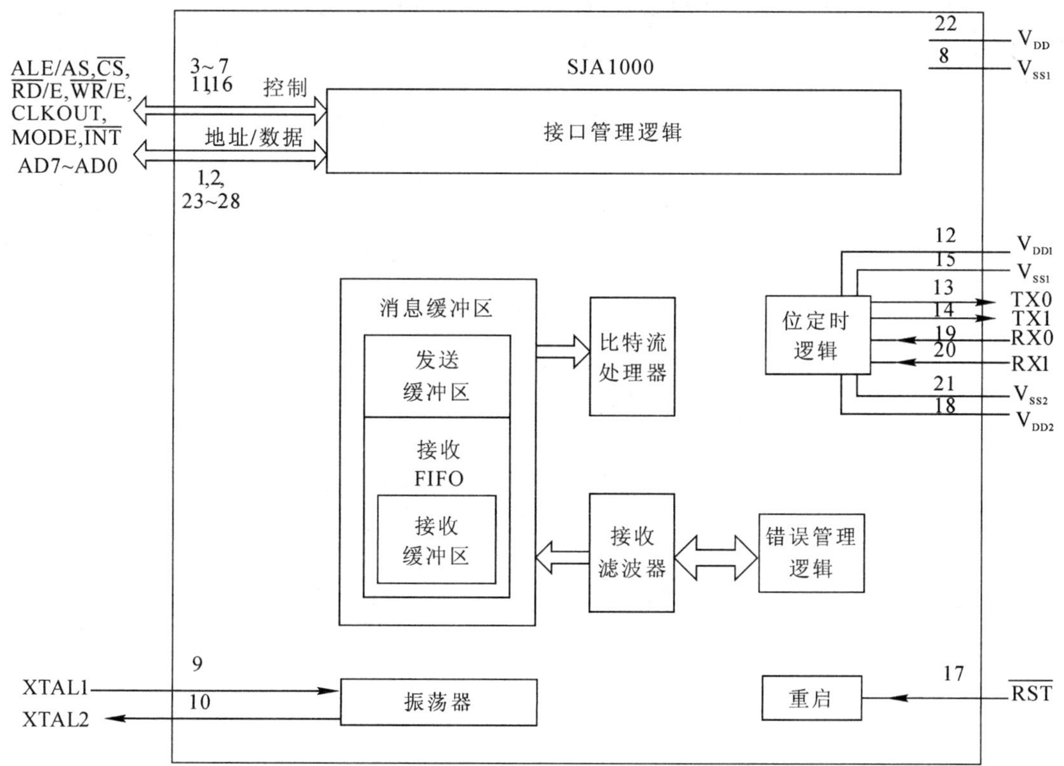

图 5－16　SJA1000 的内部结构图

① 接口管理逻辑(IML)。接口管理逻辑解释来自 CPU 的命令，控制 CAN 寄存器的寻址，向主控制器提供中断信息和状态信息。

② 发送缓冲器(TXB)。发送缓冲器是 CPU 和 BSP(比特流处理器)之间的接口，能够存储发送到 CAN 网络上的完整报文。缓冲器长 13 个字节，由 CPU 写入，BSP 读出。

③ 接收缓冲器(RXB，RXFIFO)。接收缓冲器是接收滤波器和 CPU 之间的接口，用来接收 CAN 总线上的报文，并存储接收到的报文。接收缓冲器(RXB，13B)作为接收 FIFO(RXFIFO，64B)的一个窗口，可被 CPU 访问。

CPU 在 FIFO 的支持下，可以在处理报文的时候接收其他报文。

④ 接收滤波器(ACF)。接收滤波器把它的数据和接收的标识符相比较，以决定是否接收报文。在纯粹的接收测试中，所有的报文都保存在 RXFIFO 中。

⑤ 比特流处理器(BSP)。比特流处理器是一个在发送缓冲器、RXFIFO 和 CAN 总线之间控制数据流的序列发生器。它还执行错误检测、仲裁、总线填充和错误处理。

⑥ 位定时逻辑(BTL)。位定时逻辑监视串行 CAN 总线，并处理与总线有关的位定时。在报文开始时，由隐性到显性的变换同步 CAN 总线上的比特流(硬同步)，接收报文时再次同步下一次传送(软同步)。BTL 还提供了可编程的时间段来补偿传播延迟时间、相位转换(例如，振荡漂移)和定义采样点及每一位的采样次数。

⑦ 错误管理逻辑(EML)。EML 负责传输层中调制解调器的错误界定。它接收 BSP 的出错报告，并将错误统计数字通知 BSP 和 IML。

(3) SJA1000 引脚描述。

SJA1000 采用 28 引脚 DIP 和 SOP 封装，引脚图如图 5-17 所示。SJA1000 引脚功能介绍如表 5-5 所示。

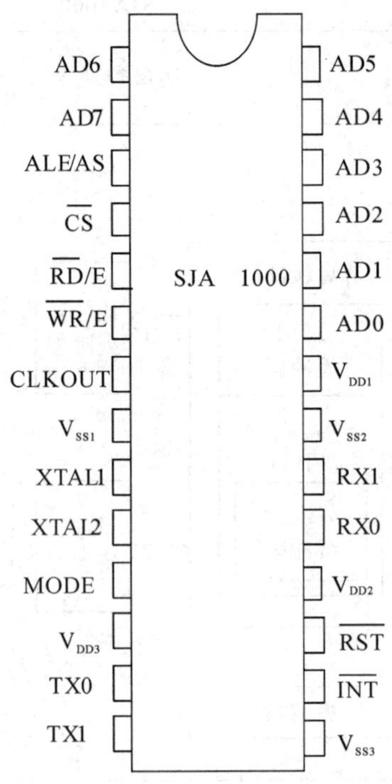

图 5-17 SJA1000 引脚图

表 5－5　SJA1000 引脚功能

引　脚	名　称	引　脚　描　述
1、2、23～28	AD0～AD7	8 位地址/数据线
3	ALE/AS	Intel 模式下，该引脚为 ALE 信号输入端；Motorola 模式下，该引脚为 AS 信号输入端
4	$\overline{CS}$	芯片片选端
5	$\overline{RD}$/E	Intel 模式下，该引脚为$\overline{RD}$信号输入端；Motorola 模式下，该引脚为 E 信号输入端
6	$\overline{WR}$/E	Intel 模式下，该引脚为$\overline{WR}$信号输入端；Motorola 模式下，该引脚为 E 信号输入端
7	CLKOUT	SJA1000 的时钟信号输出端。该时钟频率可以由 SJA1000 内部的时钟控制寄存器进行可编程控制，若时钟控制寄存器 Clock Off 位为 1，则该引脚无效
8	V_{SS1}	逻辑地
9、10	XTAL1、XTAL2	外部晶振接入端
11	MODE	模式选择端。该引脚用于处理器接口的选择，当该引脚接高电平时，SJA1000 工作在 Intel 模式下；当该引脚接低电平时，SJA1000 工作在 Motorola 模式下
12	V_{DD3}	输出驱动器的电源端
13、14	TX0、TX1	CAN 输出驱动器的输出端 0 和输出端 1
15	V_{SS3}	输出驱动器的接地端
16	$\overline{INT}$	中断信号输出端。当发生事件且内部中断寄存器对应位被置为 1 时，该引脚产生低电平，通知处理器产生外部中断，处理器可以通过查看中断事件寄存器来了解发生了何种中断。该引脚为集电极开路，因此多个$\overline{INT}$信号可以直接连接在一起产生线“或”
17	$\overline{RST}$	芯片复位端
18	V_{DD2}	输入比较器的电源端
19、20	RX0/RX1	CAN 输入比较器的输入端 0 和输入端 1
21	V_{SS2}	输入比较器的接地端
22	V_{DD1}	电源端

2) CAN 总线收发器 PCA82C250

CAN 总线收发器(也称 CAN 总线驱动器)提供 CAN 控制器与物理总线之间的接口，对总线提供差动发送能力，并对 CAN 控制器提供差动接收能力，是影响 CAN 总线网络通信的一个重要因素。

(1) PCA82C250 的主要特点。

PCA82C250 是 NXP 半导体公司生产的 CAN 总线收发器，主要用于汽车中高速领域，是目前使用最广泛的 CAN 总线收发器，具有以下特点：

- 与 ISO 11898 标准完全兼容。
- 具有高速率(最高可达 1 Mb/s)。
- 具有抗汽车环境下瞬间干扰和保护总线的能力。
- 防止总线与电源及地之间发生短路。
- 能进行热保护。
- 能降低射频干扰(RFI)，减少斜率(slope)控制。
- 具有低电流待机方式。
- 某一节点掉电将会自动关闭输出，不会影响总线上其他节点的工作。
- 可连接 110 个节点。

(2) 组成结构及功能描述。

PCA82C250 结构框图如图 5-18 所示，PCA82C250 引脚图如图 5-19 所示，PCA82C250 引脚信息如表 5-6 所示，PCA82C250 器件参考数据如表 5-7 所示。

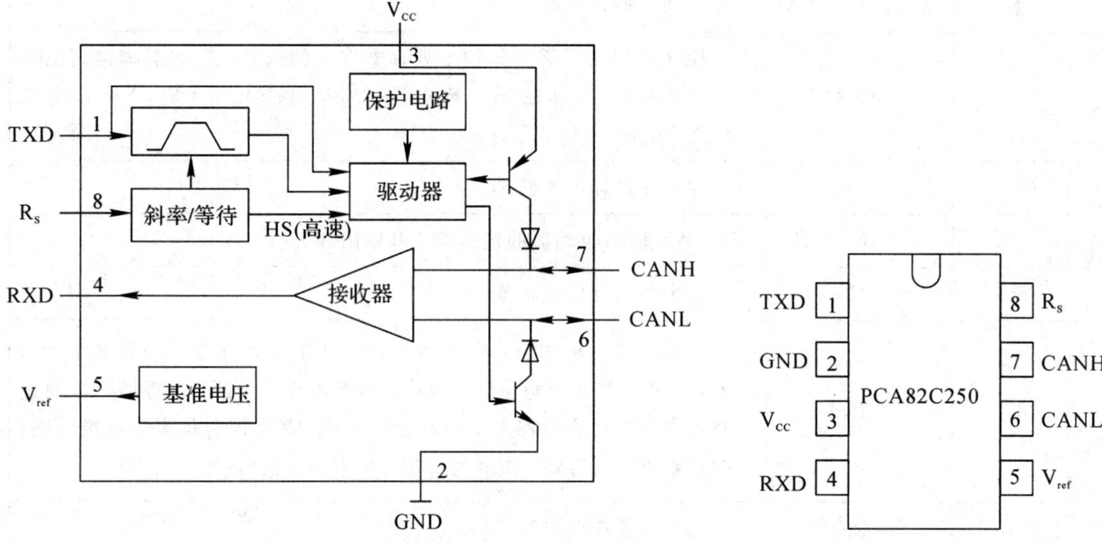

图 5-18　PCA82C250 结构框图　　图 5-19　PCA82C250 引脚图

表 5-6　PCA82C250 引脚信息

符号	引脚	功能描述	符号	引脚	功能描述
TXD	1	发送数据输入	V_{ref}	5	参考电压输出
GND	2	地	CANL	6	低电平 CAN 电压输入或输出
V_{CC}	3	电源电压	CANH	7	高电平 CAN 电压输入或输出
RXD	4	接收数据输出	R_S	8	斜率电阻输入

表 5-7　PCA82C250 器件参考数据

符号	参　　数	条件	最小	最大	单位
V_{CC}	提供电压		4.5	5.5	V
I_{CC}	提供电流	待机模式	—	170	μA
$1/t_{bit}$	最大发送速度	电源电压	1	—	Mb/s
V_{can}	CANL 和 CANH 输入/输出电压	非归零码	−8	+18	V
V_{diff}	差动总线电压		1.5	3.0	V
t_{pd}	传输延迟时间	高速模式	—	50	ns
T	工作环境温度		−40	+125	℃

3) CAN 总线系统智能节点设计

CAN 总线系统智能节点硬件电路原理图如图 5-20 所示。

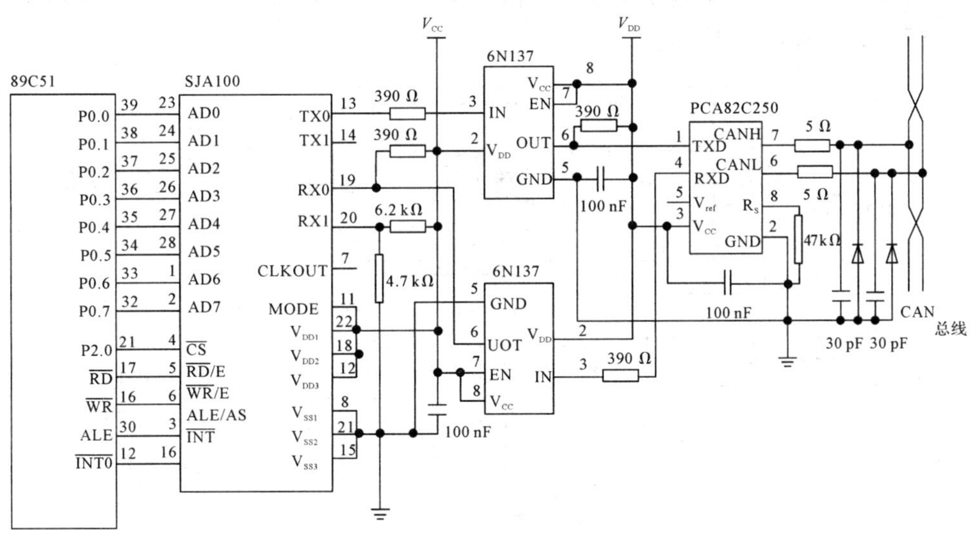

图 5-20　CAN 总线系统智能节点硬件电路原理图

该硬件电路主要由四部分构成：微控制器 89C51、独立 CAN 通信控制器 SJA1000、CAN 总线收发器 PCA82C250 和高速光电耦合器 6N137。微处理器 89C51 负责 SJA1000 的初始化，通过控制 SJA1000 实现数据的接收和发送等通信任务。

SJA1000 的 AD0～AD7 连接到 89C51 的 P0 口，$\overline{CS}$连接到 89C51 的 P2.0。当 P2.0 为 0 时，CPU 片外存储器地址可选中 SJA1000，CPU 通过这些地址可对 SJA1000 执行相应的读写操作。SJA1000 的$\overline{CS}$/E、$\overline{WR}$/E、ALE/AS 分别与 89C51 的对应引脚相连，$\overline{INT}$接 89C51 的$\overline{INT0}$，89C51 也可通过中断方式访问 SJA1000。

为了增强 CAN 总线节点的抗干扰能力，SJA1000 的 TX0 和 RX0 并不是直接与 PCA82C250 的 TXD 和 RXD 相连，而是通过高速光电耦合器 6N137 后与 PCA82C250 相连，这样就很好地实现了总线上各 CAN 节点间的电气隔离。

PCA82C250 与 CAN 总线的接口部分也采用了一定的安全和抗干扰措施。PCA82C250

的 CANH 和 CANL 引脚各自通过一个 5 Ω 的电阻与 CAN 总线相连，电阻可起到一定的限流作用，保护 PCA82C250 免受过流的冲击。CANH 和 CANL 与地之间并联了两个 30 pF 的小电容，可以起到滤除总线上的高频干扰和一定的防电磁辐射的作用。

另外，在两根 CAN 总线接入端与地之间分别反接了一个保护二极管，当 CAN 总线有较高的负电压时，通过二极管的短路可起到一定的过压保护作用。PCA82C250 的 Rs 脚上接有一个斜率电阻，电阻大小可根据总线通信速度适当调整，一般在 16 ～140 kΩ 之间。

4）带有 SPI 接口的独立 CAN 控制器

Microchip 的 MCP2515 是一款独立控制器局域网络(CAN，Controller Area Network)协议控制器，完全支持 CAN V2.0B 技术规范。该器件能发送和接收标准和扩展数据帧以及远程帧。MCP2515 自带的两个验收屏蔽寄存器和六个验收滤波寄存器可以过滤掉不想要的报文，因此减少了主单片机(MCU)的开销。MCP2515 与 MCU 的连接是通过业界标准串行外设接口(SPI，Serial Peripheral Interface)来实现的。

MCP2515 有三个发送缓冲器、两个接收缓冲器、两个验收屏蔽寄存器(分别对应不同的接收缓冲器)以及六个验收滤波寄存器。内部结构图如图 5－21 所示，引脚图如图 5－22 所示，引脚功能如表 5－8 所示。

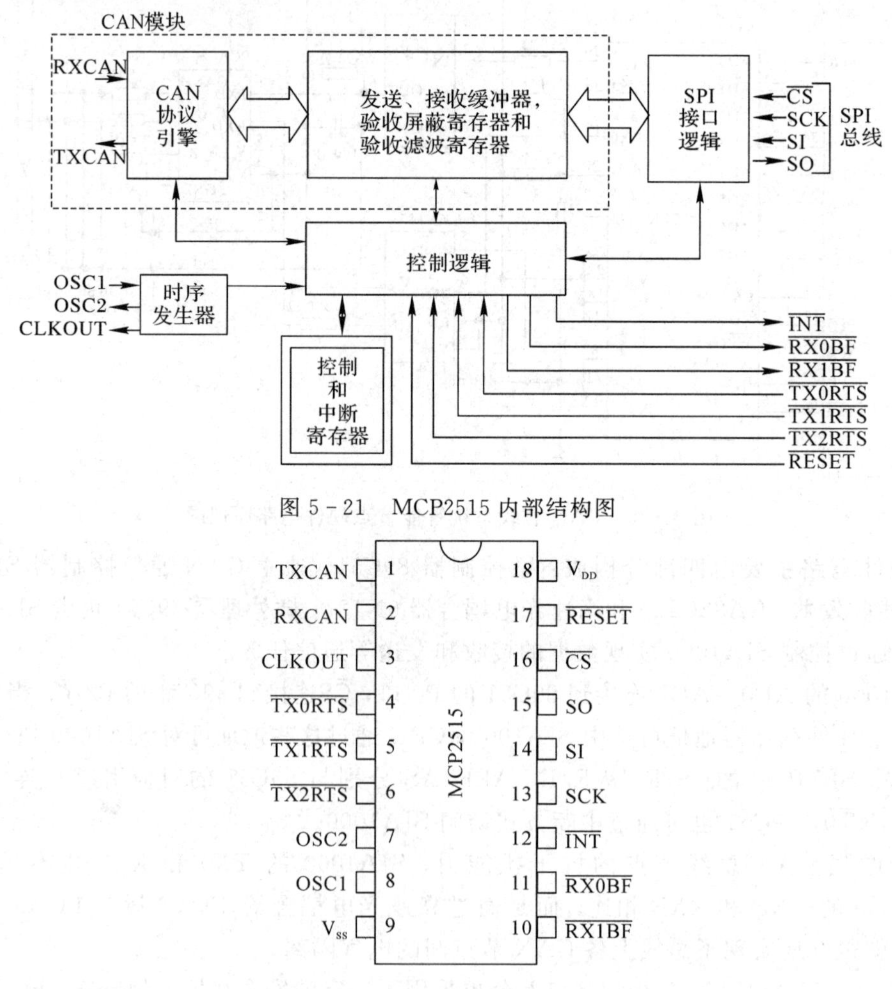

图 5－21 MCP2515 内部结构图

图 5－22 MCP2515 引脚图

表 5-8　MCP2515 引脚功能

名称	PDIP/SOIC 引脚号	TSSOP 引脚号	I/O/P 类型	说　明	备选引脚功能
TXCAN	1	1	O	连接到 CAN 总线的发送输出引脚	—
RXCAN	2	2	I	连接到 CAN 总线的接收输入引脚	—
CLKOUT	3	3	O	带可编程预分频器的时钟输出引脚	起始帧信号
$\overline{\text{TX0RTS}}$	4	4	I	发送缓冲器 TXB0 请求发送引脚或通用数字输入引脚。V_{DD}上需连100 kΩ内部上拉电阻	通用数字输入引脚。V_{DD}上需连 100 kΩ 内部上拉电阻
$\overline{\text{TX1RTS}}$	5	5	I	发送缓冲器 TXB1 请求发送引脚或通用数字输入引脚。V_{DD}上需连100 kΩ内部上拉电阻	通用数字输入引脚。V_{DD}上需连 100 kΩ 内部上拉电阻
$\overline{\text{TX2RTS}}$	6	7	I	发送缓冲器 TXB2 请求发送引脚或通用数字输入引脚。V_{DD}上需连100 kΩ内部上拉电阻	通用数字输入引脚。V_{DD}上需连 100 kΩ 内部上拉电阻
OSC2	7	8	O	振荡器输出	—
OSC1	8	9	I	振荡器输入	外部时钟输入引脚
V_{SS}	9	10	P	逻辑和 I/O 引脚的参考地	—
$\overline{\text{RX1BF}}$	10	11	O	接收缓冲器 RXB1 中断引脚或通用数字输出引脚	通用数字输出引脚
$\overline{\text{RX0BF}}$	11	12	O	接收缓冲器 RXB0 中断引脚或通用数字输出引脚	通用数字输出引脚
$\overline{\text{INT}}$	12	13	O	中断输出引脚	—
SCK	13	14	I	SPI 接口的时钟输入引脚	—
SI	14	16	I	SPI 接口的数据输入引脚	—
SO	15	17	O	SPI 接口的数据输出引脚	—
$\overline{\text{CS}}$	16	18	I	SPI 接口的片选输入引脚	—
$\overline{\text{RESET}}$	17	19	I	低电平有效的器件复位输入引脚	—
V_{DD}	18	20	P	逻辑和 I/O 引脚的正电源	—
NC	—	6，15	—	无内部连接	—

注：类型标识：I＝输入；O＝输出；P＝电源

当 CAN 控制器芯片采用带有 SPI 接口的独立 CAN 控制器 MCP2515 时，CAN 收发器芯片采用 TJA1050。TJA1050 可与相同标准的收发器产品协同操作，在关键的 AM 波段上它的辐射比 PCA82C250 低 20 dB 以上。CAN 总线硬件电路部分如图 5-23 所示。

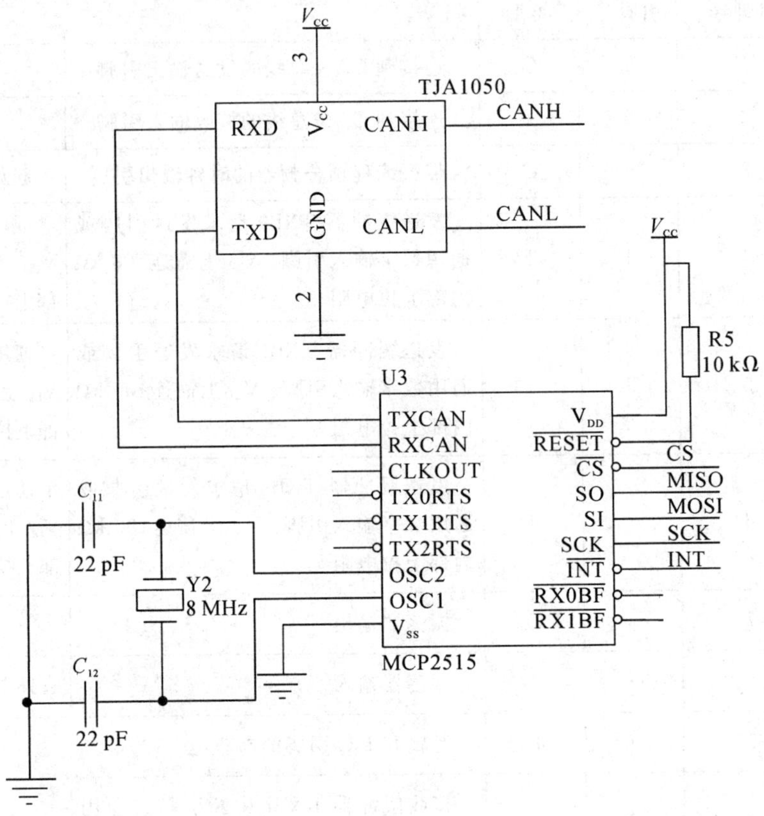

图 5-23　CAN 总线接口电路

5.2.5　I²C 总线

1. I²C 总线的基本概念

I²C 总线是一种串行总线，用于连接微控制器及其外围设备，具有以下特点：

(1) 有两条总线线路：一条为串行数据线(SDA)，另一条为串行时钟线(SCL)。

(2) 每个连接到总线的器件都可以使用软件根据它唯一的地址来识别。

(3) 传输数据的设备间是简单的主从关系。

(4) 主机可以用作主机发送器或主机接收器。

(5) 它是一个多主机总线，两个或多个主机同时发起数据传输时，可以通过冲突检测和仲裁的方式来处理。

(6) 拥有串行的 8 位双向数据传输，位速率在标准模式下可达 100 kb/s，在快速模式下可达 400 kb/s，在高速模式下可达 3.4 Mb/s。

(7) 片上的滤波器可以增加干扰功能，保证数据的完整。

(8) 连接到同一总线上的 I²C 数量受到总线最大电容的限制。

2. I²C 总线的物理结构

物理结构上，I²C 总线由一条串行数据线 SDA 和一条串行时钟线 SCL 组成。主机按一定的通信协议向从机寻址和进行信息传输。在数据传输时，主机初始化一次数据传输，并且主机在 SDA 线上传输数据的同时还通过 SCL 线传输时钟。信息传输的对象和方向以及信息传输的开始和终止均由主机决定。

每个器件都有一个唯一的地址，并且该器件可以是单接收的器件(例如：LCD 驱动器)，或者是既可以接收也可以发送的器件(例如：存储器)。发送器或接收器可以在主模式或从模式下操作，而模式的选取取决于芯片是否必须启动数据的传输还是仅仅被寻址。

图 5－24 给出了一个由 MCU 作为主机，通过 I²C 总线带三个从机的单主机 I²C 总线系统。这是最常用、最典型的 I²C 总线连接方式。

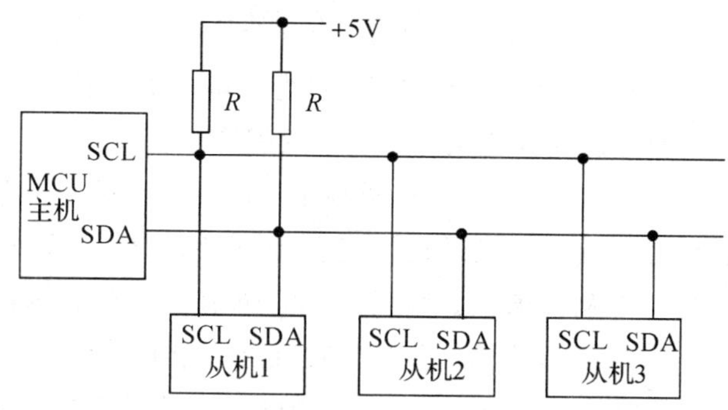

图 5－24　I²C 总线的典型连接图

3. I²C 总线上的通信协议

1) 总线上数据的有效性

I²C 总线以串行方式传输数据，从数据字节的最高位开始传送，每一个数据位在 SCL 上都有一个时钟脉冲相对应。在时钟线 SCL 高电平期间，数据线上必须保持稳定的逻辑电平状态，高电平时为数据 1，低电平时为数据 0。只有在时钟线为低电平时，才允许数据线上的电平状态变化，如图 5－25 所示。

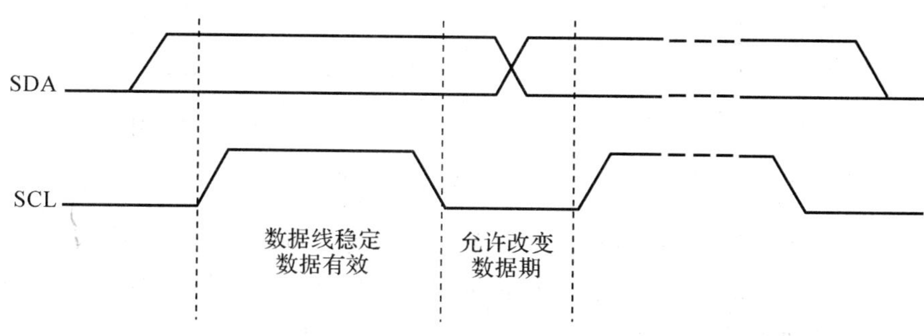

图 5－25　I²C 总线电平状态图

2）总线上的信号

I^2C 总线在传送数据过程中共有四种类型信号，它们分别是：开始信号、停止信号、重新开始信号和应答信号。

开始信号(START)：如图 5－26 所示，当 SCL 为高电平时，SDA 由高电平向低电平跳变，产生开始信号。当总线空闲的时候，例如，没有主动设备在使用总线(SDA 和 SCL 都处于高电平)，主机通过发送开始(START)信号建立通信。

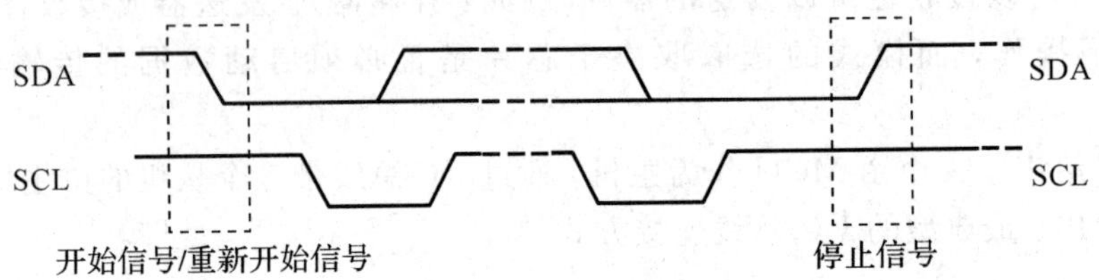

图 5－26　I^2C 总线信号状态图

停止信号(STOP)：如图 5－26 所示，当 SCL 为高电平时，SDA 由低电平向高电平跳变，产生停止信号。主机通过发送停止信号，结束数据通信。

重新开始信号(Repeated START)：I^2C 总线上，在主机发送一个开始信号启动一次通信后，在首次发送停止信号之前，主机通过发送重新开始信号，可以转换与当前从机的通信模式，或是切换到与另一个从机通信。如图 5－26 所示，当 SCL 为高电平时，SDA 由高电平向低电平跳变，产生重新开始信号，它的本质就是一个开始信号。

应答信号(A)：接收数据的 I^2C 在接收到 8 位数据后，向发送数据的 I^2C 发出的特定的低电平脉冲。每一个数据字节后面都要跟一位应答信号，表示已收到数据。应答信号在第 9 个时钟周期出现，这时发送器必须在这一时钟位上释放数据线，由接收设备拉低 SDA 电平来产生应答信号，由接收设备保持 SDA 的高电平来产生非应答信号($\overline{A}$)，如图 5－27 所示。

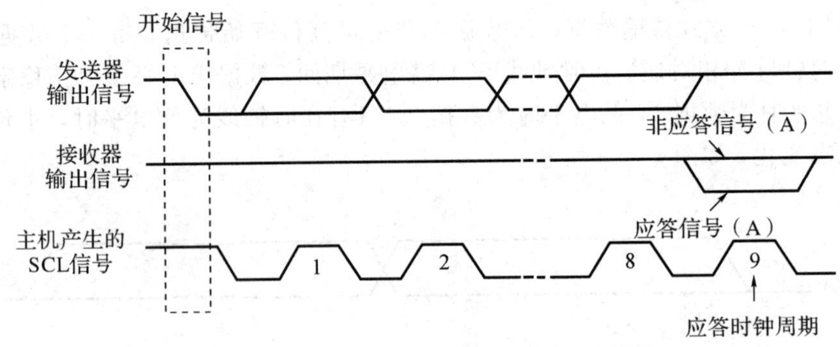

图 5－27　I^2C 总线的应答信号状态图

所以，一个完整的字节数据传输需要 9 个时钟脉冲。如果从机作为接收方向主机发送非应答信号，这样主机方就认为此次数据传输失败；如果是主机作为接收方，在从机发送器发送完一个字节数据后，发送了非应答信号，从机就认为数据传输结束，并释放 SDA 线。不论是以上哪种情况都会终止数据传输，这时，主机或是产生停止信号释放总线，或是产生重新开始信号，开始一次新的通信。开始信号、重新开始信号和停止信号都是由主控

制器产生的，应答信号是由接收器产生的，总线上带有 I²C 总线接口的器件很容易检测到这些信号。

4. 总线上的数据传输格式

一般情况下，一个标准的 I²C 通信由四部分组成：开始信号、从机地址传输、数据传输、停止信号。

由主机发送一个开始信号，启动一次 I²C 通信；在主机对从机寻址后，再在总线上传输数据。I²C 总线上传送的每一个字节均为 8 位，首先发送的数据位为最高位，每传送一个字节后都必须跟随一个应答位，每次通信的数据字节数是没有限制的；在全部数据传送结束后，由主机发送停止信号，结束通信。

如图 5-28 所示，时钟线为低电平时，数据传送将停止进行。这种方式可以用于当接收器接收到一个字节数据后要进行一些其他工作而无法立即接收下一个数据，迫使总线进入等待状态，直到接收器准备好接收新数据时，接收器再释放时钟线使数据传送得以继续正常进行的情况。例如，当接收器接收完主控制器的一个字节数据后，产生中断信号并进行中断处理，中断处理完毕才能接收下一个字节数据，这时接收器在中断处理时将钳住 SCL 为低电平，直到中断处理完毕才释放 SCL。

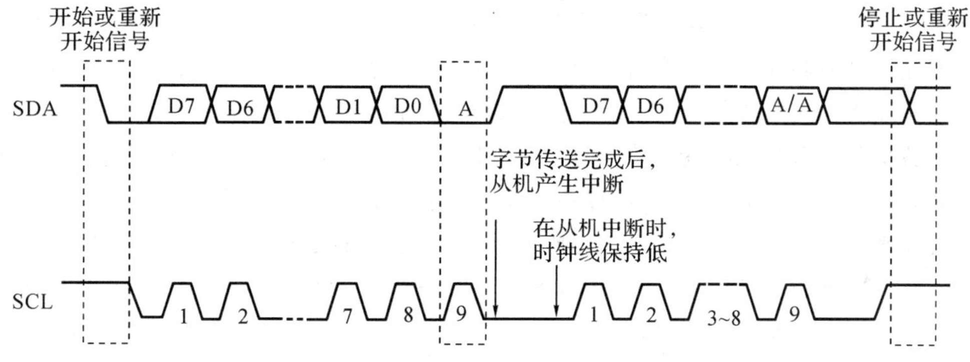

图 5-28 I²C 总线数据传输格式

5. I²C 总线寻址约定

为了消除 I²C 总线系统中主控器与被控器的地址选择线，最大限度地简化总线连接线，I²C 总线采用了独特的寻址约定，规定了开始信号后的第 1 个字节为寻址字节，用来寻址被控器件，并规定数据传送方向。

在 I²C 总线系统中，寻址字节由被控器的 7 位地址位(它占据了 D7～D1 位)和 1 位方向位(D0 位)组成。方向位为 0 时表示主控器将数据写入被控器，方向位为 1 时表示主控器从被控器读取数据。主控器发送开始信号后，立即发送寻址字节，这时，总线上的所有器件都将寻址字节中的 7 位地址与自己的器件地址相比较，如果两者相同，则该器件认为被主控器寻址，并发送应答信号。被控器根据读/写位确定自身是作为发送器还是接收器。

主器件作为被控器时，其 7 位从地址在 I²C 总线地址寄存器中给定，为纯软件地址，而非单片机类型的外围器件地址完全由器件类型与引脚电平给定。I²C 总线系统中，没有两个从机的地址是相同的。主控器不应该传输一个和它本身的从地址相同的地址。

6. 主机向从机读写1个字节数据的过程

如图5-29所示，主机要向从机写1个字节数据时，主机首先产生START信号，然后紧跟着发送一个从机地址，这个地址共有7位，紧接着的第8位是数据方向位(R/W)，0表示主机发送数据(写)，1表示主机接收数据(读)。这时，主机需要等待从机的应答信号(A)，当主机收到应答信号时，发送要访问的地址，继续等待从机的应答信号，当主机收到应答信号时，发送1个字节的数据，继续等待从机的应答信号，当主机又收到从机应答信号时，产生停止(STOP)信号，结束传送过程。

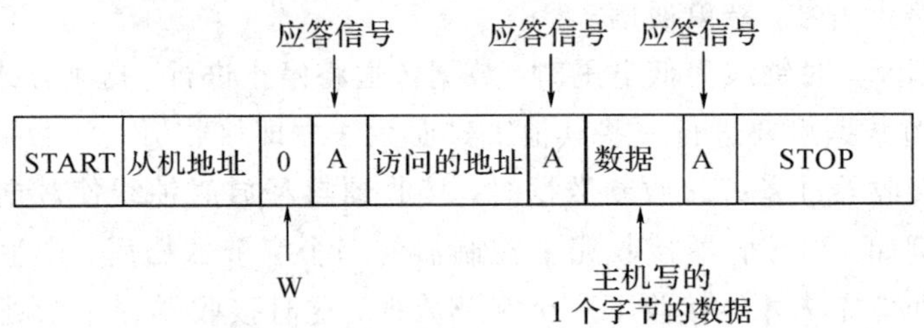

图5-29　主机向从机写1个字节数据的过程图

如图5-30所示，主机要从从机读1个字节数据时，主机首先产生START信号，然后紧跟着发送一个从机地址，注意若此时该地址的第8位为0，则表明是向从机写命令。这时候，主机等待从机的应答信号(A)，当主机收到应答信号时，发送要访问的地址，继续等待从机的应答信号。当主机收到应答信号后，主机要改变通信模式(主机将由发送方变为接收方，从机将由接收方变为发送方)所以主机发送重新开始信号，然后紧跟着发送一个从机地址，注意若此时该地址的第8位为1，则表明将主机设置成接收模式开始读取数据。这时候，主机等待从机的应答信号，当主机收到应答信号时，就可以接收1个字节的数据，当接收完成后，主机发送非应答信号，表示不再接收数据，主机进而产生停止(STOP)信号，结束传送过程。

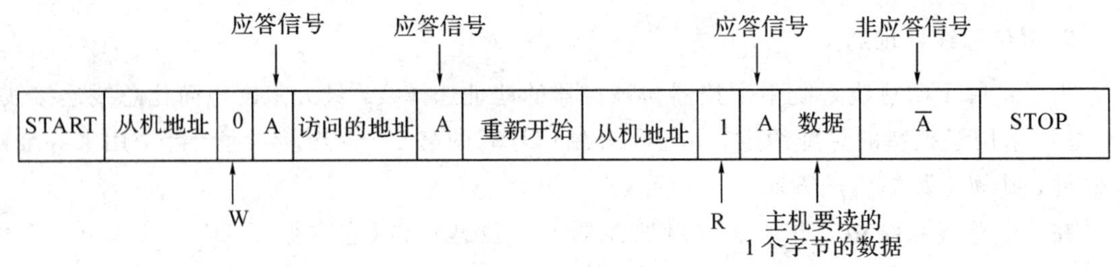

图5-30　主机向从机读1个字节数据过程图

7. I²C总线接口

主机可以采用不带I²C总线接口的单片机，如89C51、AT89C2051等单片机，利用软件实现I²C总线的数据传送，即软件与硬件结合的信号模拟。

为了保证数据传送的可靠性，标准I²C总线的数据传送有严格的时序要求。I²C总线的起始信号、终止信号、发送“0”及发送“1”的模拟时序如图5-31所示。

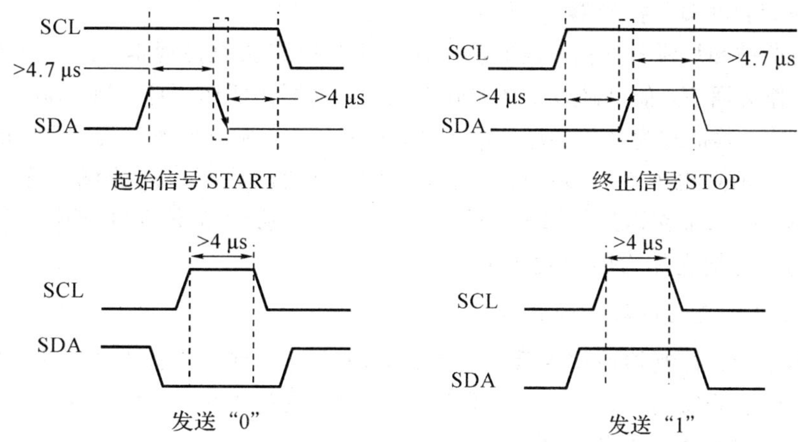

图 5-31　I²C 总线模拟时序图

5.2.6　ModBus 现场总线

ModBus 协议最初由 Modicon 公司开发。在 1979 年末，该公司成为施耐德自动化(Schneider Automation)部门的一部分。现在 ModBus 协议已经是工业领域全球最流行的协议。此协议支持传统的 RS-232、RS-422、RS-485 和以太网设备。许多工业设备，包括 PLC、DCS、智能仪表等都在使用 ModBus 协议作为它们之间的通信标准。有了它，不同厂商生产的控制设备可以连成工业网络，进行集中监控。

1. ModBus 总线概述

ModBus 协议是一种主从式点对点的通信协议，允许一台主机和多台从机之间进行数据通信，通信方式采用主机请求、从机应答，即：主机提出命令请求，从机响应接收数据后做数据分析，如果数据满足通信规约，从机做数据响应。主、从机间通信的每一帧数据均包含以下信息(十六进制)：从机地址、命令字、信息字、校验码。

- 从机地址(1 个字节)：从机设备号，主机利用从机地址来识别进行通信的从机设备。
- 命令字(1 个字节)：设定主机对从机的通信内容。
- 信息字(N 个字节)：包括两机通信中的各种数据地址、数据长度、数据信息。
- 校验码(2 个字节)：用于检测数据通信错误，采用循环冗余码 CRC-16 校验。

通信参数的设置：通过仪表上的编程键盘对仪表的仪表地址(1～247 位)、通信速度(4800 b/s 或 9600 b/s)和数据格式(1 个起始位、8 个数据位、1 个停止位、可选择无校验位、奇校验位、偶校验位)进行设置。

2. ModBus 传输网络

1) 消息在 ModBus 网络上的传输

标准的 ModBus 口是使用 RS-232C 的兼容串行接口，它定义了连接口的针脚、电缆、信号位、传输波特率、奇偶校验。控制器能直接或经由 Modem 组网。

控制器通信使用主-从技术，即仅一设备(主设备)能初始化传输(查询)，其他设备(从设备)根据主设备查询提供的数据作出相应的反应。典型的主设备有：主机和可编程仪表。

典型的从设备有：可编程控制器。

主设备可单独和从设备通信，也能以广播方式和所有从设备通信。如果单独通信，从设备返回一消息作为回应；如果是以广播方式查询的，则不作任何回应。ModBus 协议建立了主设备查询的格式，其格式为设备(或广播)地址、功能代码、所有要发送的数据、错误检测域。

从设备回应消息也由 ModBus 协议构成，内容包括确认要行动的域、任何要返回的数据和错误检测域。如果在消息接收过程中发生错误，或从设备不能执行其命令，从设备将建立一错误消息并把它作为回应发送出去。

2）消息在其他类型网络上的传输

在其他网络上，控制器使用对等技术通信，故任何控制器都能初始化且和其他控制器通信。这样在单独的通信过程中，控制器既可作为主设备也可作为从设备，它提供的多个内部通道可允许同时发生的传输进程。

在消息位，ModBus 协议仍提供了主-从原则，尽管网络通信方法是“对等”的。如果一控制器发送一消息，而它只是作为主设备，那么它期望从从设备得到回应。同样，当控制器接收到一消息，它将建立一从设备回应格式并返回给发送的控制器。

3）ModBus 的传输方式

在 ModBus 系统中，有两种传输模式可选择，一种模式是 ASCII(美国信息交换码)，另一种模式是 RTU(远程终端设备)。这两种传输模式与从机 PC 通信的能力是同等的。选择时，应视所用的 ModBus 主机而定。每个 ModBus 系统只能使用一种模式，不允许两种模式混用。

ASCII 可打印字符便于故障检测，而且对于用高级语言(如 Fortan)编程的主计算机及主 PC 很适宜。RTU 则适用于机器语言编程的计算机和 PC 主机。

用 RTU 模式传输的数据是 8 位二进制字符。如欲转换为 ASCII 模式，则每个 RTU 字符首先应分为高位和低位两部分，这两部分各含 4 位，然后转换成十六进制等量值即可。

用以构成报文的 ASCII 字符都是十六进制字符。ASCII 模式使用的字符虽是 RTU 模式的 2 倍，但 ASCII 数据的译码和处理更为容易一些。此外，用 RTU 模式时，报文字符必须以连续数据流的形式传送；用 ASCII 模式时，字符之间可产生长达 1 s 的间隔，以适应速度较快的机器。

4）ModBus 的数据校验方式

(1) CRC－16 错误校验。

CRC－16 错误校验程序如下：报文(此处只涉及数据位，不指起始位、停止位和任选的奇偶校验位)被看作是一个连续的二进制，其最高有效位(MSB)首选发送。报文先与 X^{16} 相乘(左移 16 位)，然后用 $X^{16}+X^{15}+X^{2}+1$ 除，$X^{16}+X^{15}+X^{2}+1$ 可以表示为二进制数 11000000000000101，整数商位忽略不计，16 位余数加入该报文(MSB 先发送)，成为 2 个 CRC 校验字节。余数中的 1 全部初始化，以免所有的 0 成为一条报文被接收。经上述处理而含有 CRC 字节的报文，若无错误，到接收设备后再被同一多项式($X^{16}+X^{15}+X^{2}+1$)除，会得到一个 0 余数(接收设备核验这个 CRC 字节，并将其与被传送的 CRC 比较)。全部运算以 2 为模(无进位)。

生成 CRC－16 校验字节的步骤如下：

① 装入一个 16 位寄存器，所有数位均为 1。

② 该 16 位寄存器的高位字节与开始的 8 位字节进行“异或”运算，运算结果放入这个 16 位寄存器。

③ 把这个 16 位寄存器向右移一位。

④ 若向右(标记位)移出的数位是 1，则生成多项式 1010000000000001 和这个寄存器进行“异或”运算；若向右移出的数位是 0，则返回③。

⑤ 重复③和④，直至移出 8 位。

⑥ 另外 8 位与该 16 位寄存器进行“异或”运算。

⑦ 重复③～⑥，直至该报文所有字节均与 16 位寄存器进行“异或”运算，并移位 8 次为止。

⑧ 这个 16 位寄存器的内容即 2 字节 CRC 错误校验，被加到报文的最高有效位。

另外，在某些非 ModBus 通信协议中，也经常使用 CRC-16 作为校验手段，而且产生了一些 CRC-16 的变种。它们是使用 CRC-16 多项式 $X^{16}+X^{15}+X^{2}+1$，首次装入的 16 位寄存器为 0000；或使用 CRC16 的反序 $X^{16}+X^{14}+X^{1}+1$，首次装入寄存器值为 0000 或 FFFFH。

(2) LRC(纵向冗余)错误校验。

LRC 错误校验用于 ASCII 模式。这个错误校验是一个 8 位二进制数，可作为 2 个 ASCII 十六进制字节传送，即把十六进制字符转换成二进制，加上无循环进位的二进制字符和二进制补码结果生成 LRC 错误校验。这个 LRC 错误校验在接收设备进行核验，并与被传送的 LRC 进行比较。冒号(:)、回车符号(CR)、换行字符(LF)和置入的其他任何非 ASCII 十六进制字符在运算时均忽略不计。

5) ModBus 通信协议

通信传送分为独立的信息头和发送的编码数据。以下的通信传送方式定义也与 ModBus RTU 通信规约相兼容，具体如下：

- 编码 8 位二进制；
- 起始位 1 位；
- 数据位 8 位；
- 奇偶校验位 1 位(偶校验位)；
- 停止位 1 位；
- 错误校检 CRC(冗余循环码)；
- 初始结构≥4 字节的时间；
- 地址码=1 字节；
- 功能码=1 字节；
- 数据区=N 字节；
- 错误校验=16 位 CRC 码；
- 结束结构≥4 字节的时间。

地址码为通信传送的第一个字节。这个字节表明由用户设定地址码的从机将接收由主机发送来的信息，并且每个从机都具有唯一的地址码，响应回送均以各自的地址码开始。主机发送的地址码表明将发送到的从机地址，而从机发送的地址码则表明回送的从机地址。

功能码为通信传送的第二个字节。ModBus 通信规约定义了功能号为 1 到 127。通常，仪表只利用其中的一部分功能码。当主机请求发送时，可通过功能码告诉从机执行什么动作；当从机响应时，从机发送的功能码与从主机发送来的功能码一样，表明从机已响应主机进行操作。如果从机发送的功能码的最高位为1(比如功能码大于127)，则表明从机没有响应操作或发送出错。

数据区是根据不同的功能码而得的。数据区可以是实际数值、设置点、主机发送给从机或从机发送给主机的地址。

CRC码是二字节的错误校验码。当通信命令发送至仪表时，符合相应地址码的设备接收通信命令，并除去地址码，读取信息。如果信息没有出错，则执行相应的任务；然后把执行结果返送给发送者。返送的信息中包括地址码、执行动作的功能码、执行动作后结果的数据以及错误校验码。如果出错就不发送任何信息。

5.3 无线数据传输技术

目前，使用较广泛的近距离无线数据传输技术是蓝牙(Bluetooth)技术、无线局域网IEEE 802.11(Wi-Fi)技术和红外无线传输(IrDA)技术。同时，还有一些具有发展潜力的近距离无线技术标准，它们分别是物联网ZigBee、超宽频(UWB，Ultra WideBand)、短距通信(NFC)、无线多媒体(WiMedia)、全球卫星定位(GPS)、数字增强无绳通信(DECT)、无线1394标准和专用无线系统等。这些无线传输技术的作用距离与传输速度的关系是传输速度越高，作用距离就越短。无线传输技术的比较如表5-9所示。

表5-9 无线传输技术的比较

无线传输技术	GPRS	3G	ZigBee	蓝牙	红外无线传输技术	Wi-Fi	UWB	(射频识别技术)RFID
传输距离	几公里		75 m～2 km	10 m左右	极短	大约90 m	10～20 m	几米到几十米
传输速度	56～115 kb/s	几百 kb/s	40～250 kb/s	1 Mb/s	115.2 kb/s～4 Mb/s	11 Mb/s～108 Mb/s	几百 kb/s 以上	1 kb/s
工作频段	850/900/1800/1900 MHz	806～960 MHz，1710～1885 MHz，2500～2690 MHz	2.4 GHz	2.4 GHz	1～390 THz	2.4～5 GHz	806～960 MHz，1710～1885 MHz，2500～2690 MHz	125～135 kHz，13.56 MHz，860～960 MHz
传入功率	—	功率高	功率低	中	—	低	低	低
成本价格	高	高	低	低	低	低	低	低
抗干扰性	高	高	中等	高	高	低	高	高

续表

无线传输技术	GPRS	3G	ZigBee	蓝牙	红外无线传输技术	Wi-Fi	UWB	(射频识别技术)RFID
协议	TCP/IP L25	TD-CDMA，WCDMA，CDMA2000	IEEE 802.15.4	IEEE 802.15.1x	—	IEEE 802.11g，IEEE 802.11b	尚未制定	—
技术特征				体积小，接口通用	不能穿透物体，遇到障碍物会反射	覆盖范围大		
应用领域	远距离通信或控制	远距离通信或控制	工业控制、医疗等	移动设备、外设	适用于室内传输控制	小规模接入组网	短距离，大数量，高速传输	读取数据，取代条形码

这里根据设计要求主要介绍红外无线传输(IrDA)技术、射频无线传输技术和 ZigBee 无线传输技术。

5.3.1　红外无线传输技术

红外通信是利用波长为 900～1000 nm 的红外波作为信息的载体，发射装置把二进制信号经过高频调制后通过红外发射管发射出，接收装置把接收的红外高频信号进行解调变为原来信息的一种通信传输方式。其中，调制的方式有脉宽调制(PWM)和脉时调制(PPM)两种，脉宽调制通过改变脉冲宽度调制信号，脉时调制通过改变脉冲串之间的时间间隔调制信号，其波形图如图 5-32 所示。

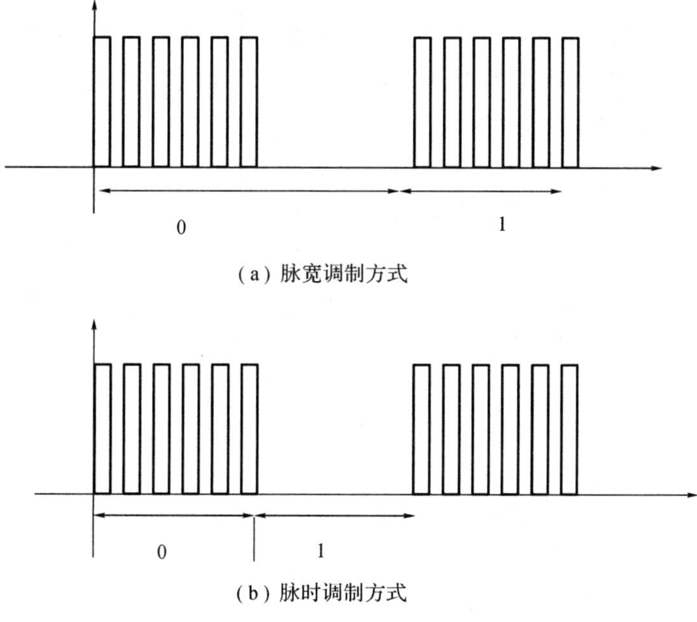

(a) 脉宽调制方式

(b) 脉时调制方式

图 5-32　调制方式

红外线发射与接收的方式有两种，一种是直射式，另一种是反射式。直射式指发光管和接收管相对安放在发射与受控物的两端，中间相距一定距离；反射式指发光管和接收管并列放置在一起，平时接收管始终无光照，只在发光管发出的红外线遇到反射物时，接收管收到反射回来的红外线才能开始工作。双管红外发射电路，可提高发射功率，增加红外线发射的作用距离。

常用的红外通信系统一般分发射和接收两个部分。

(1) 发射器件。

发射部分的主要元件为红外发光二极管。它实际上是一只特殊的发光二极管，由于其内部材料不同于普通发光二极管，因而在其两端施加一定电压时，它便发出的是红外线而不是可见光。目前大量使用的红外发光二极管所能发出的红外线波长为 940 mm 左右，外形与普通 $\phi5$ 发光二极管相同，如图 5 - 33 所示，只是颜色不同。红外发光二极管的颜色一般有黑色、深蓝、透明三种，形状一般有圆形和方形两种。判断红外发光二极管好坏的办法与判断普通二极管一样，用万用表电阻挡量一下红外发光二极管的正、反向电阻即可。

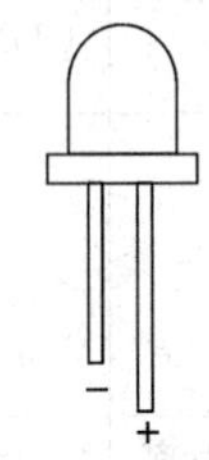

图 5 - 33　红外发光二极管

常用的红外发光二极管有 SE303、PH303 等，发出红外光(近红外线波长约 0.93 μm)，管压降约 1.4 V，工作电流一般小于 20 mA。为了适应不同的工作电压，回路中常串有限流电阻。

(2) 接收器件。

接收部分的红外接收二极管是一种光敏二极管或光电三极管。在实际应用中，要给红外接收二极管加反向偏压，它才能正常工作，亦即红外接收二极管在电路中应用时应是反向运用，这样才能获得较高的灵敏度。

由于红外发光二极管的发射功率一般都较小(100 mW 左右)，红外接收二极管接收到的信号也就比较微弱，因此就要增加高增益放大电路。前些年常用 MPC1373H、CX20106A 等红外接收专用放大集成电路。最近几年大多都采用成品红外接收头。成品红外接收头的封装大致有两种：一种采用铁皮屏蔽，另一种是塑料封装。成品红外接收头均有三只引脚，即电源正(V_{DD})、电源负(GND)和数据输出(VO 或 OUT)。图 5 - 34 给出一些成品红外接收头的外形。成品红外接收头的优点是不需要复杂的调试和外壳屏蔽，使用起来如同一只三极管一样，非常方便。

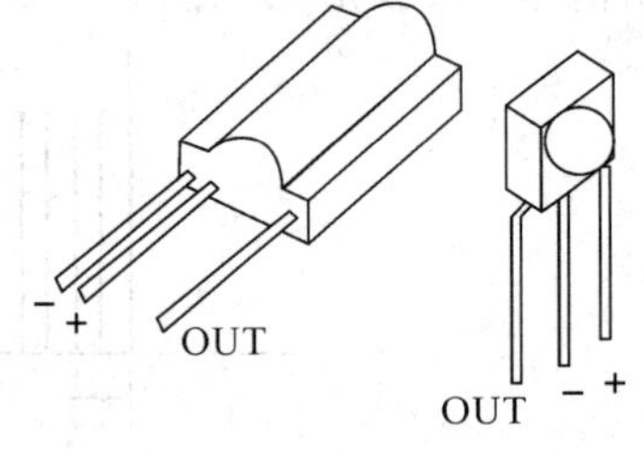

图 5 - 34　红外接收管的外形

下面以 HS0038 为例介绍红外接收二极管的工作原理。

HS0038 是 NEC 公司生产的一种用于红外遥控接收或其他方面的小型一体化接收头，中心频率为 38.0 kHz，可改善自然光的反射干扰。独立的 PIN 二极管与前置放大器集成在同一封装上。HS0038 的环氧树脂封装提供了一个特殊的红外滤光器，可防止自然光的干扰和无用脉冲的输出。

红外接收头 HS0038 的应用电路比较简单，其典型接线电路如图 5 - 35 所示。

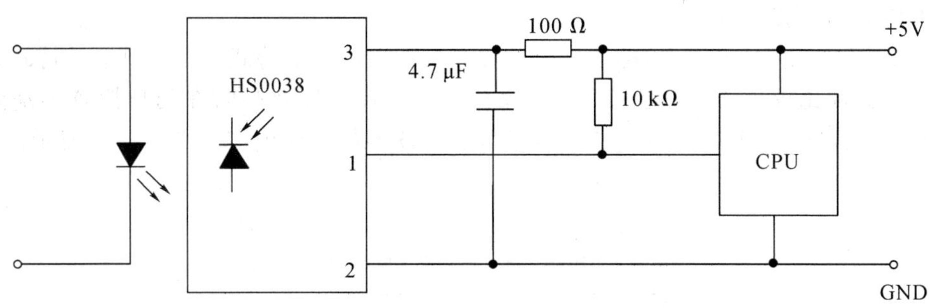

图 5-35　HS0038 的应用电路

红外通信常用的载波频率为 38 kHz，有一些系统采用 36 kHz、40 kHz、56 kHz 等，一般由发射端晶振的振荡频率来决定。当发射端所使用的是 455 kHz 晶振时，在发射端要对晶振进行整数分频，分频系数一般取 12，所以有 455 kHz÷12≈37.9 kHz≈38 kHz。

5.3.2　射频识别技术

射频识别技术(RFID，Radio Frequency Identification)，又作电子标签或无线射频识别，是一种通信技术，可以通过无线电信号识别特定目标并读写相关数据，并且无需识别系统与特定目标之间建立机械或光学接触。它能够实现快速读写、非可视识别、移动识别、多目标识别、定位以及长期的跟踪管理，识别工作不受恶劣环境的影响，而且能够达到读取速度快，读取信息安全可靠的目的，因此 RFID 技术有着广泛的应用前景。RFID 技术在我国的应用主要集中体现在交通运输行业中，如高速公路收费管理、车场管理等。

1. RFID 的基本组成部分

RFID 射频识别系统主要包括电子标签、阅读器、天线以及应用软件四部分。该系统的结构框图如图 5-36 所示。

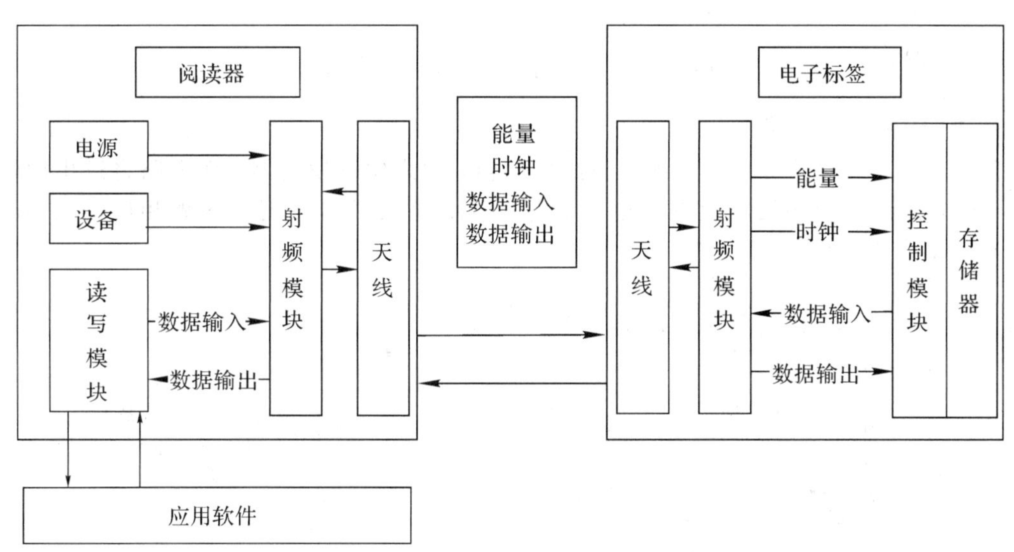

图 5-36　RFID 系统结构框图

由图 5-36 可以看出：在阅读器与电子标签的模块中均有数据的输入与输出，并且两大模块中传输的还有能量与时钟。

(1) 阅读器：读取(或写入)标签信息的设备，可设计为手持式或固定式。手持式是超市收银员用的那种比较小的；固定式则是物流公司在仓库入库物品时在门口摆置不动的阅读器，物体一扫而过，瞬间即完成扫描读入工作。阅读器的工作模型如图 5-37 所示。

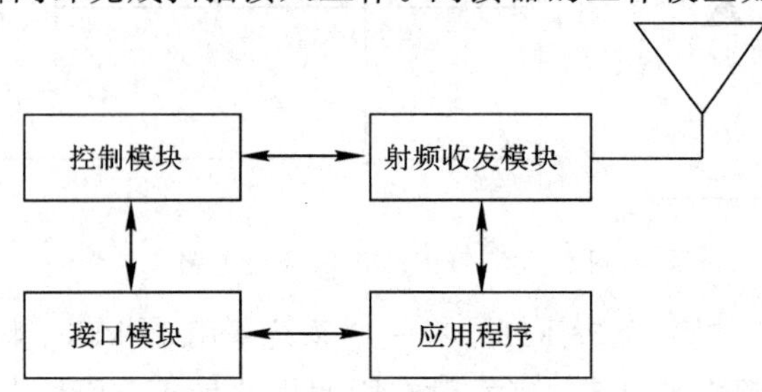

图 5-37　阅读器的工作模型

(2) 天线：在电子标签和阅读器间传递射频信号用的设备。

(3) 电子标签：由耦合元件以及芯片组成，每个电子标签具有唯一的一个电子编码，附着在物体上用来标识目标对象。图 5-38 所示是阅读器查询电子标签示意图。

(4) 应用软件：RFID 系统的一部分，针对不同需求从而进行开发的软件。它可以通过阅读器对电子标签进行读写和控制，将收集到的数据进行处理和统计。

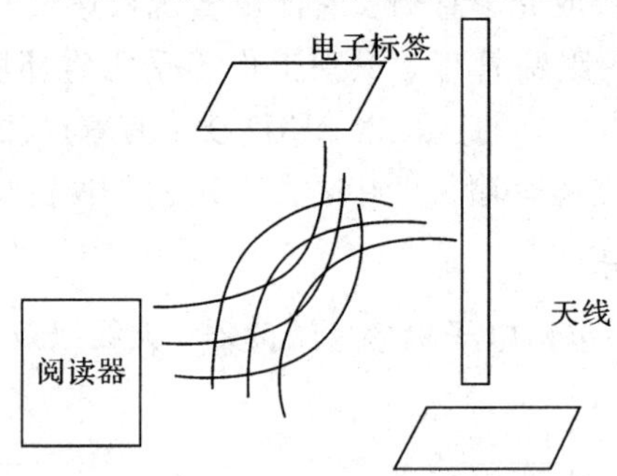

图 5-38　阅读器查询电子标签示意图

2. RFID 的工作原理

阅读器发射出特定频率的无线电波给发射器，用来驱动发射器，而电路将送出内部的数据，此时阅读器依序接收数据并解读数据，从而将其送给应用程序做相应的处理。图 5-39 所示为 RFID 的工作原理图。

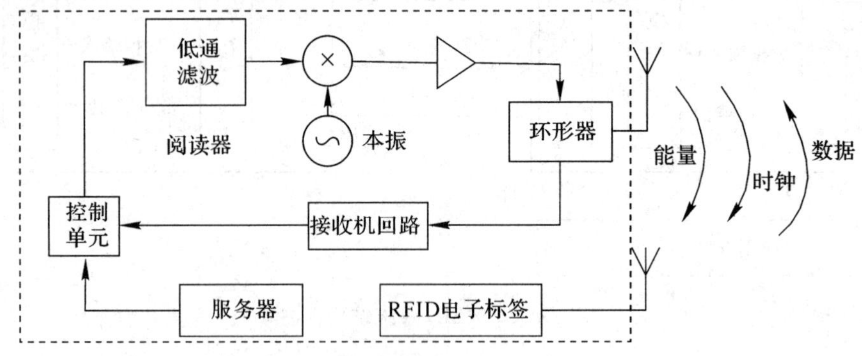

图 5-39　RFID 的工作原理图

3. RFID 标签的类别

RFID 的电子标签具体分为被动式、主动式以及半主动式三种类型。

(1) 被动式。被动式的电子标签内部没有能够提供供电的电源，其内部集成电路主要是通过接收到的电磁波进行驱动的，这些电磁波都是由 RFID 阅读器发出的。当电子标签接收到了足够强度的信号时，才可以向阅读器发出一些相关数据。这些数据不仅包括 ID 号，而且还可以包括预先存在于标签内 EEPROM 中的数据。

被动式的电子标签价格低廉，无需电源，体积小巧。目前在市场上的 RFID 的电子标签则主要是被动式的。

(2) 主动式。主动式电子标签本身具有内部电源的供应器，用来供应内部 IC 所需的电源，从而产生对外的一些信号。主动式电子标签具有较大的记忆体容量以及较长的读取距离用来储存阅读器所传送来的一些相关的附加信息。

(3) 半主动式。半主动式很类似于被动式，只不过它多了一块小型的电池，电力恰好能够驱动标签的 I^2C 总线，使得 I^2C 总线处于工作状态。其好处在于，天线可以不用管接收电磁波，仅作为回传信号之用。

4. 工作频率

目前，RFID 产品的工作频率有低频、高频和超高频等，不同频段的 RFID 产品会有不同的特性。

(1) 低频(从 125 kHz 到 135 kHz)。该频率主要是通过电感耦合的方式进行一些相关的工作，在感应器线圈和阅读器线圈之间存在着有关变压器耦合的作用。通过阅读器的相关交变场的作用使其在感应器的天线中能感应的电压可以被整流，这样可以提供给供电电压使用。工作在低频的感应器的工作频率是从 120 kHz 至 134 kHz，该频段的波长约为 2500 m。

(2) 高频(13.56 MHz)。该频率的感应器将不再需要线圈来对它进行一些绕制，可以通过腐蚀或者印刷的方式制作天线。通过感应器上的负载电阻的接通和断开，促使阅读器天线上的电压发生一些变化，这样能够实现用远距离的感应器来对天线电压等进行振幅调制。如果人们使用的数据控制负载电压接通或断开，则这些数据就能够从感应器很快传到阅读器。

(3) 超高频(从 860 MHz 到 960 MHz)。超高频系统将通过电场来传输能量。电场的能量下降的不是很快。超高频段的读取距离比较远，无源的将能达到 10 m 左右。超高频的读取主要是通过电容耦合方式来进行实现的。该频段有较好的读取距离，具有特别高的数据传输速率，它在很短的时间内可以读取大量有关的电子标签。

(4) 有源 RFID 技术(2.45 GHz、5.8 GHz)。有源的 RFID 具备的是传输数据量大、通信距离长、可靠性高、低发射功率和兼容性好等特点。它与无源的 RFID 相比，在技术上有着明显的优势。

5. RFID 技术

RFID 技术的基本思想是：通过采用先进的技术手段，实现人们对各类物体或设备在不同状态下的自动识别与管理。

RFID 技术包括了一整套信息技术基础设施，具体为

(1) 射频识别读写设备与相应的信息服务系统，例如存销系统等。

(2) 射频识别标签，主要存有识别代码的大规模集成线路芯片以及收发天线。目前市场上主要的射频识别标签为无源式的，使用时的电能来源于天线接收到的无线电波能量。

5.3.3 ZigBee 无线传输技术

ZigBee 无线传输技术主要应用在短距离范围之内并且数据传输速率不高的各种电子设备之间。ZigBee 技术使用 2.4 GHz 波段，采用跳频技术。与蓝牙相比，ZigBee 更简单、速率更慢、功率及费用也更低。它的基本速率是 250 kb/s，当降低到 28 kb/s 时，传输范围可扩大到 134 m，并能获得更高的可靠性。另外，它可与 254 个节点联网，可以比蓝牙更好地支持游戏、消费电子、仪表和家庭自动化应用。人们期望能在工业监控、传感器网络、家庭监控、安全系统和玩具等领域拓展 ZigBee 的应用。

1. ZigBee 技术特点

ZigBee 技术特点有：

(1) 数据传输速率低，只有 10～250 kb/s。ZigBee 技术专注于低传输应用。

(2) 功耗低。在低耗电待机模式下，两节普通 5 号干电池可使用 6 个月以上，这也是 ZigBee 的支持者所一直引以为豪的独特优势。

(3) 成本低。因为 ZigBee 数据传输速率低，协议简单，所以大大降低了成本。积极投入 ZigBee 开发的 Motorola 以及 Philips 均已在 2003 年正式推出芯片。Philips 预估，应用于主机端的芯片成本和其他终端产品的成本比蓝牙更具价格竞争力。

(4) 网络容量大。每个 ZigBee 网络最多可支持 255 个设备，也就是说每个 ZigBee 设备可以与另外 254 台设备相连接。

(5) 有效范围小。有效覆盖范围为 10～75 m，具体依据实际发射功率的大小和各种不同的应用模式而定，基本上能够覆盖普通的家庭或办公室环境。

(6) 工作频段灵活。ZigBee 技术使用的频段分别为 2.4 GHz、868 MHz(欧洲)及 915 MHz(美国)，它们均为免执照频段。

2. ZigBee 通信协议

1) ZigBee 标准

ZigBee 是 IEEE 802.15.4 标准的代名词，IEEE 802.15.4 是一个低速率无线个人局域网(Low Rate Wireless Personal Area Networks，LR-WPAN)标准。该标准定义了媒体介质访问层(MAC)和物理层(PHY)。这种低速率无线个人局域网络不仅结构简单、成本低廉，而且具有有限的功率和灵活的吞吐量。低速率无线个人局域网的主要目标是实现安装容易、传输可靠、短距离通信、很少成本、很长的电池寿命，并且拥有一个简单而且灵活的通信网络协议。

IEEE 802.15.4 标准具有如下特点：功率损耗小；支持星型和点对点两种网络拓扑结构；可实现 250 kb/s、40 kb/s、20 kb/s 三种传输速率；可用于可靠传输的全应答协议并且在多个频带内可定义多个通道。

2) ZigBee 协议体系结构

ZigBee 协议体系结构包括物理层(PHY)、媒体介质访问层(MAC)、网络层(NWK)、应用层(APL)、应用程序框架层(AF)，具体结构图如图 5-40 所示。

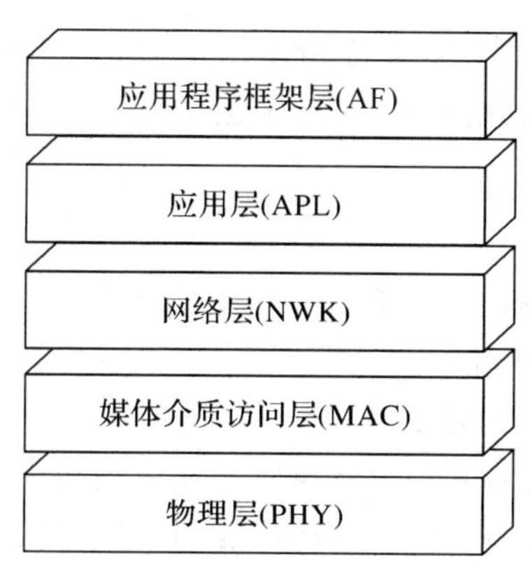

图 5-40　ZigBee 协议体系结构图

物理层(PHY)：该层定义了物理无线信道和 MAC 层之间的接口，提供物理层数据服务和物理层管理服务。

媒体介质访问层(MAC)：该层负责处理所有的物理无线信道访问，并产生网络信号、同步信号，支持 PAN 连接和分离，能提供两个对等 MAC 实体之间可靠的链路。

网络层(NWK)：ZigBee 协议栈的核心，该层主要实现节点加入或离开网络，接收或抛弃其他节点，路由查找及传送数据等功能。

应用层(APL)：该层除了提供一些必要的函数以及为网络层提供合适的服务接口外，还有一个重要的功能是应用者可在这层定义自己的应用对象。

应用程序框架层(AF)：运行在 ZigBee 协议栈的应用程序实际上就是厂商自定义的应用对象，此类应用对象遵循规范并且运行在端点 1～240 上。在 ZigBee 应用中，提供两种标准服务类型，分别为键值对(KVP)和报文(MSG)。

3) ZigBee 拓扑结构

ZigBee 中定义了三种网络拓扑结构，它们分别为星型网络、树型网络和网状网络，如图 5-41 所示。其中最重要的是网状网络。

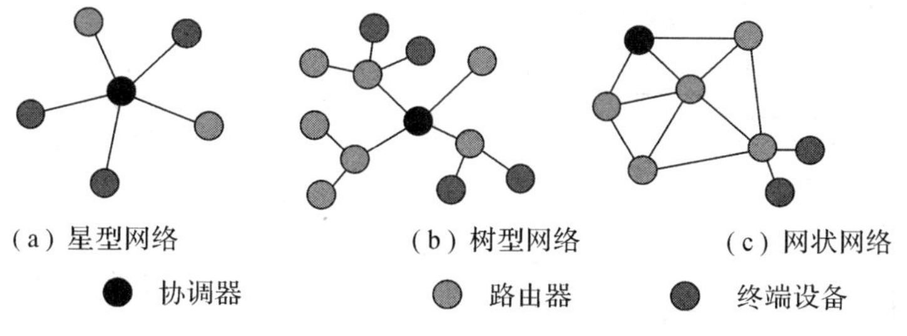

图 5-41　三种拓扑结构图

星型网络，如图 5-41(a)所示，由一个 PAN(借助个人局域网)协调器和多个终端设备组成，只存在于 PAN 协调器与终端的通信，终端设备间的通信都需通过 PAN 协调器的转发。

树型网络，如图 5-41(b)所示，由一个协调器和多个星型结构(最少一个)连接而成，设备除了能与它自己的上级或下级节点进行点对点的直接通信外，还能通过树状路由完成信息传输。

网状网络，如图 5-41(c)所示，是在树型网络基础上实现的，与树型网络不同的是，它允许网络中所有具有路由功能的节点直接相连，通过路由表实现消息的网状路由传输。该拓扑既有优点也有缺点，其优点是减少了消息延时，增强了可靠性，其缺点是需要更大的存储空间来存储这些内容。

3. ZigBee 接口设计

CC2430/CC2431 是 Chipcon 公司推出的用来实现嵌入式应用的无线片上系统(SoC)，支持 2.4 GHz 的 ZigBee 协议标准。

无线 ZigBee 模块的主要功能是实现串口和 ZigBee 网络协议的双向数据转换，即一方面将串口发来的数据，经过 ZigBee 协议转换成能发送到网络中的数据，另一方面将 ZigBee 网络中传输来的数据，经过 ZigBee 协议转换成能用串口传输的数据，以便控制器查询。

5.3.4 远程无线通信 GPRS 及通信模块

随着物联网应用的发展，无线连接技术不再满足于近距离通信，正在向着距离更远、覆盖更广的方向发展。其中，远程网络(长距离网络)，主要包括 GPRS、3G 等远距离无线通信网络。通信技术的发展经历了从第一代模拟通信系统到第二代的数字移动通信系统的过程，提高了信号的传输质量，扩大了通信系统的容量，同时采用了数字加密技术，提高了传输信号的保密性。为了能够通过移动通信提供无线 Internet 业务和多媒体业务，提高移动通信中数据的传输率，使之满足人们日益对带宽的需求，目前我国的通信发展已进入第四代移动通信系统(4G)。第五代移动通信系统(5G)的标准化也已在 2016 年启动，预计在 2020 年全面进行 5G 商用。

1. 远程无线通信 GPRS

第二代数字通信系统的 GSM 数字蜂窝移动通信系统至今还在使用，其结构由交换网路子系统(NSS)、无线基站子系统(BSS)和移动台(MS)三大部分组成，如图 5-42 所示。

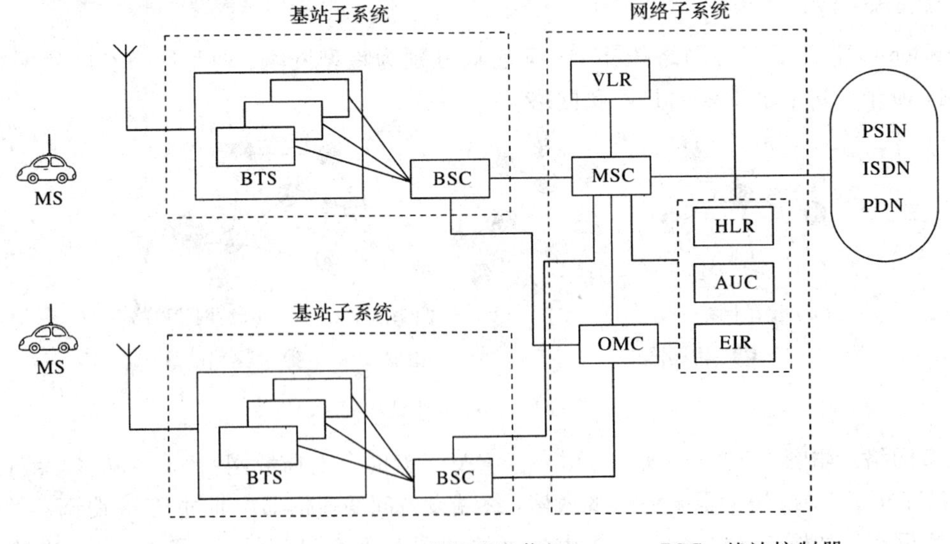

MS：移动台； BTS：基站收发信机； BSC：基站控制器；
OMC：操作维护中心； MSC：移动交换中心； HLR：归属位置寄存器；
AUC：鉴权中心； VLR：访位置寄存器； ELR：设备识别寄存器

图 5-42 GSM 数字蜂窝移动通信系统结构图

GPRS 是通用分组无线业务(General Packet Radio Service)的英文简称，是 2G 迈向 3G 的过渡产业，是 GSM 系统上发展出来的一种新的承载业务，目的是为 GSM 用户提供分组形式的数据业务。它特别适用于间断的、突发性的、频繁的、少量的数据传输，也适用于偶尔的大数据量传输。GPRS 理论带宽可达 171.2 kb/s，实际应用带宽大约在 40～100 kb/s。在此信道上提供 TCP/IP 连接，可以用于 Internet 连接、数据传输等应用。GPRS 的资源优势有：

(1) 覆盖范围广：能满足山区、乡镇和跨地区的接入需求。

(2) 数据传输速率高：每个信息采集点的每次数据传输量均在 10 kb/s 之内。目前 GPRS 实际数据传输速率在 40 kb/s 左右，完全能满足本系统数据传输速率(≥10 kb/s)的需求。

(3) 通信费用低。

(4) 良好的实时响应与处理能力：与短消息服务比较，由于 GPRS 具有实时在线特性，系统无时延，可很好地满足系统对数据采集和传输实时性的要求。

GPRS 通信方式拓扑结构图如图 5-43 所示。

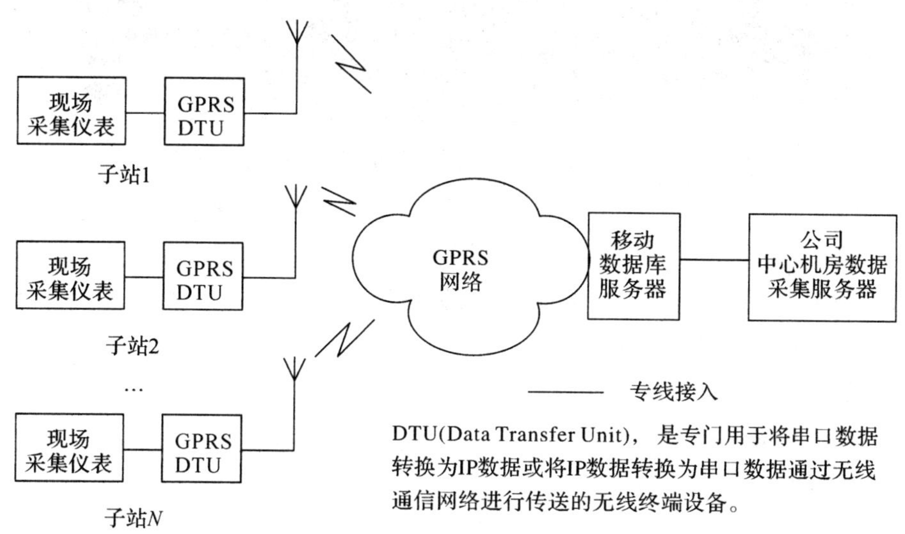

图 5-43　GPRS 通信方式拓扑结构图

GPRS 通信模块内置工业级 GSM 无线模块，支持 AT 指令集，采用通用标准串口对模块进行设置和调试，提供标准的 RS232/485 接口。该无线模块只要有手机信号覆盖就可以实现此功能。远程无线传输模块和无线传输模块相结合，可以实现监测/检测系统全程无线的功能，从而达到真正的"运筹帷幄，决胜千里"的目标。

2. GPRS 通信模块 ATK-SIM900A-V12

ATK-SIM900A-V12(简称为 ATK-SIM900A)是 ALIENTEK 推出的一款高性能工业级 GSM/GPRS 模块。ATK-SIM900A 模块板载 SIMCOM 公司的工业级双频 GSM/GPRS 模块：SIM900A，工作频段双频：900/1800 MHz，可以低功耗实现语音、SMS(短

信，不支持彩信）、数据和传真信息的传输。ATK－SIM900A 模块支持 RS232 串口和 LVTTL 串口，并带硬件流控制，支持 5～24 V 的超宽工作范围，使得该模块可以非常方便地与产品进行连接，并提供包括语音、短信和 GPRS 数据传输等功能。

ATK－SIM900A 模块的接口丰富，功能完善，尤其适用于需要语音/短信/GPRS 数据服务的各种领域，其资源图如图 5－44 所示。

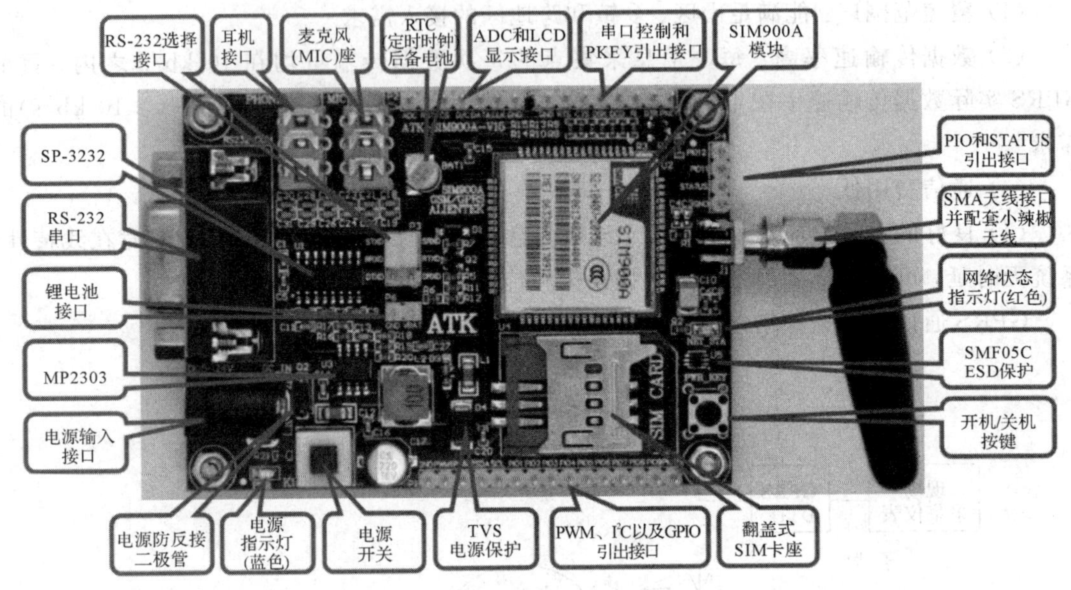

图 5－44　ATK－SIM900A 模块

ALIENTEK ATK－SIM900A 模块（开发板）板载资源如下：

- GSM 模块：SIM900A 模块；
- 1 个 RTC（实时时钟）后备电池；
- 1 个麦克风接口；
- 1 个耳机接口；
- 1 个 RS232 选择接口；
- 1 个 RS232 串口；
- 1 个锂电池接口；
- 1 个电源输入接口；
- 1 个电源指示灯（蓝色）；
- 1 个电源开关；
- 1 个翻盖式 SIM 卡座；
- 1 个 SMA 天线接口并配套小辣椒天线；
- 1 个开机/关机按键；
- 1 个网络状态指示灯（红色）；
- SIM900A 模块的所有 IO 口均用排针引出，方便使用。

ATK－SIM900A 模块(开发板)采用工业级标准设计，特点包括：

(1) 板载 RS232 串口(支持硬件流控制)，方便与 PC/工控机等设备连接。

(2) 板载 3.5 mm 耳机和麦克风座，方便进行语音通信开发。

(3) 引出所有 SIM900A 模块的 IO 口，并对通信部分的 IO 口做了兼容性设计，方便连接 3.3 V/5 V 单片机系统。

(4) 板载高效同步降压电路，转换效率高达 90%，支持超宽电压工作范围(5～24 V)，非常适合工业应用。

(5) 板载电源防反接保护，具有 TVS(瞬变电压抑制二极管)电源保护和 SIM 卡 ESD(静态放电)保护，保护功能完善。

(6) 板载 RTC 后备电池(XH414H－IV01E)，无需担心掉电问题。

(7) 板载小辣椒天线，能有效提高信号接收能力。

ATK－SIM900A 模块需要 1 张中国移动 SIM 卡，并开通 GPRS 功能；1 个外部直流电源保证能给 SIM900A 提供 2A 电流；1 根 RS232 串口线(或 USB 转串口线)和 1 副带麦克风功能耳机，用于测试通话功能。通过串口调试助手 SSCOM 可以进行串行通信调试。

用户可以通过 AT 指令进行呼叫、短信、电话本、数据业务、传真等方面的控制。AT 指令必须以“AT”或“at”开头，以回车(〈CR〉)结尾。模块的响应通常紧随其后，格式为：〈回车〉〈换行〉〈响应内容〉〈回车〉〈换行〉。

本章小结

智能仪表的发展都需要以通信系统为核心来构建。通信接口解决怎样把发送端的信号变换成适合传输的信号，或者把接收到的电信号变换为终端设备可接收的信号。本章介绍了常用的总线及其接口设计和常用的无线数据传输技术。总线是描述电子信号传输线路的结构形式，是一类信号线的集合，是子系统间传输信息的公共通道。无线数据传输技术是指利用无线技术进行数据传输的一种方式。

总线及其接口设计部分讲述了 RS－232C 总线、RS－485 总线、USB 总线、CAN 总线、I^2C 总线以及 ModBus 现场总线的接口特性、技术规范、数据传输格式及其与微控制器的接口控制电路的设计。无线数据传输技术分析了包括红外无线传输技术、射频无线传输技术、ZigBee 无线传输技术以及远程无线通信 GPRS 及通信模块的技术特点、工作原理、技术规范及其接口设计。

思　考　题

1. 常用的总线及其接口都有哪些？
2. 说明 RS－232C 接口的机械特性和电气特性。
3. 说明 RS－485 总线的机械特性和电气特性。

4. 常用的无线数据传输技术都有哪些？

5. 试说明红外无线传输技术的发射器件和接收器件。

6. 什么是 ZigBee 无线传输技术？

7. 简述远程通信技术的发展现状。

第 6 章　软件系统设计

6.1　软件设计过程

智能仪表的软件设计是仪表设计的重要软任务之一。硬件电路确定以后，仪器的主要功能将由软件来实现。软件设计过程示意图如图 6-1 所示。

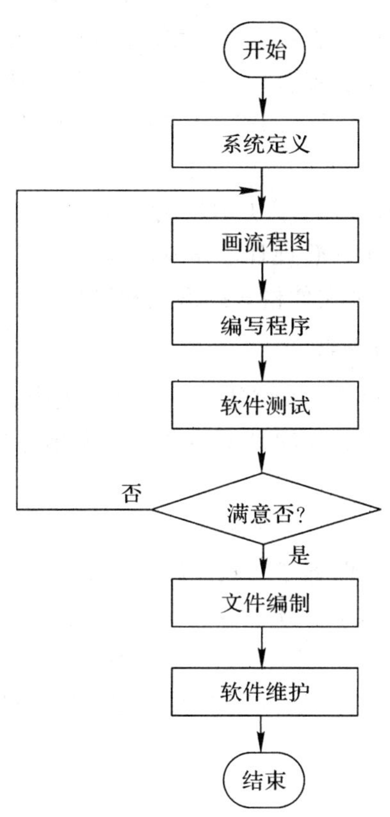

图 6-1　软件设计过程示意图

6.1.1　系统定义

所谓系统定义，就是清楚地列出智能仪表系统各个部件与软件设计的有关特点，并进行定义和说明，以作为软件设计的根据。

1. 输入输出说明

在进行系统定义时，必须详细说明各种输入/输出(I/O)设备的操作方式和编码结构，这样在编制程序时才知道如何对I/O设备进行读写和工作模式设置。对I/O设备的说明还需要考虑它们与CPU的时间关系。

2. 存储器说明

存储器是存放仪表程序和数据的器件，软件设计者必须考虑下列问题：

(1) 是否采取存储器掉电保护技术；

(2) 如何管理存储器资源，对它的工作域如何划分；

(3) 采取何种软件结构能够使系统软件的功能只需要更换一两片ROM即可改变。

3. 处理阶段说明

从读入数据到输出结果之间的阶段称为处理阶段。这个阶段涉及精确的算术逻辑运算和监督控制功能。

(1) 算术逻辑运算一般是通过CPU的指令系统来实现的。设计者必须仔细考虑系统中算术逻辑运算的比重、基本算法、结果的精确度、处理的时间限制等问题。

(2) 监督控制功能包括操作装置管理、系统管理、程序和作业控制和数据管理。

① 操作装置管理主要指外部设备的操作管理，如初始化外部设备，判定它们的工作状态，并作出相应的反应等。

② 系统管理是指对系统资源，包括CPU、存储器、总线和I/O设备的控制调度。

③ 程序和作业控制是指CPU管理程序作业流程和实现程序监督与控制能力。

④ 数据管理是指数据结构和文件格式的形成和组织。

4. 出错处理和操作因素的说明

(1) 可能发生什么类型的错误，哪些错误是经常发生的。

(2) 系统如何才能以最短的时间和最少的数据损失排除错误，对错误的结果以何种形式记录或显示。

(3) 哪些错误的故障现象相同，如何区分这些错误。

(4) 是否需要研制专用的诊断程序查找故障源。

系统定义为构成一个智能仪表系统建立了笼统的概念，并明确了任务和要求。系统定义的基础是对系统进行全面的了解和正确的工程判断。它为智能仪表选用何种类型和何种速度的CPU，以及软件和硬件如何折中等问题提供必要的指导。

6.1.2 绘制流程图

在进行具体程序编制之前，还需要制定程序纲要。程序纲要一般都是以流程图的形式给出的，这种方式能比较直观地表述系统任务，因而可以很容易将流程图转变为程序。

在软件设计过程中，设计者通常把仪表整个软件分解为若干部分。这些软件部分各自代表不同的分立操作，用方框图表示这些不同的分立操作，并按照一定的顺序用连线连接起来，以表示它们的操作顺序。这种互相联系的表示图，称为功能流程图。

功能流程图中的模块只表示所要完成的功能或操作，并不表示具体的程序。在实际工作中，设计者总是先画出一张非常简单的流程图，然后随着对系统各细节认识的加深，逐步对流程图进行补充和修改，使其逐渐趋于完善。

6.1.3　编写程序

程序的质量主要取决于程序流程图的质量。此外，程序设计语言的特性和编程风格也会对程序的可靠性、可读性、可测试性和可维护性产生较大影响。编写程序常用的语言有以下三种：

(1) 机器语言。机器语言是一种用二进制代码表示指令和数据的最原始的程序设计语言。其主要缺点是编制速度慢，而且不易查找错误。

(2) 汇编语言。汇编语言是一种用助记符来表示的程序设计语言。汇编得到的目标程序占用内存空间小且执行速度快，但程序编制仍然较为繁琐。在复杂系统中常采用高级语言。

(3) 高级语言。高级语言是一种面向过程且独立于计算机硬件结构的通用计算机语言。其优点是开发周期短，其缺点是编译效率低，编译的结果可能使机器执行一些多余的操作，造成时间和存储器的浪费。

6.1.4　软件测试

为了验证所编制的软件没有错误，需要花费大量时间进行测试，有时测试工作量比编制软件本身所花费的时间还长。测试的目的并非是说明程序能正确地执行它应有的功能，而是假定程序中存在错误。因此，软件测试是为了发现错误而执行程序的过程。

1. 测试方法

测试的关键是如何设计测试用例。常用的测试方法有功能测试法(又称黑盒测试法)和程序逻辑结构测试法(又称白盒测试法)。

(1) 黑盒测试法只检查软件是否符合它预定的功能要求。因此，用黑盒测试法测试时，测试用例的设计是根据软件的功能来进行的。如果想用黑盒测试法来发现一个智能仪表的软件中可能存在的全部错误，则必须考虑该仪表所有可能的输入情况，从而判断软件能否作出正确的响应。

(2) 白盒测试法是把程序看成是一个透明的白盒子，根据程序的内部逻辑结构来设计测试用例。用这种方法来发现程序中可能存在的所有错误，至少必须使程序中每种可能的路径都被执行一次。但随着软件结构的复杂化，可能的路径就越来越多，以至最终不可能试遍所有路径。

2. 测试的基本原则

测试的基本原则如下：

(1) 测试用例应有输入信息与预期处理结果两部分，即在程序执行前，应该清楚地知道输入什么后，会有怎样的输出。

(2) 不仅要选用合理、正常的情况作为测试用例，更应该选用那些不合理的输入情况作为测试用例，以观察仪表的输出响应。

(3) 测试时除检查软件是否完成该做的工作以外，还应该检查它是否做了不该做的工作。

(4) 长期保留所有的测试用例，以便下次需要时再用，直至仪表的软件被彻底更新。

6.1.5 文件编制

编制的文件一般应涉及下列内容：总流程图、程序的功能说明、所有参数的定义清单、存储器的分配图、完整的程序清单和注释、测试计划和测试结果说明。

6.1.6 软件维护

软件维护是指软件的修复、改进和扩充，主要包括以下三个方面：

(1) 改进性维护：在软件运行过程中发生异常或故障时进行的。这种故障通常是由于遇到了从未用过的输入数据组合或与其他软件或硬件的接口出现了问题。

(2) 适应性维护：为了使软件能适应外部环境的变动而进行的。例如，数据输入输出方式以及数据存储介质等的变动都会影响软件的正常工作。

(3) 完善性维护：为了扩充软件的功能，提高原有软件性能。

6.2 软件设计方法

6.2.1 模块化设计

在智能仪表设计中，通常把整个程序分成若干个具有明确任务的程序模块，然后分别进行程序编制、调试，最后再把它们连接在一起形成一个完整的程序。这种程序设计方法称为模块化设计。模块化设计的部分原则如下：

(1) 模块长度需适中。

(2) 模块之间的控制耦合应尽可能简单，即单入口和单出口。

(3) 对每一个模块做出具体定义，定义应包括解决某一问题的算法，允许的输入值和输出值的范围及副作用。

(4) 简单的任务不必模块化。

(5) 当系统需要进行多种判定时，最好在一个模块中集中这些判定。这样在某些判定条件改变时，只需修改这个模块即可。

模块化设计的两种不同方法：

(1) 自底向上模块化设计。这种设计方法首先对最底层模块进行编码、测试和调试。这些模块正常工作后，就可以用它们来开发较高层的模块。这种方法是汇编设计常用的方法。

(2) 自顶向下模块化设计。这种设计方法首先对高层进行编码、测试和调试。该方法一般适合于用高级语言来设计程序。

6.2.2 结构化设计

结构化设计的思想是：程序设计、编写和测试采用一种规定的组织方式进行，在程序中只使用基本的逻辑结构，整个程序是各种基本结构的组合。结构化程序设计要求每个程序模块只能有一个入口和一个出口。这样一来，各个程序模块可分别设计，然后用最小的接口组合起来，控制明确地从一个程序模块转移到下一个模块，使程序的调试、修改和维

护易于实现。

结构化设计的三种基本结构：

(1) 顺序结构：最简单、最基本的程序结构，如图 6-2 所示。它的特点是按照程序编写的顺序依次执行，程序流程不变。

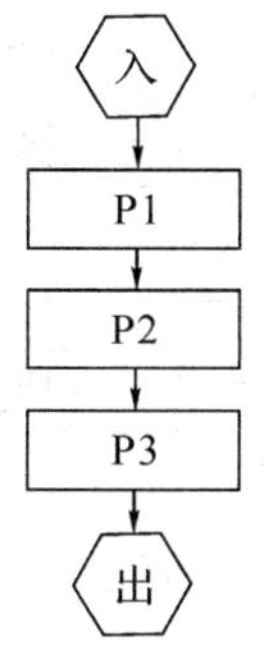

图 6-2　顺序结构

(2) 条件结构：微处理器根据给定的条件是否满足决定程序流向，如图 6-3 所示。

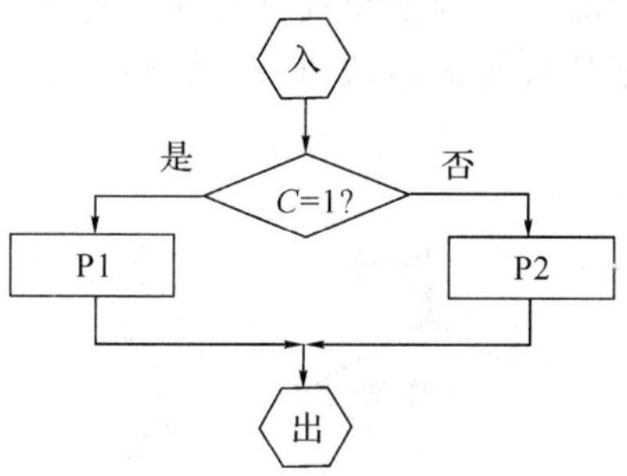

图 6-3　条件结构

(3) 循环结构：循环结构有两种，如图 6-4 和图 6-5 所示。在程序设计中应当注意这两种循环结构的区别，在设置循环初值时尤其应加以注意。

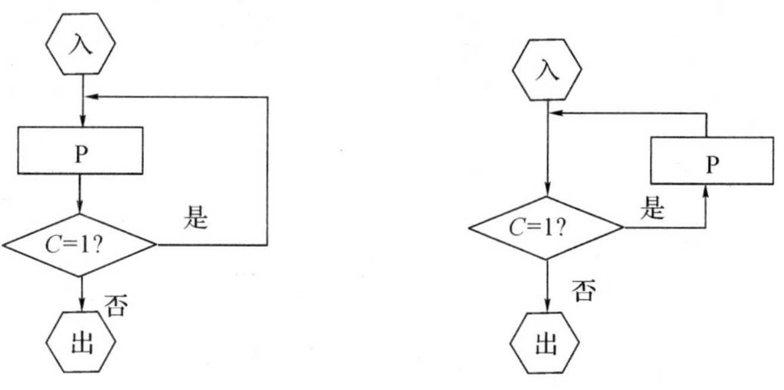

图 6-4　循环结构一　　　图 6-5　循环结构二

6.2.3　监控程序结构

1. 监控程序组成

智能仪表的软件按其功能可分为两部分，一部分用于管理仪表正常工作的监控程序

(系统软件),另一部分用于执行所要求任务的功能程序(应用软件)。其中,监控程序的设计是软件设计的核心,它的主要作用是能及时响应来自系统或仪表内部的各种服务请求,有效地管理仪表自身软硬件及人机联系设备,与系统中其他仪表设备交换信息,并在系统出现故障时及时做出相应的处理。监控程序的组成如图 6-6 所示。

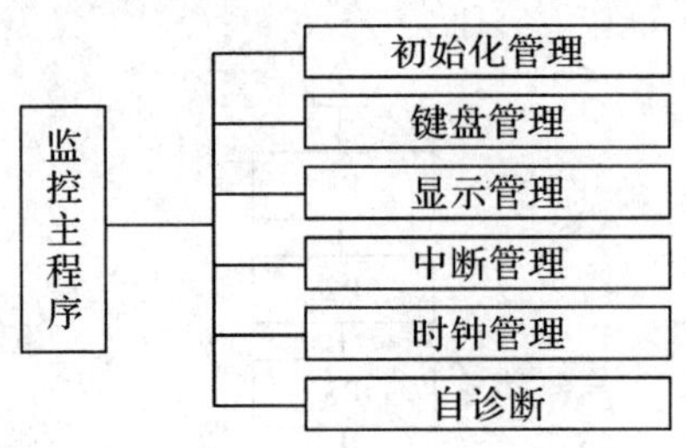

图 6-6 监控程序的组成

2. 监控主程序

监控主程序的任务是识别命令、解释命令并获得完成该命令的模块入口地址。一般地,监控主程序把除初始化和自诊断以外的模块连接起来,构成一个无限循环圈,仪表的所有功能都在这个循环圈中周而复始或有选择地执行。例如,智能温控仪的监控主程序流程示意图如图 6-7 所示。

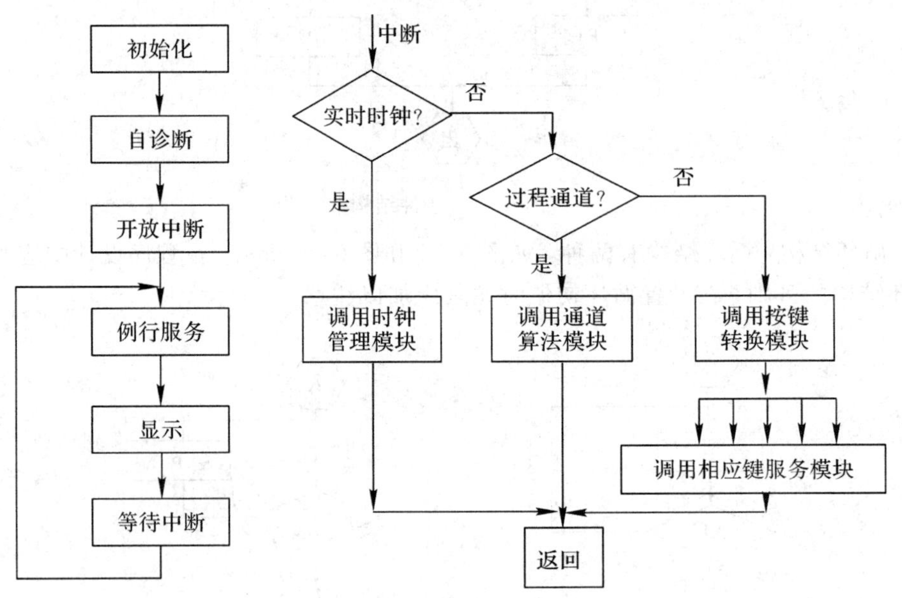

图 6-7 监控主程序流程示意图

3. 键盘管理

键盘管理的首要工作是正确获取键值。获取键值通常有以下三种方法:

(1) 查询法:在主循环程序中加入键盘扫描等查询程序,每当循环进行到此段程序时,CPU 查询键盘是否有键按下。若有键按下则转去执行相应的服务,否则继续运行主循环。查询法程序流程图如图 6-8 所示。

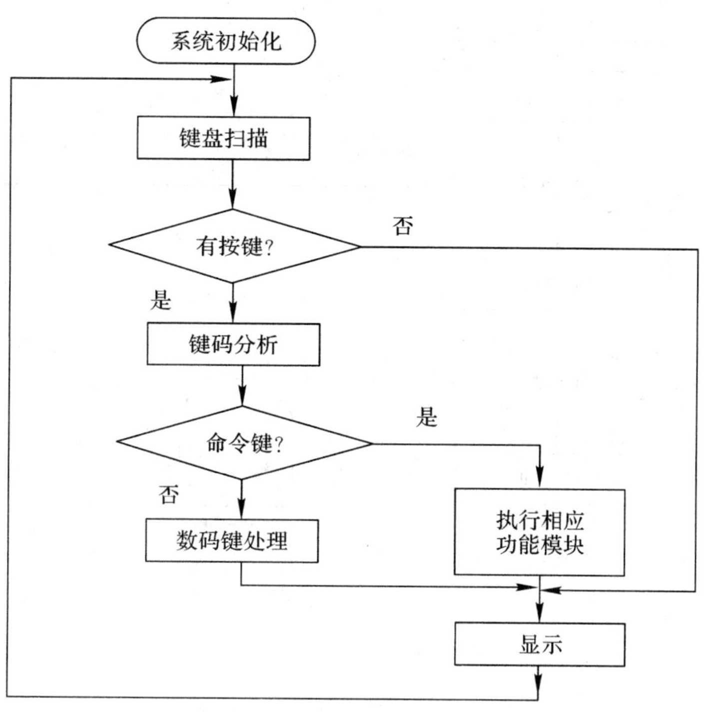

图 6－8　查询法程序流程图

（2）中断法：给键盘分配一个外部中断源，按下任何键都引起这个中断请求，在中断服务子程序中进行键码分析。中断法程序流程图如图 6－9 所示。

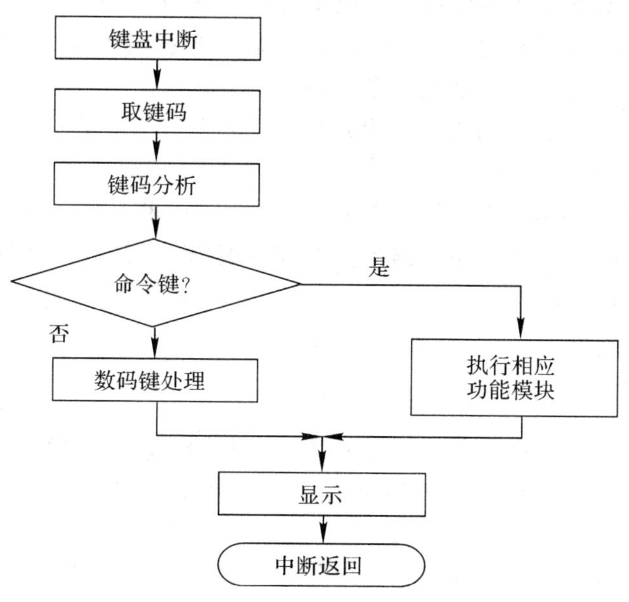

图 6－9　中断法程序流程图

（3）定时查询法：用定时中断的方法查询键盘，键盘的查询过程在定时中断子程序中进行。定时查询法程序流程图如图 6－10 所示。

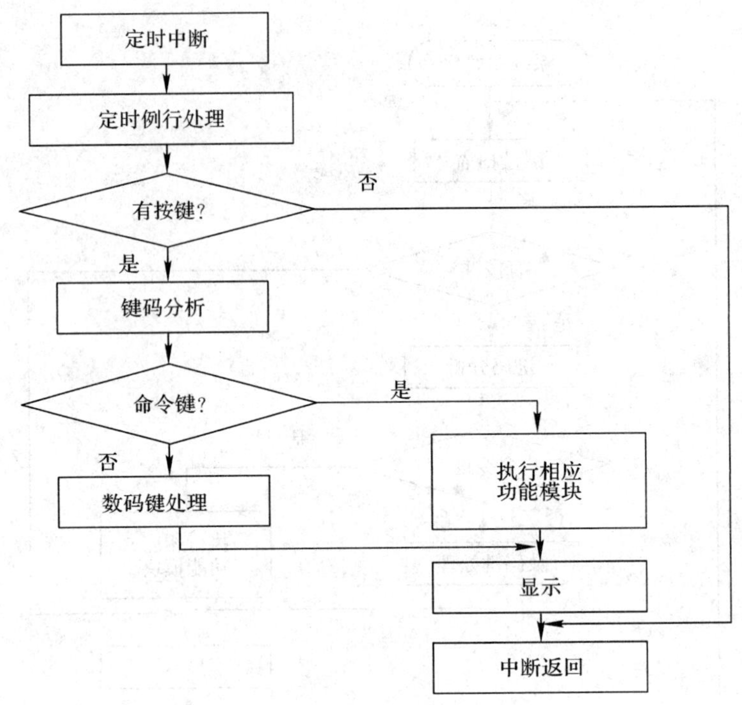

图 6-10　定时查询法程序流程图

4. 一键一义的键盘管理

所谓一键一义，是指一个按键代表一个确切的命令或一个数字，编程时无需知道在此之前的按键情况，只要根据当前按键的编码把程序直接分支到相应的处理模块入口即可。一键一义的键盘管理方法比较适合于键盘定义比较简单的智能仪表。在进行软件设计时，一般采用选择结构法或转移表法实现键盘管理。

(1) 选择结构法是将获取的键值与设定值逐一进行比较，若符合则转入处理子程序；若不符合则继续往下进行比较。

(2) 转移表法的核心是建立一张一维转移表，在转移表中顺序填写各命令处理子程序的入口地址或转移命令。管理程序根据当前按键的编码，通过查阅转移表，便可以把控制转到相应的处理子程序的入口。

5. 中断、时钟管理

1) 中断管理

对于智能仪表，引入中断技术可以实现分时操作，提高 CPU 的利用率，并及时处理意外事件(如电源突变、存储出错、运算溢出等)，最为关键的是可以实现实时处理，提高智能仪表的实时性。

中断管理程序应具有以下功能：

(1) 能实现中断及返回：当某一中断源发出中断申请时，决定是否响应这个中断请求。若允许响应这个中断请求，CPU 必须在现行的指令执行完后，把断点处的程序计数器值(即下条应执行指令的地址)、各个寄存器的内容和标志位的状态，压入堆栈保护起来(称为保护断点和现场)。然后，将中断服务子程序入口地址送入程序计数器，转入需要处理的中断服务。

（2）能实现优先级排队：通常，在系统有多个中断源的时候，有时会出现两个或多个中断源同时提出中断请求的情况，这就要求 CPU 能够区分各个中断源的请求，并确定为中断源服务的先后顺序。为了解决这个问题，通常给每个中断源确定一个中断级别——优先权。

（3）能实现中断嵌套：当 CPU 响应某一中断源的请求而进行中断处理时，若有优先级更高的中断源发出中断申请，则 CPU 要能够中断正在进行的中断服务程序，保留这个程序的断点和现场，并响应高级中断。在高级中断处理完成以后，再继续执行被中断的中断服务程序，这个过程称为中断嵌套。而当发出申请的新中断源的优先级与正在处理的中断源同级或更低时，CPU 就暂时不响应这个中断申请，直到正在处理的中断服务程序执行完以后才去处理新的中断请求。

（4）中断管理软件模块通常包括以下部分：断点现场保护、识别中断源和判断优先级。中断流程示意图如图 6－11 所示。

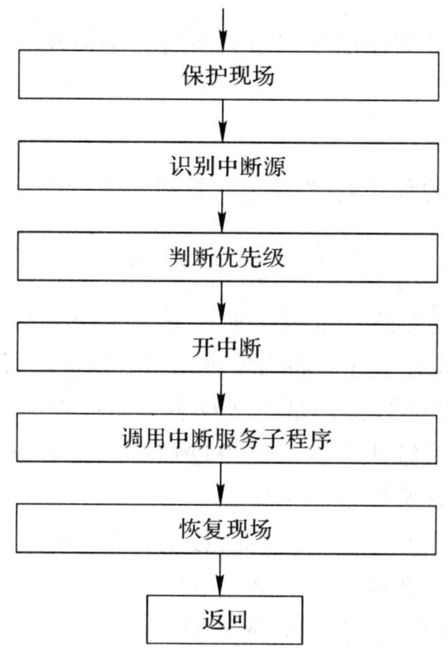

图 6－11　中断流程示意图

2）时钟管理

时钟是智能仪表中不可缺少的组成部分，主要作为定时器用于以下六个方面：

（1）过程输入通道的数据采样周期定时。

（2）过程输出通道控制周期的定时。

（3）参数修改按键数字增减速度的定时。

（4）多参数巡回显示时的显示周期定时。

（5）动态保持方式输出过程通道的动态刷新周期定时。

（6）看门狗的定时。

实现上述定时的方法有硬件和软件两种方法。

硬件方法是采用可编程定时/计数器以及单片机内部的定时电路实现。但由于受到硬件的限制，这种定时间隔不可能很长，也难以用一两个定时器实现多种不同时间的定时，且实时性差。软件定时虽简单，但要占用大量 CPU 时间。所以智能仪表广泛采用软件和硬件相结合的定时方法。

6. 初始化、自诊断管理

1）初始化管理

仪表上电或复位后首先要进行初始化工作。初始化管理主要包括以下三部分：

(1) 可编程器件初始化：对可编程硬件接口电路进行初始化状态设定，以确定其工作模式。智能仪表中可编程器件种类很多，每个器件的初始化都有固定的格式，只是格式中的初始化参数随工作模式的不同而不同，因此可编写成相应子程序模块随时调用。

(2) 堆栈初始化：在 RAM 中分配一定区域作为堆栈区。

(3) 参数初始化：对仪表的整定参数(如标度变换参数、PID 参数)、报警值以及过程输入输出通道的数据初始化。根据结构化思想，通常把这些可调整的初始化参数集中在一个模块中，以便集中管理。

初始化管理模块作为监控程序的第二层，通过分别调用上述三类初始化功能模块，实现对整个仪表的初始化。

2）自诊断管理

自诊断是利用事先编制的程序对仪表的主要部件进行自动检测，以确定是否有故障以及故障的内容和位置。

智能仪表的自诊断方式可分为以下三种类型：

(1) 开机自诊断：开机自诊断在电源接通或系统复位之后进行，主要检查硬件电路是否正常。如果正常，就进入监控程序；如果发现问题，则及时报警，以免仪表带“病”工作。

(2) 周期性自诊断：周期性自诊断是指在仪表工作过程中，不断地、周期性地进行自诊断操作。这种自诊断操作可以保证仪表在使用过程中一直处于良好工作状态。周期性自诊断一般在测量间歇进行，不影响仪表的工作。

(3) 键控自诊断：可在智能仪表的控制面板上设计一个“自诊断”按键，当操作者对仪表的可信度持怀疑态度时，可通过按键启动自诊断过程。

智能仪表的自诊断方法可分为以下七种类型：

(1) CPU 的诊断：诊断 CPU 的故障，主要是诊断指令系统能否正常执行各条指令。比较常用的方法是用一组基本指令编写诊断程序来验证 CPU 的功能。

(2) ROM 或 EPROM 的诊断：由于 ROM 中固化有仪表的监控程序、应用程序和常数表格，因而对 ROM 的检测是至关重要的。ROM 的检测就是要考核各存储单元的代码或常数在读出时是否会出错。检测 ROM 故障常用“检验和”方法，其具体做法是：在将程序机器码写入 ROM 时，保留一个单元，此单元不写入程序机器码，而是写入“校验字”。“校验字”应能满足 ROM 中所有单元的每一列都具有奇数个 1。自诊断程序对每一列数进行异或运算，若校验和等于 FFH，则 ROM 无故障。

(3) RAM 的诊断：数据存储器 RAM 是否正常是通过校验其“读写功能”的有效性来体现的。一个 RAM 单元如果正常，其中的任何一位均可任意写“0”或写“1”。因此，常选用特征字 55H(01010101)和 AAH(10101010)，分别对 RAM 每一个单元进行先写后读的操作。

(4) 定时器的诊断：8051 系列单片机有两个定时/计数器，绝大多数智能仪表都要使用它们，诊断其功能是否正常很重要。一般只诊断定时/计数器的定时功能，它的诊断不需要外部条件，而计数功能的诊断则必须从外部引入脉冲源。定时器的关键部分是一个 16 位计数器和有关专用寄存器，让它以定时方式运转，如果能按时溢出置位溢出标志，就可以基本上诊断为无故障。

（5）中断功能的诊断：8051 系列单片机有 5 个中断源，一般选一个中断源作代表。为简化，最好选择定时器中断作为代表，因此它不需要外部硬件支持。在诊断 T0 定时器中断时，如果允许 T0 中断，并且在中断子程序中做一件事来通知诊断程序，则可以根据这件事的有无来判断中断是否发生。再将 T0 中断屏蔽，看看中断还能否发生，从而达到初步诊断中断控制功能的目的。

（6）键盘与显示器的诊断：键盘诊断的方法是让 CPU 每取得一个按键闭合的信号，就反馈一个信息(最常用的反馈信息是短促的声音)。显示器显示的内容有数字、小数点、提示符等。一般显示器诊断仅在上电和键控诊断中进行。

（7）A/D 通道的诊断与校正：模拟输入通道的信号一般不止一路，但 A/D 转换芯片一般只有一片。通常使用模拟开关来切换各路输入信号，实现分时采样转换。对 A/D 通道的诊断方法如下：在某一路模拟输入端加上一个已知的模拟电压，启动 A/D 转换后读取转换结果，如果等于预定值，则 A/D 通道正常；如果有少许偏差，则说明 A/D 通道发生少许漂移，应求出校正系数，供信号通道进行校正运算；如果偏差过大，则为故障现象。

本章小结

软件设计是智能仪表的核心内容，不同功能的仪表的软件编程任务量也各不相同，本章只针对软件设计方法和设计流程进行了说明。设计具体程序之前，需要制定程序纲要。程序纲要一般都是以流程图的形式给出的，它将整个软件化整为零分为若干个子程序构成。编写程序常用的语言有：机器语言、汇编语言、高级语言。常用的测试方法有功能测试法和程序逻辑结构测试法。结构化设计的三种基本结构为顺序结构、条件结构、循环结构。监控程序的任务是识别命令、解释命令并获得完成该命令的模块入口地址。键盘管理工作正确获取键值的三种方法为查询法、中断法、定时查询法。智能仪表的自诊断方式有开机自诊断、周期性自诊断、键控自诊断。自诊断方法可分为 CPU 的诊断、ROM 或 EPROM 的诊断、RAM 的诊断、定时器的诊断、中断功能的诊断、键盘与显示器的诊断、A/D 通道的诊断与校正。

思考题

1. 编写程序常用的语言有哪些？
2. 结构化设计的三种基本结构是哪些？
3. 键盘管理工作正确获取键值的三种方法有哪些？
4. 中断管理程序应具有的功能是什么？
5. 时钟作为定时器主要用于哪几个方面？

第7章 智能仪表设计与应用

本章所选的应用实例均使用基于51系列单片机和STM32作为控制器，从简单到复杂，详细论述了智能仪表的设计过程。应用实例均进行了实物设计与调试，通过学习可以掌握智能仪表的总体设计过程。

7.1 单片机最小系统设计

针对系统要求完成CPU选型后，首先要进行单片机最小系统的设计。所谓单片机最小系统或者最小应用系统，是指用最少的元件组成可以工作的单片机系统。

7.1.1 51系列单片机最小系统设计

对51系列单片机来说，最小系统一般应该包括：电源电路、晶振电路、复位电路。典型的51系列单片机最小系统如图7-1所示。

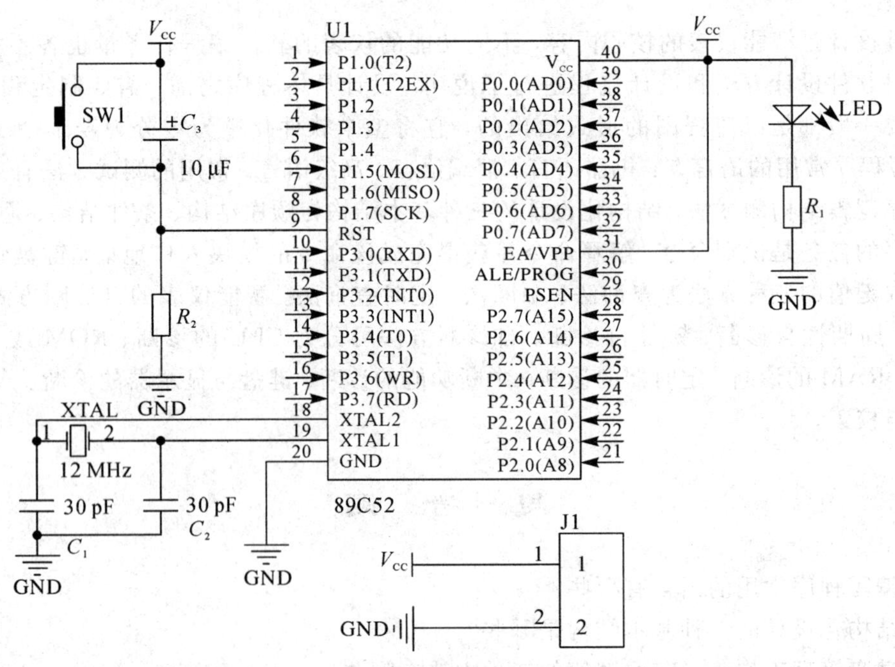

图7-1 51系列单片机最小系统

1. 电源电路的设计

对于一个完整的电子设计来讲，首要问题就是为整个系统提供电源供电模块。电源模块的稳定可靠是系统平稳运行的前提和基础。51系列单片机虽然使用时间最早、应用范围最广，但是在实际使用过程中，一个很典型的问题就是相比其他系列的单片机，51 系列单片机更容易受到干扰而出现程序跑飞的现象。防止这种现象出现的手段之一就是为单片机系统配置一个稳定可靠的电源供电模块。系统电源可以采用交流供电方式、直流电池供电方式、USB 接口供电方式等。

在交流供电系统中，可将外接单相交流电经整流、滤波电路后，由三端固定输出集成稳压器组成的串联型稳压电源提供直流电压。三端固定输出集成稳压器是一种串联调整型稳压器，它将调整、输出和反馈取样等电路集成在一起形成单一元件，只有输入、输出和公共接地三个引出端，通过外接少量元器件即可实现稳压，使用非常方便，故称为三端固定输出集成稳压器。

典型的三端固定输出集成稳压器产品有 78xx 正电压输出系列和 79xx 负电压输出系列。稳压器的优点是使用方便，不需作任何调整，外围电路简单，工作安全可靠，适合制作通用型、标称输出的稳压电源。其缺点是输出电压不能调整，不能直接输出非标称值电压，与一些精密稳压电源相比，其电压稳定度还不够高。典型的电源电路如图 7－2 所示，220 VAC 为交流电压 220 V。

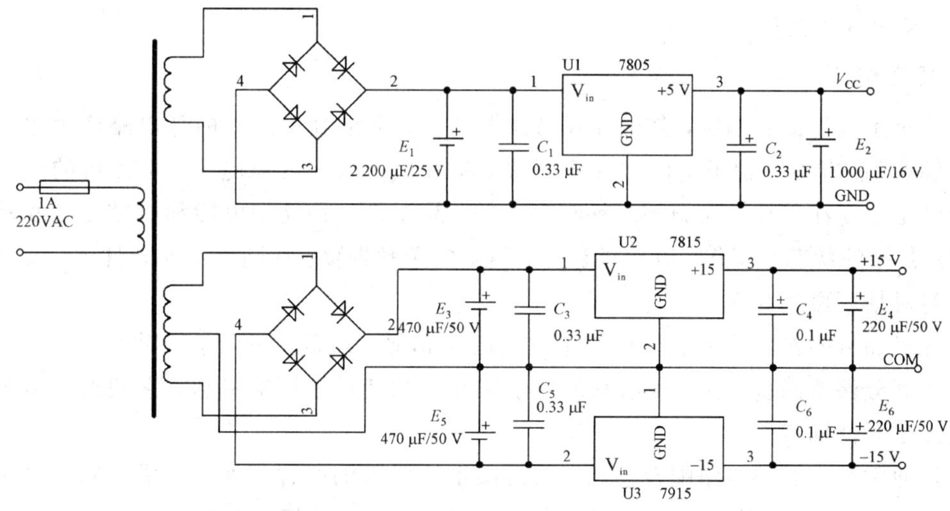

图 7－2　典型的电源电路

供电模块的电源也可以通过计算机的 USB 接口供给(见图 7－3)，或由外部稳定的 5 V 电源供电模块供给。电源电路中接入了电源指示灯 LED，图 7－3 中 R_{11} 为 LED 的限流电阻，S_1 为电源开关。

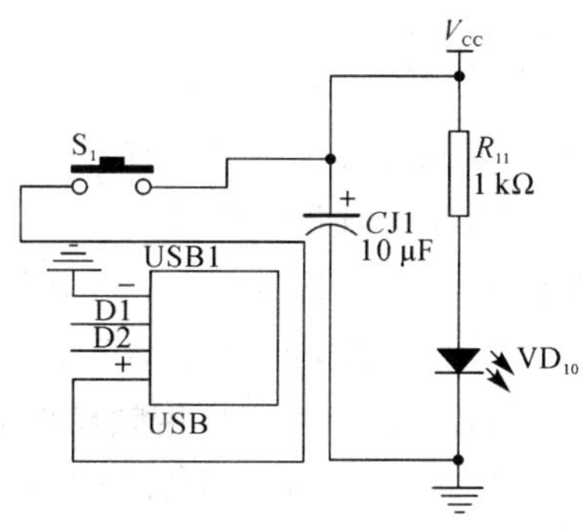

图 7－3　USB 接口供给电源

2. 复位电路的设计

单片机复位是为了把电路初始化到一个确定的空状态。在单片机内部，复位的时候一些寄存器以及存储设备将装入厂商预设的一个值。

单片机复位电路的原理是在单片机的复位引脚 RST 上外接电阻和电容，实现上电复位。当复位电平持续两个机器周期以上时，复位有效。复位电平的持续时间必须大于单片机的两个机器周期，具体数值可以由 RC 电路计算出时间常数。

复位电路由上电复位和按键复位两部分组成。

(1) 上电复位：51 系列单片机为高电平复位，通常在复位引脚 RST 上连接一个电容到 V_{CC}，再连接一个电阻到 GND，由此形成一个 RC 充放电回路，保证单片机在上电时 RST 脚上有持续足够时间的高电平进行复位，随后回归到低电平进入正常工作状态。外接电阻和电容的典型值为 10 kΩ 和 10 μF。

(2) 按键复位：按键复位就是在复位电容上并联一个开关，当开关按下时电容被放电，RST 被拉到高电平，而且由于电容的充电需要一段时间，RST 引脚会保持一段时间的高电平，从而使单片机复位。

3. 振荡电路的设计

单片机系统里都有晶振，其全称叫晶体振荡器，它结合单片机内部电路产生单片机所需的时钟频率。单片机晶振的时钟频率越高，单片机运行速度就越快。单片机的一切指令的执行都是建立在单片机晶振的时钟频率上的。晶振是一种能把电能和机械能相互转化的晶体，在共振的状态下工作，以提供稳定、精确的单频振荡。在通常工作条件下，普通的晶振频率绝对精度可达 0.5‰。

单片机晶振的作用是为系统提供基本的时钟信号。通常，一个系统共用一个晶振，便于系统各部分保持同步。有些通信系统的基频和射频使用不同的晶振，它们通过电子调整频率的方法保持同步。

晶振通常与锁相环电路配合使用，以提供系统所需的时钟频率。如果不同子系统需要不同频率的时钟信号，则可以用与同一个晶振相连的不同锁相环来提供。

AT89C51 使用 12 MHz 的晶体振荡器作为振荡源，由于单片机内部带有振荡电路，所以外部只要连接一个晶振和两个电容即可，电容容量一般在 15 pF 至 50 pF 之间。如果有通信接口电路，晶振的选择根据标准波特率确定。

7.1.2 STM32 嵌入式最小系统设计

嵌入式最小系统主要包括电源电路、复位电路、时钟(晶振)电路。以 STM32F103ZET6(简称 STM32)单片机为例对嵌入式最小系统进行说明。

STM32 系统供电电压可选取 3.3 V 为工作电压，V_{DD}(2.0～3.6 V)引脚为 I/O 引脚和内部调压器供电。VSSA(2.0～3.6 V)引脚和 VDDA(2.0～3.6 V)引脚为 ADC、复位模块、RC 振荡器和 PLL(Phase Locked Loop)锁相环倍频输出的模拟部分供电。使用 A/D 转换器时，V_{DD}引脚的电压不得小于 2.4 V。VDDA 引脚和 VSSA 引脚必须分别连接到 V_{DD}引脚和 V_{SS}引脚。当关闭 V_{DD}引脚时(通过内部电源切换器)，VBAT(1.8～3.6 V)引脚为

RTC、外部 32 kHz 振荡器和后备寄存器供电。

针对 STM32 控制器，其电源设计采用三端可调集成稳压器，如 LM317 和 LM337。LM317 是正电压输出的，其输出电压范围为 1.2～37 V。LM337 是负电压输出的，其输出电压范围为－1.2～－37 V。三端可调集成稳压器输出电流的能力根据系列不同从 0.1 A 到 5 A 不等。例如，LM317L 为 0.1 A，LM317H 为 0.5 A，LM317 为 1.5 A，LM318 为 5 A(输出电压为 1.2～32 V)。常用的三端可调供电电路如图 7－4 所示。

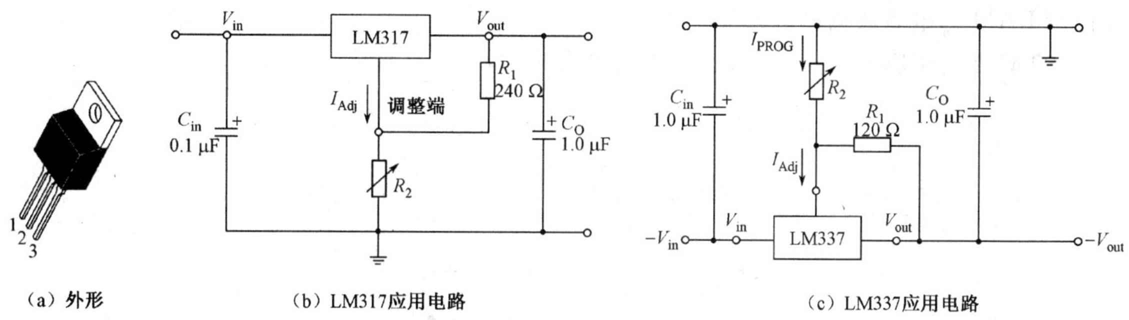

图 7－4　常用的三端可调供电电路

STM32 上电复位后默认使用内部 8 MHz 晶振，如果外部接了 8 MHz 的晶振，可以切换使用外部的 8 MHz 晶振，并且可最终 PLL 倍频到 72 MHz。

外接晶振时钟电路分为两部分：一部分为单片机内部系统时钟电路，晶振为 8 MHz；另一部分为内部 RTC 时钟电路，晶振为 32.768 kHz。单片机系统时钟电路如图 7－5 所示，内部 RTC 时钟电路如图 7－6 所示。

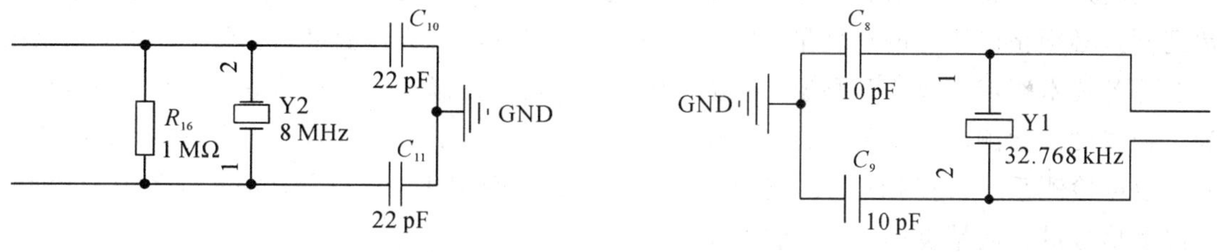

图 7－5　单片机系统时钟电路

图 7－6　内部 RTC 时钟电路

复位电路也是单片机系统典型外部电路之一，如图 7－7 所示。单片机最小系统整体图如图 7－1 所示。

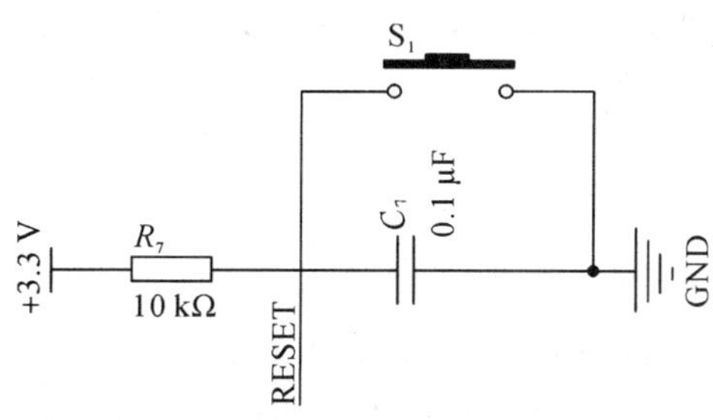

图 7－7　复位电路

每个 STM32 芯片上都有两个引脚 BOOT0 和 BOOT1，这两个引脚在芯片复位时的电平状态决定了芯片复位后从哪个区域开始执行程序，规则如下：

(1) BOOT1=x，BOOT0=0。从用户闪存启动，这是正常的工作模式。

(2) BOOT1=0，BOOT0=1。从系统存储器启动，这种模式启动的程序功能由厂家设置。

(3) BOOT1=1，BOOT0=1。从内置 SRAM 启动，这种模式可以用于调试。

需要注意的是，一般不使用从内置 SRAM 启动(BOOT1=1，BOOT0=1)这种模式，因为 SRAM 掉电后数据就会丢失。

STM32 的引脚 BOOT0 和 BOOT1 的接线图如图 7-8 所示。

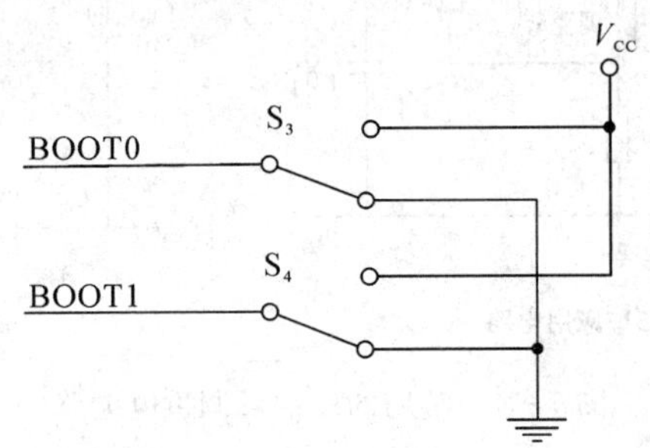

图 7-8　BOOT0 和 BOOT1 接线图

7.2　温度检测系统的设计

温度是与人类的生活和工作关系最密切的物理量，也是各门学科与工程研究设计中经常遇到且必须精确测定的物理量。从工业炉温、环境气温到人体温度，从空间、海洋到家用电器等各技术领域都离不开测温和控温。因此，测温、控温技术发展最快，应用范围最广。为了使温度的检测趋向于智能化，控制功能更加强大，有必要开发智能、直观、具有综合功能的温度检测系统。该系统的研制能够成功应用到生产生活中，并充分发挥该系统的特点，对温度信号进行高精度的采集、监测及无线传输。

7.2.1　系统设计要求

温度检测系统以电机绕组工作温度为测量对象，采用埋置式安装，要求测量温度范围为−50～300℃，测量精度要求达到 0.1℃。系统还要求将测量温度实时传送到上位机进行温度显示和后续的处理。

7.2.2　总体方案设计

根据温度工作范围和应用场合选取铂电阻作为温度传感器，以 51 系列单片机作为控制 CPU 进行现场温度采集和数据传输；上位机软件设计平台可接收温度信息，现场温度传送采用无线红外传输，上位机数据接收采用串口通信。系统结构框图如图 7-9 所示。

硬件电路设计主要包括温度检测部分、信号放大部分、A/D 转换部分、键盘显示部分、红外通信部分和上位机通信部分。

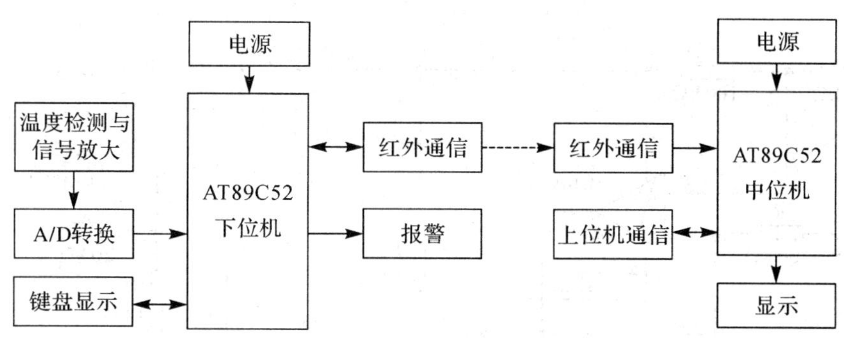

图 7-9　系统结构框图

根据系统设计要求，采用 AT89C52 作为中央处理器，采用 WZP 型铂热电阻 Pt100 作为测温元件，采用 14 位双积分型 A/D 转换器 ICL7135 进行 A/D 转换，采用 SE303 进行红外发送，采用 HS0038 进行红外接收，实现与中位机的无线通信，采用 HD7279A 专用智能控制芯片进行键盘显示，中位机采用 74LS164 扩展接口接 LED。上位机通信采用 RS-232 通信接口。

7.2.3　硬件电路设计

1. 信号采集与放大的实现

铂电阻因具有测温范围大、性能稳定、重复性好等特点在工业上被广泛应用。应用铂电阻测温的原理是：采用不平衡电桥将铂电阻随温度变化的电信号输出，再经放大和 A/D 转换后送至单片机进行运算。

本系统提出采用恒流源方案，铂电阻采用三线制接法来减小引线电阻所引起的误差。恒流源电路如图 7-10 所示，IC4 为 2.5 V 稳压器，调节 R_5 可得 1 mA 恒流源。

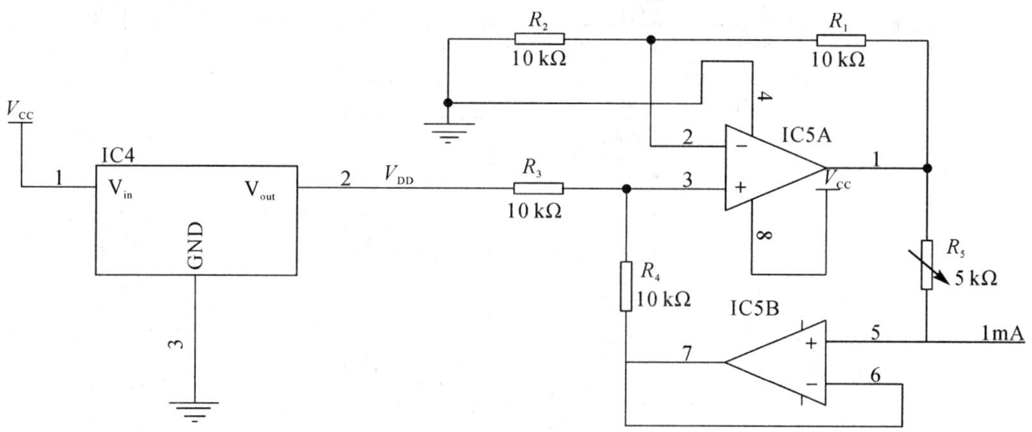

图 7-10　恒流源电路

测量电路如图 7-11 所示，R_{11} 和 LM324 的 5 引脚分别与铂电阻的两根引线相连，引线电阻未画出。第一级电路：LM324 的第一个运放(IC6A)差动检测 100 Ω 标准电阻 R_9 的电压，LM324 的第二个运放(IC6B)跟随 Pt100 的电压。第二级电路：LM324 的第三个运放(IC6C)差动检测 Pt100 与 100 Ω 标准电阻的电压差值。最后一级电路：LM324 的第四个运放(IC6D)放大所检测到的模拟电压，并送至 A/D 转换器进行转换。

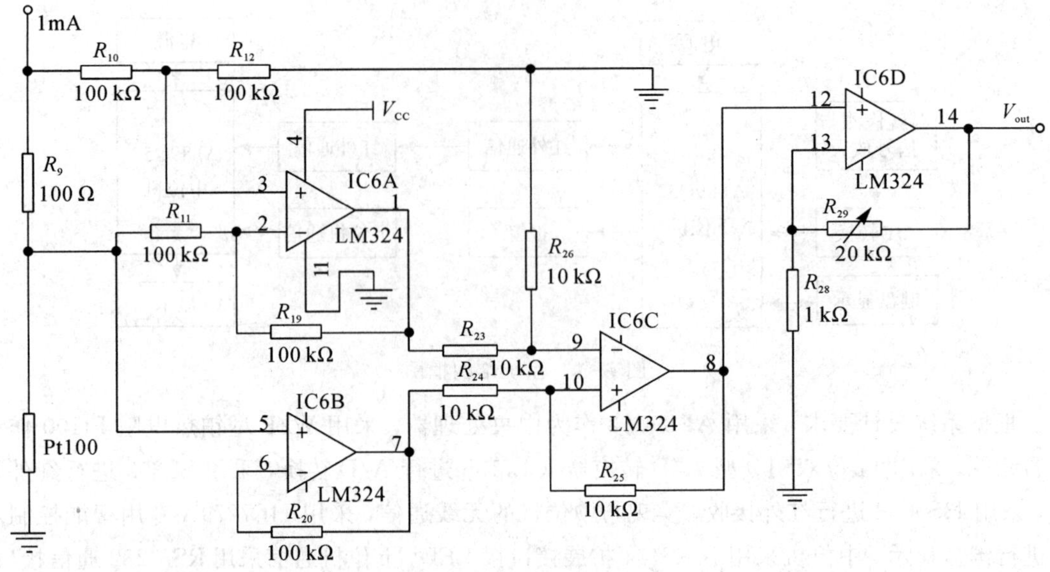

图 7-11　测量电路

2. A/D 转换器与单片机接口电路

系统采用双积分型 A/D 转换器 ICL7135 进行 A/D 转换。它具有转换精度高、灵敏度高、抑制干扰能力强、造价低等特点，在各类数字仪表和低速数据采集系统中得到了广泛的应用。ICL7135 数据以 BCD 码格式输出，很容易与 LED、LCD、显示器及 CPU 连接。A/D转换器接口电路如图 7-12 所示。

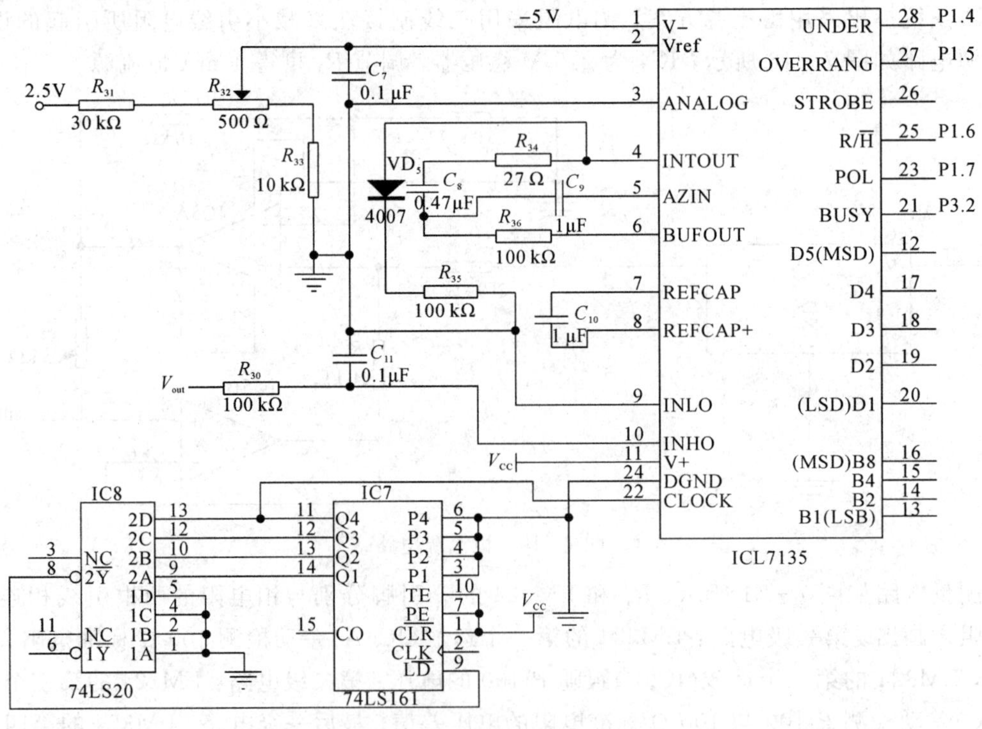

图 7-12　A/D 转换器接口电路

“V_{out}”测量为模拟电压，该电压被送入 ICL7135。2.5 V 电压由稳压芯片提供，调节 R_{32} 可得到 1 V 高精度的参考电压。为了提高转换精度，可以将 ICL7135 的输入频率设定为 125 Hz，即频率由 2 MHz 转变为 125 Hz(16 分频)。图 7－12 中利用 74LS161 构成十六进制的加法器，由 74LS20 双四输入与非门对 74LS161 的置数端进行控制，从而实现由 74LS161 和 74LS20 构成的 16 分频的分频器。

3. 键盘显示接口电路

系统设计中，为了显示方便，在现场采集端(下位机)和数据接收端(中位机)都设计了显示装置。现场采集端利用键盘和 LED 显示器的专用智能控制芯片实现 HD7279A。它能对 8 位共阴极 LED 显示器或 64 个 LED 发光管进行管理和驱动，同时能对多达 8×8 的键盘矩阵的按键情况进行监视，具有自动消除键抖动并识别按键代码的功能，从而可以提高 CPU 的工作效率。HD7279A 和微处理器之间采用串行接口，其接口电路和外围电路简单，占用接口线少。下位机键盘显示接口电路如图 7－13 所示。

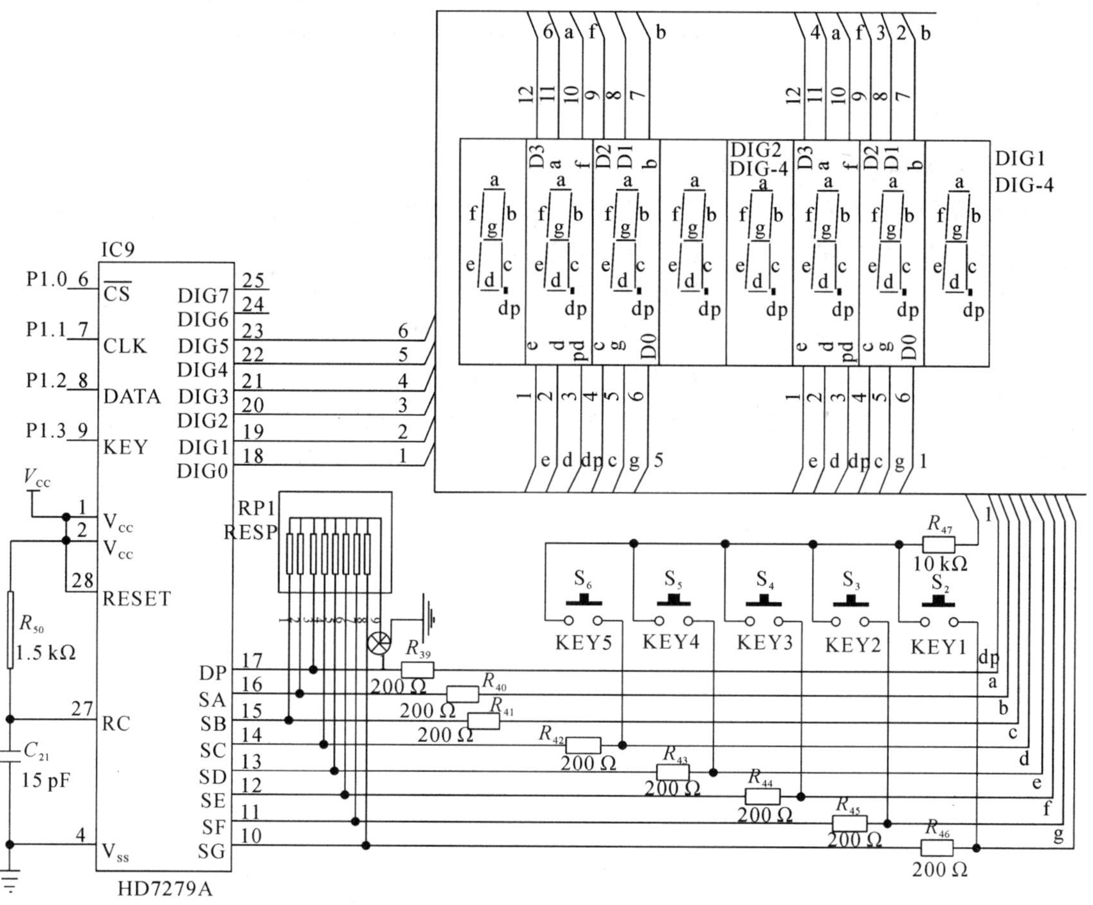

图 7－13　下位机键盘显示接口电路

中位机仅在调试时使用，故采用简单的 74HC164 驱动 LED 显示，5 片级联使用，并使 74HC164 工作于动态扫描静态输出状态。中位机显示接口电路如图 7－14 所示，图中电阻阻值均为 1 kΩ。

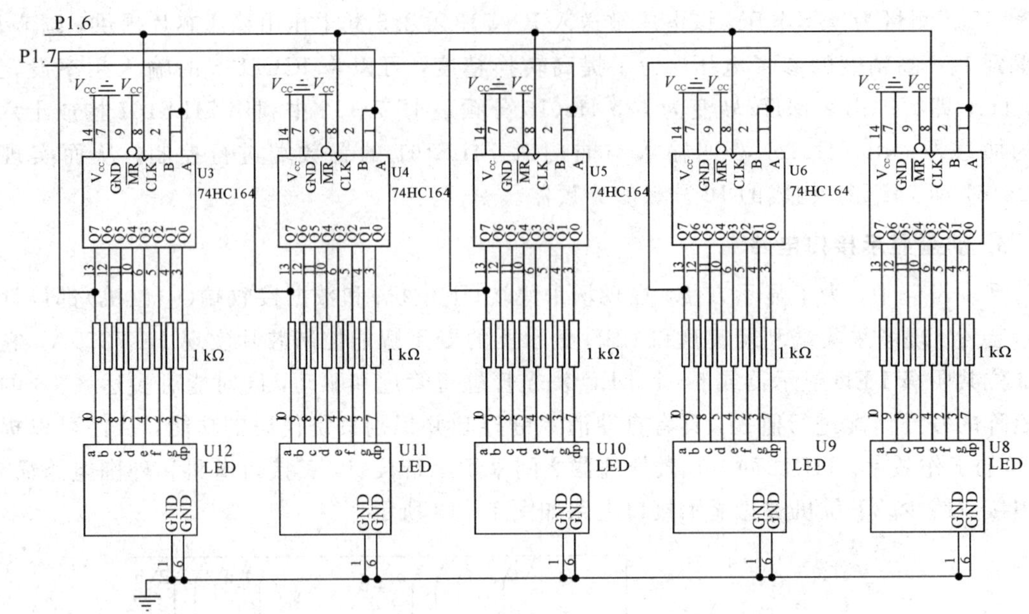

图 7-14　中位机显示接口电路

4. 红外通信接口及报警电路

红外通信由发送和接收两个部分组成。发送端采用单片机将待发送的二进制信号编码调制为一系列的脉冲串信号，通过红外发射管发射红外信号。接收端接收红外信号并进行放大、检波、整形得到 TTL 电平的编码信号，再送入单片机解码。

系统设计中采用的 SE303 是红外发射二极管。当 P2.4 为高电平时，三极管 9013 导通，SE303 通电发射红外线，实际上发射的是频率为 38 kHz 的脉冲串；反之，三极管 9013 截止，SE303 截止不发射红外线。接收端 IR1 采用 HS0038 接收红外信号，频率为 38 kHz，周期约为 26 μs。报警电路为 I/O 口直接控制三极管驱动蜂鸣器报警。红外通信和报警电路图如图 7-15 所示。

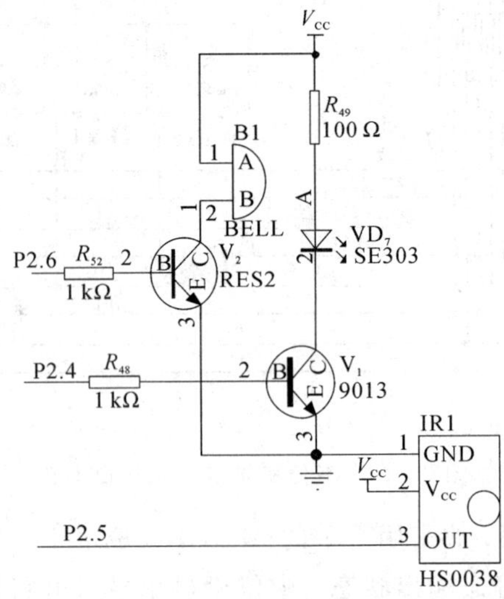

图 7-15　红外通信和报警电路

5. 与上位机通信电路

与上位机通信电路采用 RS-232C 标准接口进行通信，采用三线制接法，即 RXD、TXD、GND(信号地线)。PC 与单片机连接电平转换电路采用 MAX232 电平转换电路。串行通信电路如图 7-16 所示。

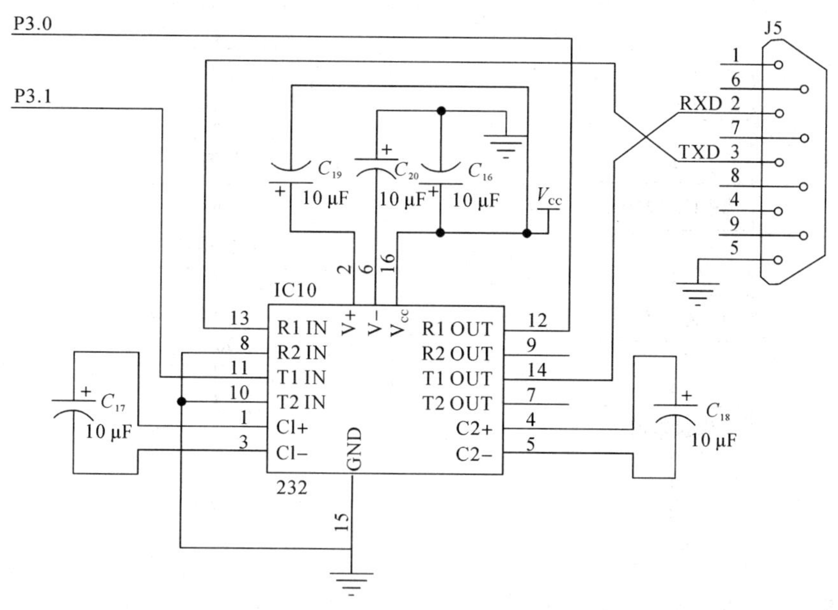

图 7-16 串行通信电路

7.2.4 软件设计

软件工作流程如下：上电复位后，系统首先初始化 A/D 转换器 ICL7135 和键盘显示芯片 HD7279A 及其他设备；其次检查 ENT 键是否按下，若按下，则开始进行工作，显示初始的设定值 0，进入到键盘设定状态；再次，进行通道及该通道温度报警值的设定，显示操作过程中所改变的数值的变化，各通道均设定完成后退出键盘设置；然后调用 A/D 子程序，调用显示，调用红外发送，判断是否为安全温度以决定是否调用报警子程序；最后，返回到判断键盘设定，程序循环进行。主程序流程图如图 7-17 所示。

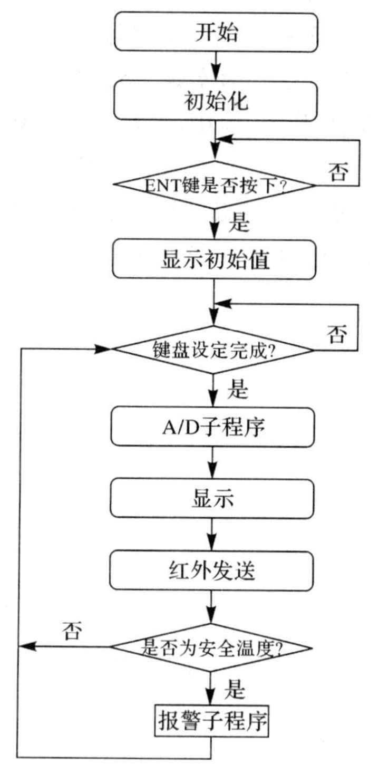

图 7-17 主程序流程图

1. 键盘与显示软件设计

根据键盘显示电路，键盘显示子程序流程图如图 7-18 所示，键盘设置子程序流程图如图 7-19 所示。一般情况下，单片机应用系统需要执行其他任务，一次执行时间不超过 20 ms。显示任务是指单片机发送给 HD7279A 器件的显示命令或控制命令，其执行时间不超过 5 ms。键一次按下保持时间一般在 60 ms 以上，而定时读取键值代码的时间间隔大约为 30 ms，因此只要合理安排软件执行时序，常规任务、显示任务和键盘操作就不会产生任何冲突，而且不会漏掉任何一次按键动作。

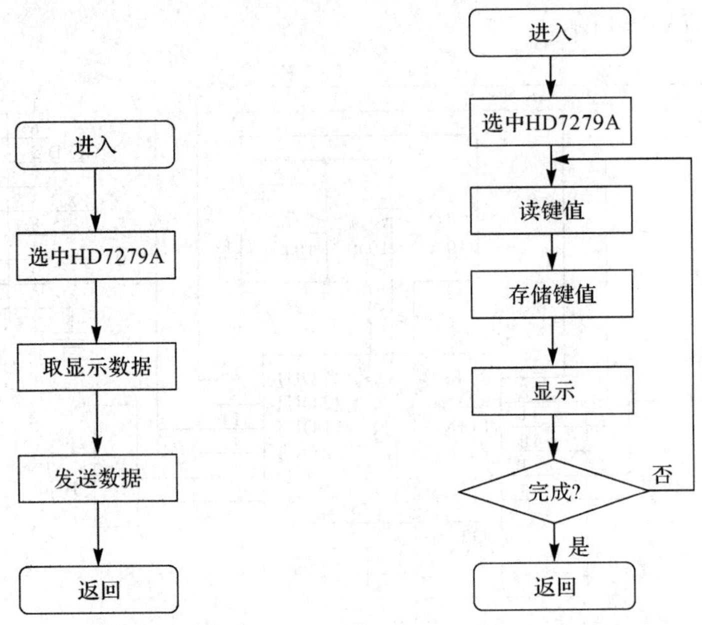

图 7-18　键盘显示子程序流程图　　图 7-19　键盘设置子程序流程图

2. A/D 部分的软件设计

由于铂电阻的阻值随温度的改变是非线性的，因此本系统测温采用软件查表进行非线性插值，很好地实现了铂电阻的非线性较正。将这些值编成表并存储于单片机内，当测得电阻值时，与表中数据进行比较，找出实测的电阻值在表中哪两个相邻数据之间，即找出了两个插值点。然后，计算出实测电阻值在插值点间的比例，根据比例值和两插值点对应的温度值就可以计算出测量的电阻所对应的温度。因为双积分型 A/D 转换器测得的值为时间量，所以要进行折算处理。A/D 子程序流程图如图 7-20 所示。

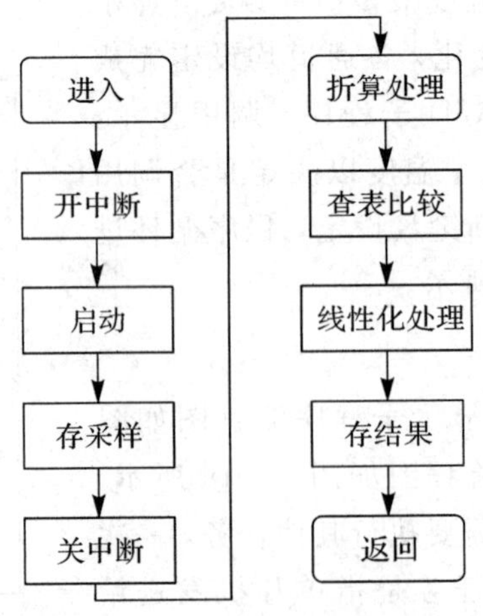

图 7-20　A/D 子程序流程图

3. 红外通信软件设计

红外载波频率为 38 kHz，它由单片机 I/O 口输出高低电平实现，其编码、调制、解调与解码可参考硬件原理红外遥控部分。红外发送子程序流程图如图 7－21 所示，红外接收子程序流程图如图 7－22 所示。

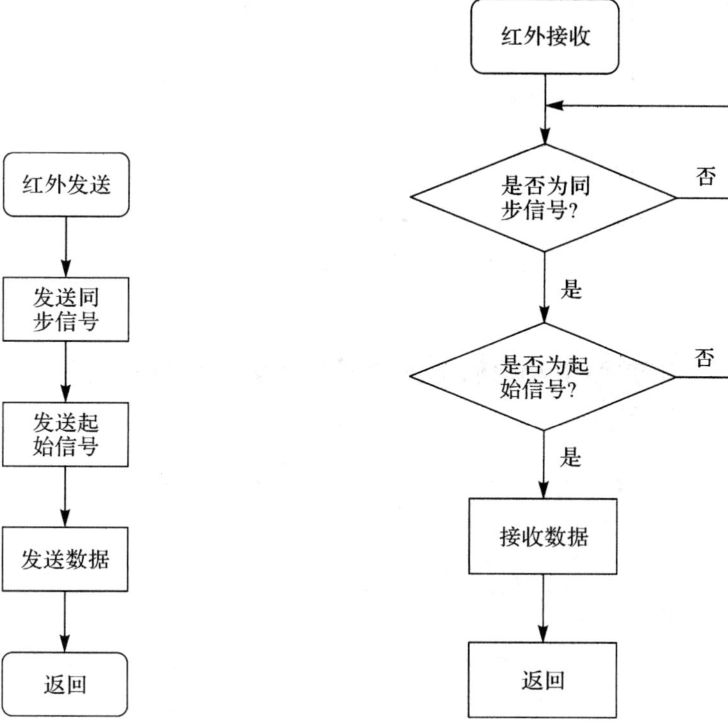

图 7－21　红外发送子程序流程图　　　　图 7－22　红外接收子程序流程图

4. 上位机软件设计

上位机编程采用 Visual Basic 面向对象编程技术，通过事件驱动来执行对象的操作。在事件驱动的程序中，代码不是按照固定的路径执行的，而是在相应不同的事件发生时执行不同的代码模块，这是一种交互式的程序开发过程。

上位机实时测量界面如图 7－23 所示，历史值段查询界面如图 7－24 所示，历史值点查询界面如图 7－25 所示。

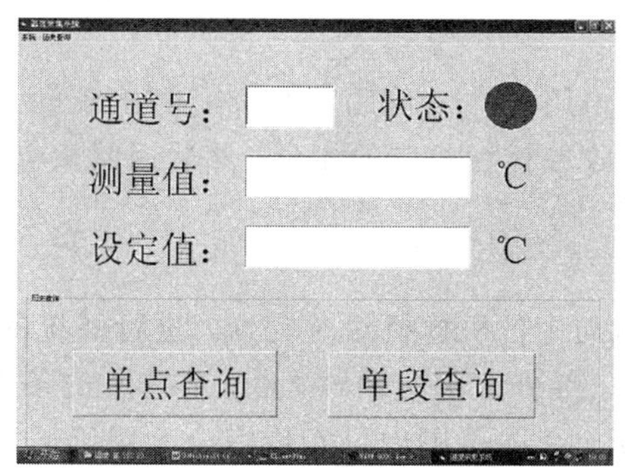

图 7－23　上位机实时测量界面

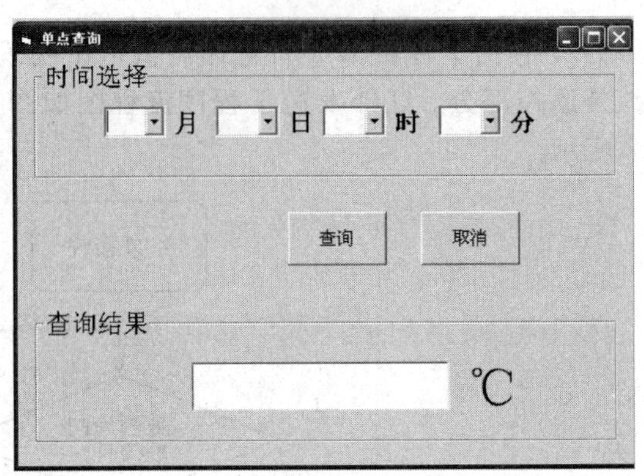

图 7-24　历史值段查询界面

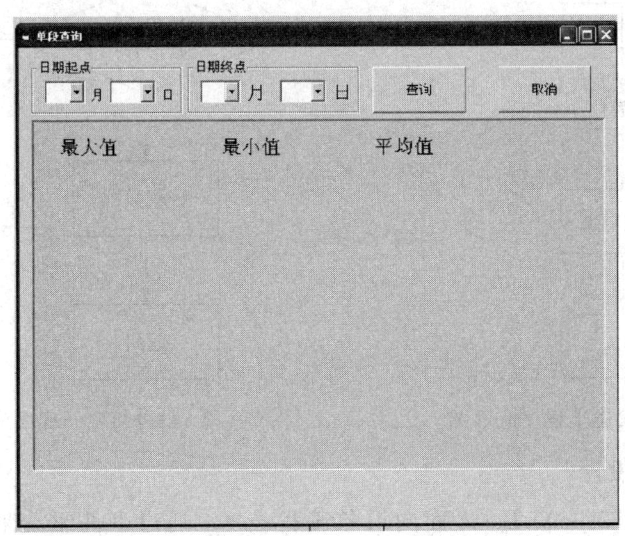

图 7-25　历史值点查询界面

串行通信利用 MSComm(MicroSoft Communication)控件实现，该控件是 Microsoft 公司提供的用于简化 Windows 下串行通信编程的 ActiveX 控件。为实现数据实时采集性，即每当缓冲区有规定个数以上的新字符到达或通信状态发生变化时，MSComm 控件就触发该事件并获取缓冲区的数据。

通信方式设置：波特率采用 2400，使用求“校验和”法校验，通信采用应答方式，即上位机发出命令字，下位机接收并执行相应的命令，然后返回相应的数据。

7.2.5　系统调试

根据系统设计将下位机与中位机样机组装完成，进行系统的整机调试。下位机实时测量并显示温度值，工作正常。红外通信的调试，由于实验室的条件所限，不能以最大通信距离进行实验，但经多次实验，10 m 范围内可实现完全无误码通信。上位机实时监测，工作正常。系统调试如图 7-26 所示。

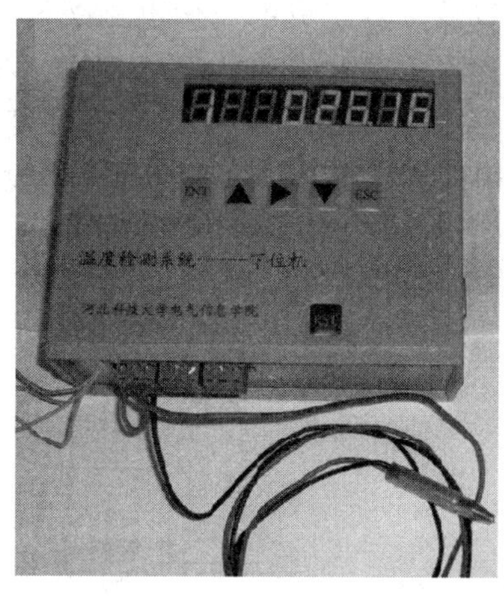

图 7-26　系统调试

由于系统设计理论分析可基本消除引线电阻所引起的误差，且运用线性插值可完全达到系统的要求。但是，经由冰水混合物的零点校正和 100℃沸水的校准发现，当温度变化很大时，测量结果会有一些误差。经分析得知，该误差主要来自集成运算放大器 LM324，更换高精度的集成运算放大器后此问题将会得到解决。

7.3　通用仪表测试仪的设计

机车电气仪表是用于机车各种电量(电压、电流)的测量和模拟指示的仪表，它可以帮助司机实时了解机车各部分工作是否正常。机车电气仪表是保证机车安全运行的重要监督手段。为了保证机车电气仪表的正常使用，需要定期对仪表的准确度等级进行检定。

7.3.1　系统设计要求

通用仪表测试仪是为校验机车电气仪表而设计的。该仪器主要实现的功能如下：

(1) 采用电池供电。

(2) 采用点阵液晶显示模块。

(3) 可以输出 DC 0～75 mV、0～2 V、0～5 V、0～10 V、0～150 V、0～160 V、0～600 V、0～5 mA、0～20 mA、0～200 mA、0～2 A 等多种电压或者电流信号，精度要求为 0.25%。

(4) 可以存储现场测试的数据。

(5) 可以与上位机通信，并且将测量数据传送到上位机，进行报表、打印、存储。

(6) 具有浏览、删除历史记录功能。

(7) 采用旋转编码开关(一键飞梭开关)实现人机操作界面。

7.3.2　总体方案设计

本测试仪采用 AT89C55WD 单片机作为控制和数据采集的控制器，采用 TLC2543 来采样模拟量，输出电压采用 D/A 转换器作为基准输出，通过驱动放大电路和开关逆变电源来实现低压和高压的输出。低压输出时，采用运算放大器组成的比例电路来实现 0～10 V 的输出。高压输出时，采用 D/A 转换器作为开关逆变电源的基准电压，调整 D/A 转换器输出的电压，就可以改变开关逆变电源脉宽调整器 SG3525 输出的 PWM(脉冲宽度调制)波的脉宽和频率，从而改变输出的电压值。本系统采用了大屏幕的点阵液晶显示模块，通过旋转编码开关来实现对系统参数的设置、保存、输入等操作。系统结构框图如图 7-27 所示。

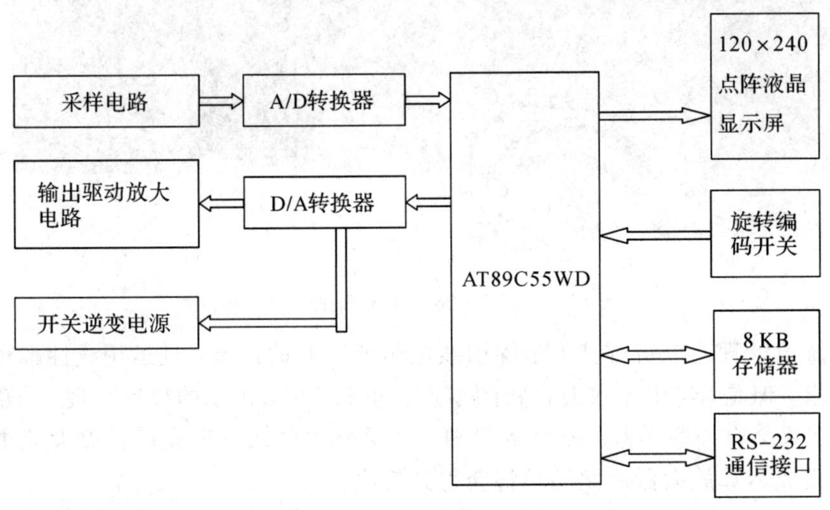

图 7-27　系统结构框图

系统要求采用 12 V 直流供电，可以输出最高 1000 V 的电压，所以设计中采用以 SG3525 为核心的单片开关电源来实现逆变升压输出，电路原理图如图 7-28 所示。

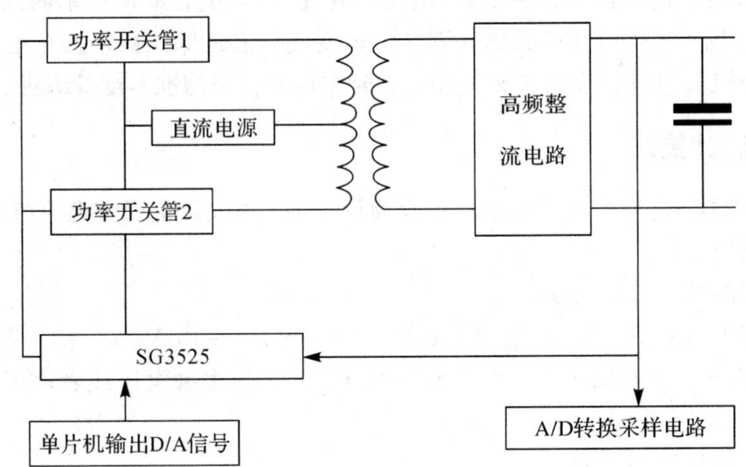

图 7-28　电路原理图

电池提供的直流 12 V 电压通过高频变压器和功率开关管 1、2 产生 31 kHz 的高频振荡，其脉冲宽度和频率受 PWM 控制芯片 SG3525 的控制。高频变压器的次级升压输出 31 kHz的可调交流电压，经整流滤波后变成直流输出电压。输出电压由单片机输出的 D/A 信号给定电压决定，并通过 A/D 转换电路送入单片机作为反馈输入电压。因为 SG3525 本身有着较好的闭环控制功能，所以在单片机给定的基准电压一定的条件下，可以输出比较稳定的电压。

7.3.3　硬件电路设计

硬件电路设计主要包括电压电流采集电路、A/D 转换电路、键盘显示电路、红外通信电路和上位机通信电路。

1. CPU 引脚分配

根据电子线路原理图，首先介绍 CPU 引脚分配和液晶显示电路，CPU 接线图如图 7－29 所示。

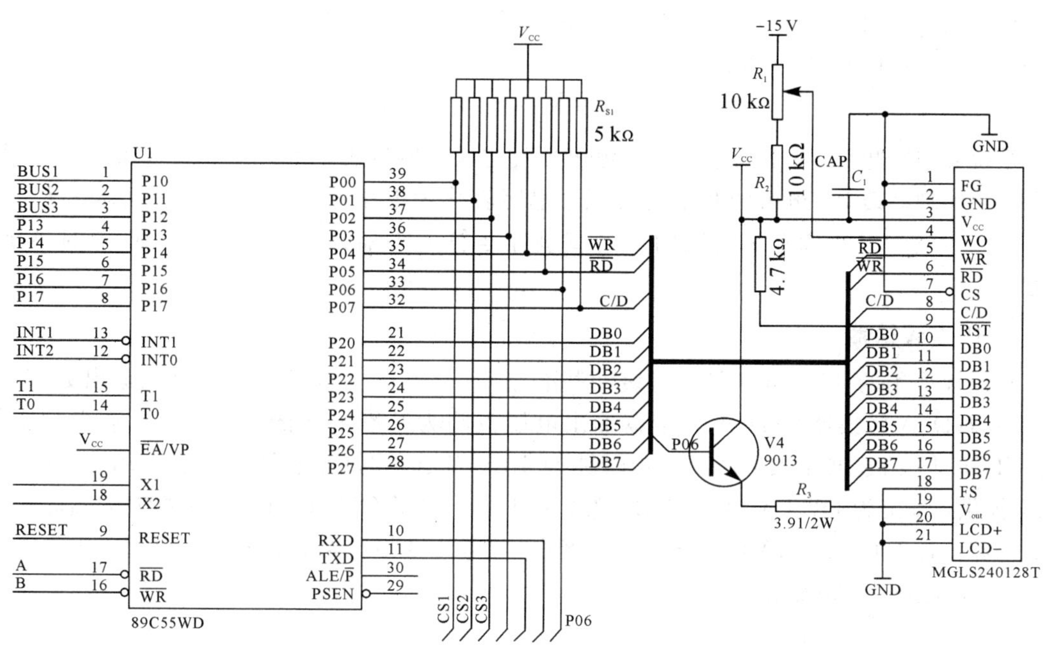

图 7－29　CPU 接线图

CPU 引脚分配包括外设芯片的片选信号（CS1～CS3）、串行通信接口信号（BUS1～BUS3）、并行通信接口信号（DB0～DB7）、控制信号和一般输入输出信号等。

2. T6963C 液晶显示模块

采用 MGLS240128T 图形液晶显示模块进行显示，其内置有 T6963C 控制器的液晶显示模块。它与 CPU 的接线图如图 7－29 所示。

3. A/D 转换器

本设计采取 TI 公司生产的 11 通道串行 A/D 转换器 TLC2543CN，TLC2543CN 与外围电路的连线简单，3 个控制输入端为 CS（片选）、输入/输出时钟（I/O CLOCK）以及串行数据输入端（DATA INPUT）。

由于 51 系列单片机不具有 SPI 或相同能力的接口，为了便于与 TLC2543CN 接口，采用软件合成 SPI 操作。为减少数据传送受微处理器的时钟频率的影响，尽可能选用较高的时钟频率。TLC2543CN 的 I/O 时钟、数据输入、片选信号由 P1.0、P1.1、P0.2 提供，转换结果由 P1.2 口串行读出。TLC2543CN 的电压和参考电压接线图如图 7－30 所示。

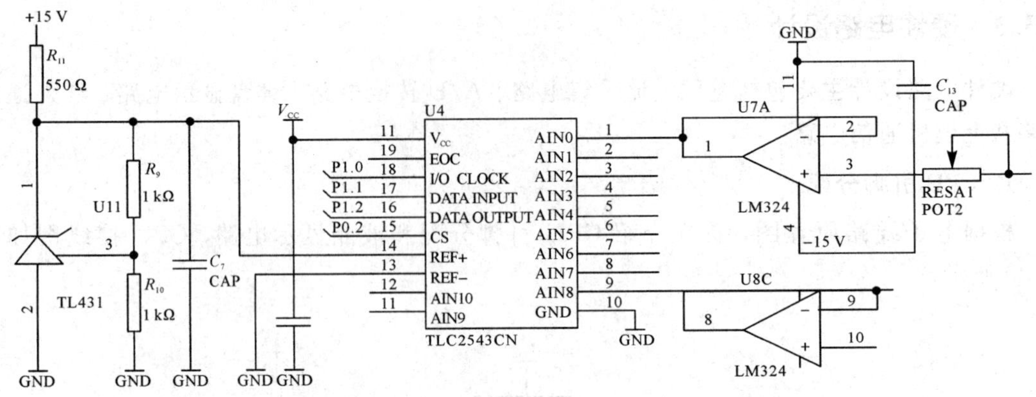

图 7－30　TLC2543CN 的电压和参考电压接线图

系统要求输出 11 种不同量程的直流电压和电流，所以可以利用 TLC2543CN 的 11 路输入通道实现。其中，电流的测量需要经过电阻转化为电压信号后经运算放大器送入，如图 7－29 中的 AIN0 通道；电压的测量直接经运算放大器送入，如图 7－30 中的 AIN8 通道。

4. D/A 转换器

本设计采用的 TLC5617 是带有缓冲基准输入(高阻抗)的双路 12 位电压输出数字/模拟转换器(D/A 转换器)。D/A 转换器输出电压范围为基准电压的两倍，而且输出是变化的。TLC5617 的数据输入 DIN、同步时钟 SCLK、片选信号 $\overline{CS}$ 分别由单片机 P1.0、P1.1、P0.1 提供，输出为 OUTA 和 OUTB。图 7－31 中给出了 OUTB 引脚经运算放大器输出电压的电路。对于 0～20 mA 的电流，可以经电压/电流变换电路直接输出。对于大电压和大电流，可以经 SG2525 输出。

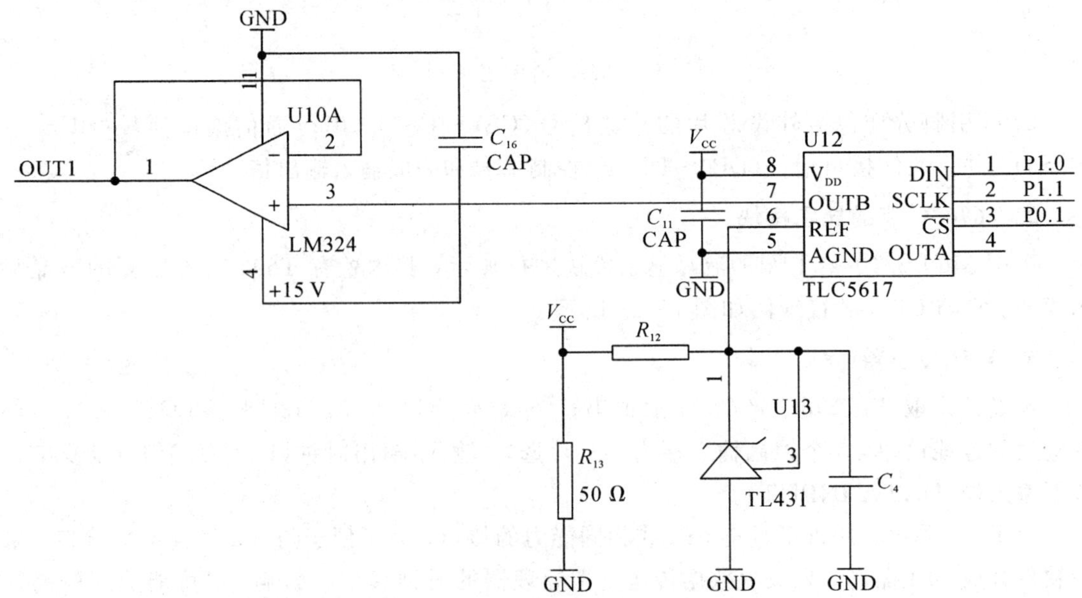

图 7－31　D/A 转换器接线电路图

5. 存储器

由于本仪表需要保存现场测量的数据，所以在电路中设计了一个 EEPROM 存储器 X5645。

X5645 是一种集看门狗、电压监控和串行 EEPROM 三种功能于一体的可编程电路。这种组合设计减少了电路对电路板空间的需求。X5645 中的看门狗对系统提供了保护功能。当系统发生故障而超过设置时间时，电路中的看门狗将通过 $\overline{\text{RESET}}$ 信号向 CPU 发出复位信号。它所具有的电压监控功能还可以保护系统免受低电压的影响。当电源电压降到允许范围以下时，系统将复位，直到电源电压返回到稳定值为止。X5645 存储器与 CPU 可通过串行通信方式接口，其存储空间共有 8 KB。存储器接线电路图如图 7－32 所示。

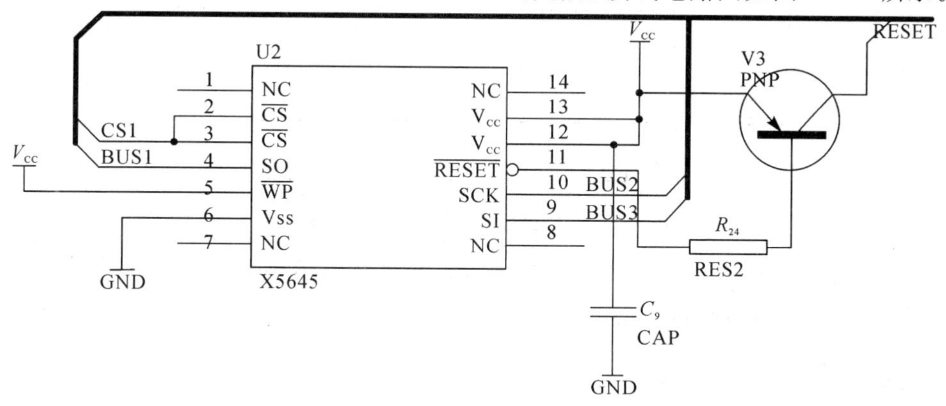

图 7－32　存储器接线电路图

6. 旋转编码开关

本设计采用了旋转编码开关(一键飞梭开关)，这种开关是通过旋转进行操作的，可简化键盘的设计。它与单片机的接口电路如图 7－33 所示。其中，输出 K1 表示左旋，K3 表示右旋，K5 表示按下。当有任意输入时，产生中断送入 CPU，并利用引脚 P1.5、P1.6、P1.7 判断开关状态。

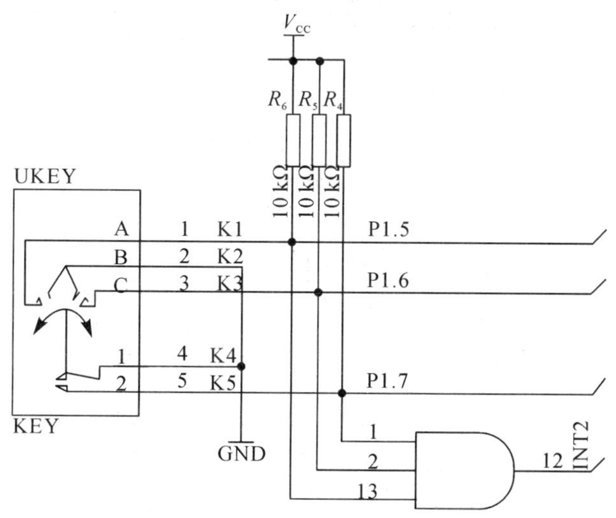

图 7－33　旋转编码开关与单片机的接口电路

该器件输出的波形如图 7 - 34 所示。

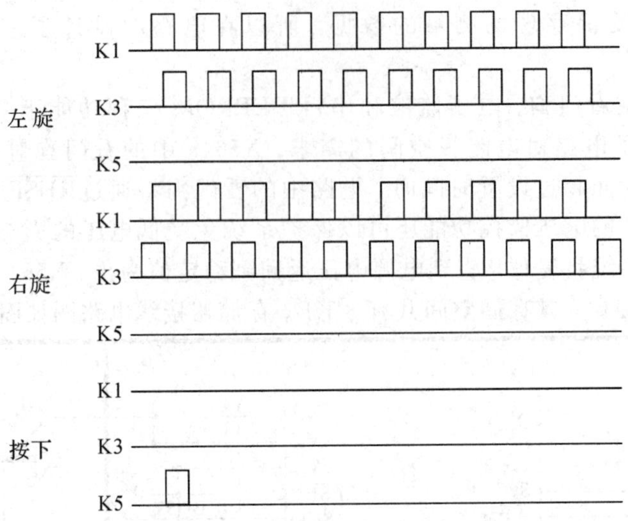

图 7 - 34　旋转编码开关输出的波形图

通过软件的编程来鉴别 K1 和 K3 的相位差来判断旋钮的旋转方向，当按下按钮时，K5 出现脉冲，故可以识别出按下操作。

7.3.4　软件设计

首先分析系统主要功能，绘制总体软件流程图如图 7 - 35 所示。系统包括初始化设置、判断按键动作后转入各自子程序。各子程序流程图不再重复，程序设计中包括数据分析和处理。这里简单介绍数字滤波的方法。

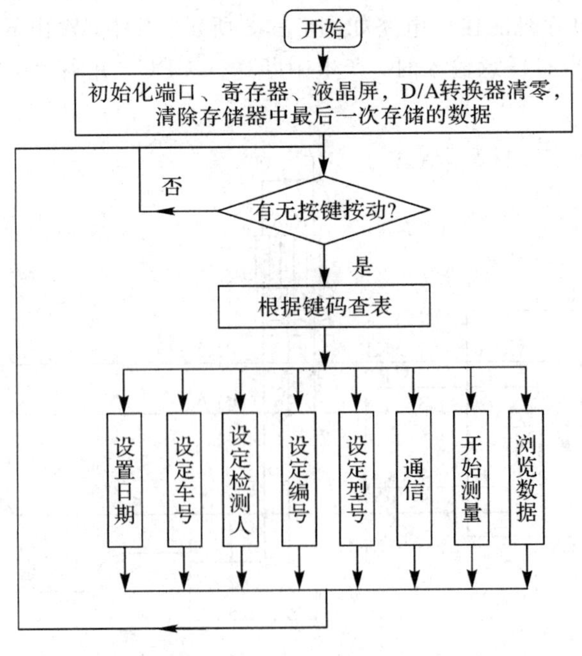

图 7 - 35　总体软件流程图

在一块数据采集系统中，由于元器件排放、布线、数字共模干扰等因素，会导致 A/D 采样回去的数据发生漂移，如果不采取滤波措施，那么采样的数据将无法利用。

在前向测试通道上采用的抗干扰措施中，滤波方法是抑制干扰的一种有效途径。在工业现场中，可利用硬件滤波器电路或软件滤波器算法提高测试数据的准确性。硬件滤波措施是使用较多的一种方法，技术比较成熟，但同时也增加了设备，提高了成本，而且电子设备的增加有可能带来新的干扰源。而采用软件滤波算法不需要增加硬件设备，可靠性高，功能多样，使用灵活，具有许多硬件滤波措施所不具备的优点。当然，它需要占一定的运行时间。

常用的两种软件滤波方法：

(1) 中值滤波法：每次取 N 个 A/D 转换值，去除其中的最大值和最小值，取剩余的 $N-2$ 个 A/D 转换值的平均值。

(2) 程序判断滤波法：根据经验确定出两次采样的最大偏差 ΔY，若先后两次采样的信号相减数值大于 ΔY，表明输入为干扰信号，应去除；用上次采样值与本次采样值比较，若小于或等于 ΔY，表明没有受到干扰，此时本次采样值有效，这样可以滤去随机干扰和传感器不稳定而引起的误差。

在本次设计中，考虑到单片机的速度和资源有限的问题，所以采取了第一种滤波方法——中值滤波法，即采样一组数据，然后对其进行排序，去掉前面的几个大的采样值和后面的几个小的采样值，然后对中间剩下的采样值求平均值，即可以得到比较稳定的终值。在单片机中，内部的 RAM 为 256 字节，所以选取了高 128 字节作为 A/D 采样的缓冲区，一共可以采样 64 个数据。

7.3.5 系统调试

通用仪表测试仪在实验、调试过程中，各项参数都基本上符合要求，输出的电压、电流达到了设计中要求的 0.25%的精度，并且采用的 SG3525 开关逆变电源输出的电压也很稳定，输出的波纹系数小于 1%，采用的 X5645 可以存储 500 多条记录数据。系统中，采取的软件滤波方法、输出电压的闭环控制等有效措施，都达到了很好的效果；采用的旋转式菜单界面，极大地简化了操作。另外，在实际的调试中发现的问题是，开关电源的发热量很大，特别是在输出高压时，经过分析认为，造成这种情况的主要原因是当输出电压高时，开关电源的效率变低，还有开关管在高频时损耗也将变大，也会导致变压器和开关管发热。

7.4 矿井瓦斯监测报警定位系统的设计

由于井下环境恶劣，为了使工作人员能够在井下安全地工作，把矿井事故发生的概率降到最低，需要对矿井中的环境参数进行实时监测。一旦发现不正常的状况，马上发出警报信号，通知作业人员立即撤离矿井。

7.4.1 系统设计要求

矿井瓦斯监测报警定位系统是基于 IEEE 802.15.4 协议标准设计的无线数据传输网络。该网络为低功耗、低成本、近距离、低速率的无线传感网络，它的电池使用寿命长，可实现一点对多点的通信，两点间的对等通信，快速组网自动配置、自动恢复，高级电源管理，且任意的节点之间可相互协调实现数据通信。

矿井瓦斯监测报警定位系统的设计主要有以下性能指标的要求：

(1) 通信与组网：实现大规模 ZigBee 节点间点到点、点到多点的无线通信。

(2) 管理与基础服务：运用通信与组网部分提供服务，将服务支持提供给应用系统。

(3) 系统可采集瓦斯、湿度和温度等模拟量以及开合、风门、送电等开关量。

(4) 使用频段：2.4～2.483 GHz。

(5) 节点功耗：50～300 mW。

(6) 通信协议标准：IEEE 802.15.4 标准和 ZigBee 协议。

(7) 调制方式：直接序列扩频(DSSS)。

(8) 数据传输速率：250 KB/s。

(9) 节点间通信范围：75～100 m。

(10) 时延：15～30 ms。

7.4.2 总体方案设计

系统在 ZigBee 无线数据传输技术的基础上设计了矿井瓦斯监测报警定位系统，实现对井下工作环境中的瓦斯浓度、温度和湿度等环境参数的及时测量。

每个系统都包括：一台计算机(用于显示监控，又叫上位机)、一个网关节点、许多个固定节点(参考节点)和移动节点(定位节点)。网关节点的任务是不仅能接收由监控软件提供的各参考节点和定位节点的传输数据，还要能接收各节点反馈的有效数据并传输给监控软件。总之，网关作用相当于 ZigBee 的一个协调器，负责为整个监测报警定位系统服务，协调系统各部分的工作。参考节点是一个静止节点，这个节点必须正确地配置在定位区域中，它的任务是提供一个包含自己位置值的信息包给定位节点。移动节点能够与离自己最近的参考节点通话，收集这些节点的位置值，并根据这些信息和输入参数计算自己的位置信息，然后将适当的信息再发送给网关，通过网关与计算机形成另一个直观的系统。

矿井瓦斯监测报警定位系统的简要工作过程如下：井下巷道和矿工帽子上安装有许多的传感器节点，这些节点包括瓦斯传感器、温湿度传感器和液晶显示屏等模块，用于实时检测气体浓度和井下环境温湿度，并及时将它们显示出来。其中，矿工帽子上安装的是一个 CC2431 模块(移动节点)，在井下巷道中安装的是大量的 CC2430 模块(参考节点)，这些移动节点和参考节点自组织成一个庞大的无线传感器网络。整个系统除这些移动、参考节点外，还有地面监控中心来统一协调工作和显示、报警。

当井下瓦斯浓度或温湿度超过安全值时，首先在当地报警并显示(通知井下工作人员)，同时将这一参数的变化传递给离此处最近的参考节点，通过参考节点再把信号经传输节点传递给网关，然后传送给上位机，通知地面监控人员瓦斯浓度已超标，应马上断电撤离现场。此外，定位(移动)节点可以通过硬件来实现对所有邻居节点的 RSSI(接收的信号强度)值的扫描，通过多组 RSSI 值经某种算法可估算定位(移动)节点与参考节点的距离，最后按照已有的定位算法对定位节点进行定位，以便找到瓦斯泄漏处并消除，恢复安全生产。

系统的整体结构图如图 7 - 36 所示，定位节点结构图如图 7 - 37 所示。

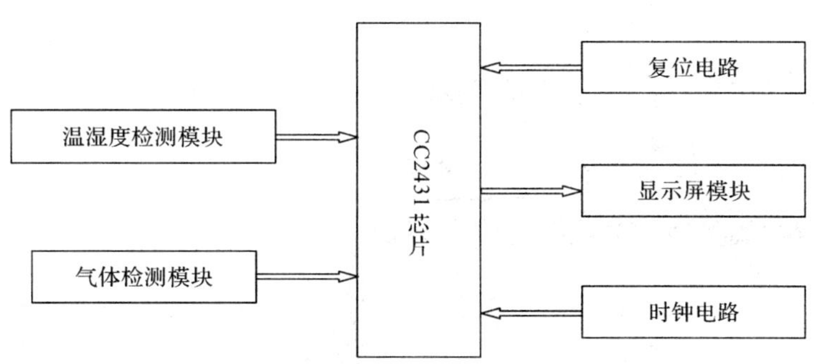

图 7－36　系统的整体结构图

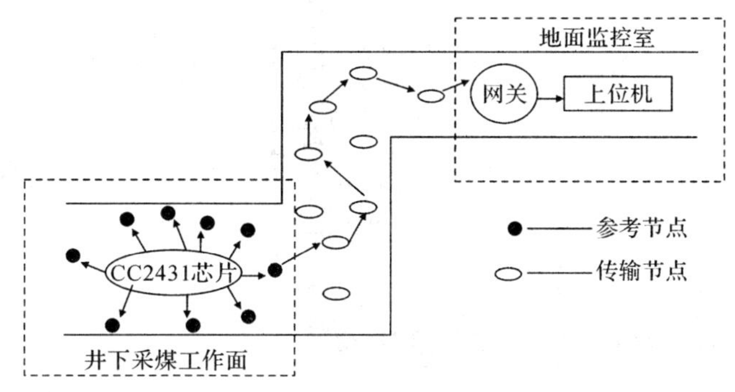

图 7－37　定位节点结构图

本系统的核心芯片为 CC2430/CC2431 。它是 Chipcon 公司推出的用来实现嵌入式应用的无线片上系统(SoC)，支持 2.4 GHz 的 IEEE 802.15.4 协议和 ZigBee 协议标准。它是一个具有增强型 8051 内核的 8 位微处理器，其尺寸为 7 mm×7 mm。系统选用 MJC4/3.0L 型瓦斯传感器和 DHT11 型温湿度传感器，实时检测井下有害气体及温湿度。为便于观察气体浓度及温湿度值，选用 LCD1602 显示屏模块。此外，还设计了声音和闪光灯报警电路。

7.4.3　硬件电路设计

1. CPU 选型

系统选用 CC2430/CC2431 作为控制器，它是一个 8 位 MCU(8051)的无线片上系统(SoC)，采用 0.18 μm CMOS 生产工艺，工作时的电流损耗为 27 mA，能够满足以 ZigBee 为基础的 2.4 GHz 频段对低成本、低功耗的要求。

它使用了一个 2.4 GHz 的直接序列扩频(DSSS)射频收发器核心和一个工业应用级的 8051 微控制器。它具有 32/64/128 KB 可编程闪存和 8 KB 的 RAM。此外，它还包含模/数转换器(ADC)、定时器(Timer)、AES128 协同处理器、看门狗定时器(Watchdog Timer)、32 kHz 晶振的休眠模式定时器、上电复位电路(Power On Reset)、掉电检测电路(Brown Out Detection)以及 21 个可编程 I/O 引脚。因此，采用较少的外围电路就能实现信号的收发。CC2430 典型的应用电路如图 7－38 所示。只要将必要的引脚接上电源，再加上时钟电路和天线就组成了最简单的 CC2430/CC2431 典型的应用电路。

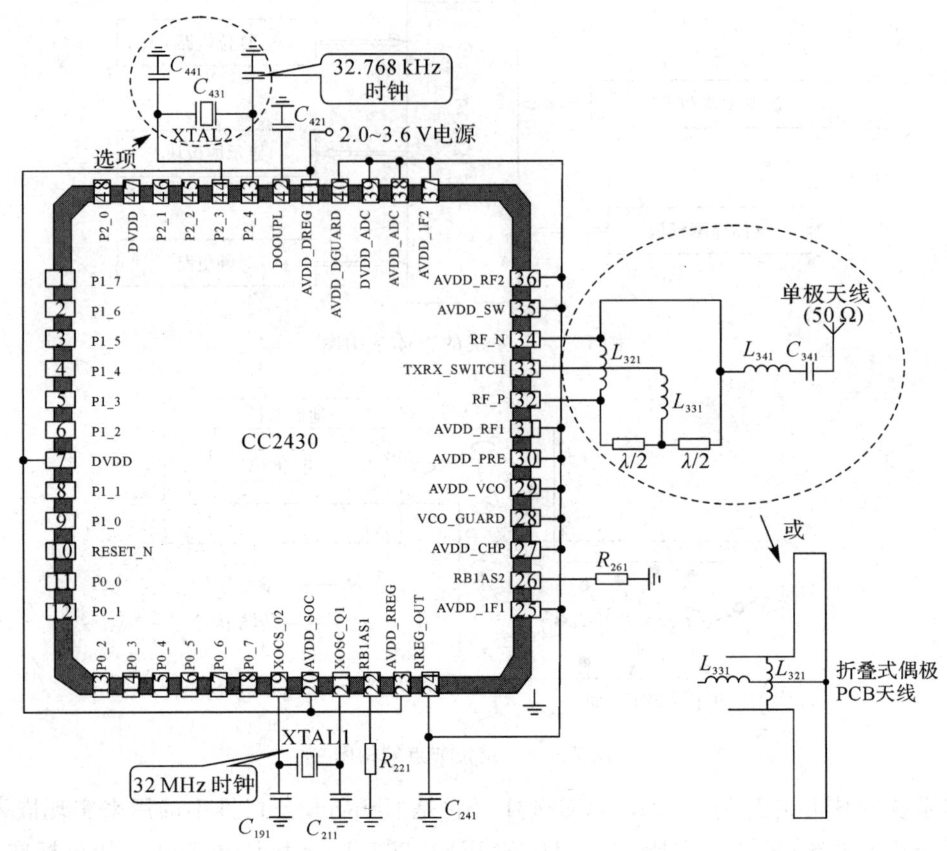

图 7-38　CC2430 典型的应用电路

2. 温湿度传感器的选型

系统采用 DHT11 温湿度检测模块，输出形式为数字输出。湿度测量范围：20%～95%（0～50 湿度范围），湿度测量误差±5%；温度测量范围：0～50℃，温度测量误差±2℃，与 CPU 的接线电路如图 7-39 所示。

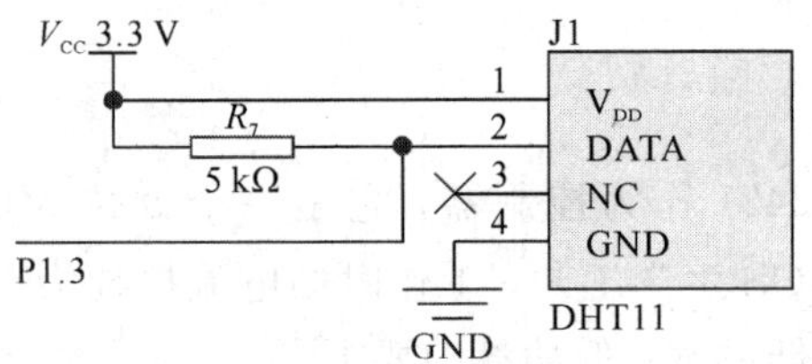

图 7-39　DHT11 温湿度传感器与 CPU 的接线电路

3. 瓦斯传感器的选型

本系统选用 MJC4/3.0L 型瓦斯传感器，其主要数据参数有：工作电压为(3.3±0.1)V；工作电流为(110±10)mA；1%甲烷灵敏度为 20～30 mV；1%丁烷灵敏度为 30～50 mV；1%氢气灵敏度为 25～45 mV；线性度小于或等于 5%；响应时间大于 10 s；恢复时间小于 30 s，与 CPU 的接线电路如图 7-40 所示。

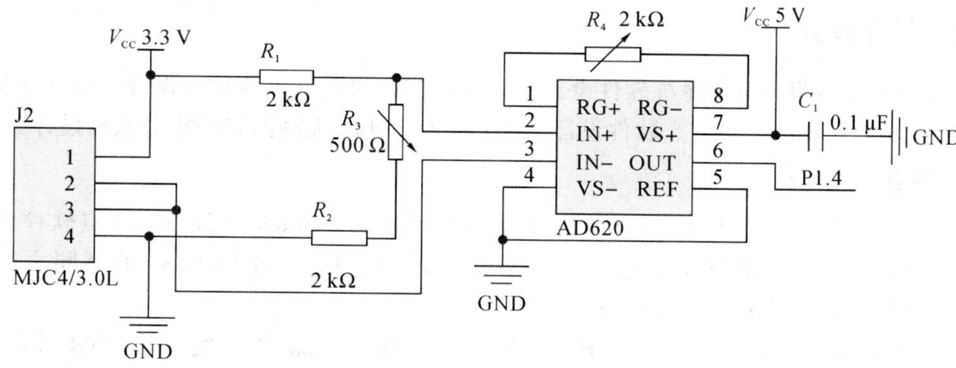

图 7-40　MJC4/3.0L 型瓦斯传感器与 CPU 的接线电路

4. 液晶显示屏的选型

本系统选用 LCD1602 型液晶显示屏。LCD1602 型液晶显示屏需 5 V 电压驱动。LCD1602 型液晶显示屏的主要技术参数有：显示容量是 16×2 个字符；芯片工作电压是 4.5～5.5 V；工作电流是 2.0 mA；最适合的工作电压是 5.0 V；字符尺寸是 2.95 mm×4.35 mm；具有背光；能并行数据传输。LCD1602 型液晶显示屏引脚图如图 7-41 所示。

5. 声音及发光报警电路的设计

报警方式多种多样。目前，常采用的方式为声音报警和发光报警，通过灯光的闪烁和间歇声音通知矿工井下危险，赶快撤离。声光报警电路如图 7-42 所示。

图 7-42 中 BUZ1 为压电式蜂鸣器，其驱动电流为 10 mA，采用 NPN 型 8050 晶体三极管来驱动压电式蜂鸣器。通过编程使 P1.1 保持高电平几秒再保持低电平几秒，这样便可使得蜂鸣器和发光二极管间歇式发声和闪光了。

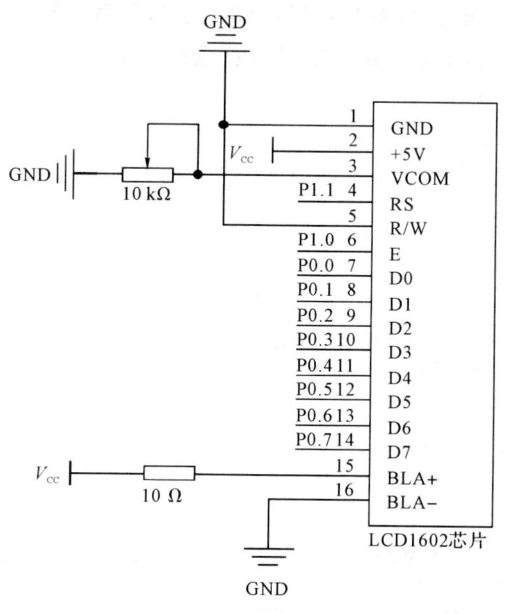

图 7-41　LCD1602 型液晶显示屏引脚图

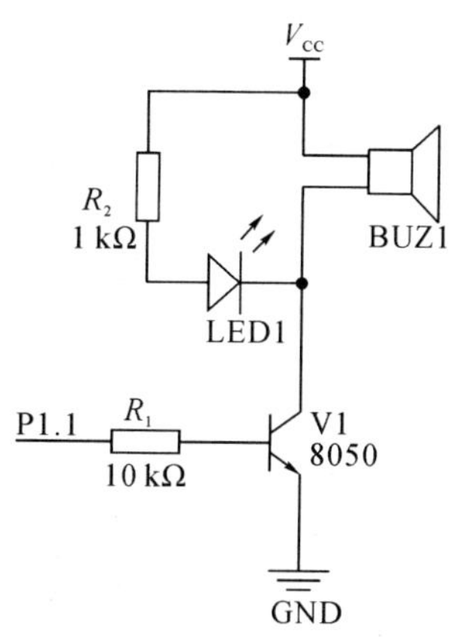

图 7-42　声光报警电路

7.4.4 软件设计

矿井瓦斯监测报警定位系统软件设计包括传感节点和上位机的软件设计。本节主要研究基于CC2431为核心的传感节点软件设计，分析基于ZigBee无线网络的定位软件设计原理。

1. 开发软件简介

CC2430/CC2431有专门的片上应用方案操作系统Z-Stack协议栈，节点软件设计就是在Z-Stack协议栈的基础上进行用户程序设计。CC2431与CC2430的不同之处在于CC2431具有一个无线定位跟踪引擎。

ZigBee无线网络开发平台C51RF-CC2431-ZDK的软件开发平台IAR Embedded Workbench(简称IAR EW)的C/C++交叉编译器和调试器是现在最完善和最容易使用的专业应用开发工具。IAR EW对不同的微处理器提供一样的直观用户界面。现在，IAR EW已支持35种以上的8位、16位、32位(ARM)微处理器结构。

IAR EW包括：嵌入式C/C++编译器、汇编器、连接定位器、库管理员、编辑器、项目管理器和C-SPY调试器。使用IAR EW软件的编译器优化、紧凑代码，能节省硬件资源且降低产品成本，提高该产品市场实力。另外，它所生成的可执行代码能够用于更微型、更小花费的处理器芯片上，从而降低产品的整体开发成本。

2. CC2431的定位系统

定位系统由参考节点和移动节点组成，原理框图如图7-43所示，计算机连接网关实现对整个网络的工作调度，编写的监测定位软件可实现矿井瓦斯监测报警定位系统的检测。网关用于组建一个ZigBee无线传感器(WSN)网络，并充当协调器，把移动节点坐标及外部环境参数传送给主机，由CC2430器件实现；参考节点由用户指定固定坐标，并为移动节点提供该坐标和RSSI平均值，可由CC2430或CC2431器件实现；移动节点其内部具有定位引擎，移动节点就是传感器节点，能够根据参考节点提供的固定坐标和RSSI平均值计算出自身的精确位置(坐标)，并把该坐标协同移动节点标识号发送给网关。

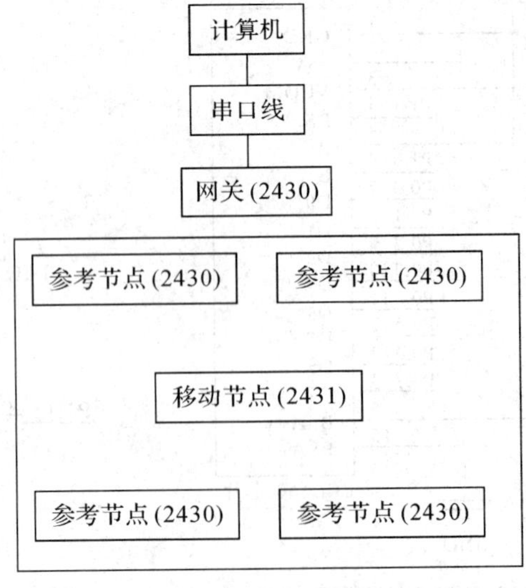

图7-43 具体定位系统原理框图

在基于接收信号强度指示 RSSI 的定位中，已知发射节点的发射信号强度，接收节点根据接收到信号的强度计算出信号的传播损耗，利用理论和经验模型将传输损耗转化为距离，再利用已有的算法计算出节点的位置。该技术硬件要求较低、算法相对简单，在实验室环境中表现出良好特性。但由于环境因素变化的原因，在实际应用中往往还需要进行改进。

由参考节点发送给移动节点的数据包至少包含参考节点的坐标参数：水平位置 X 和垂直位置 Y，RSSI 值可由接收节点计算获得。定位引擎输入参数如表 7-1 所示。

表 7-1　定位引擎输入参数

参数	最小值	最大值	含　义
A	30	50	在离发射机 1 m 内 RSSI 的绝对值
N	0	31	在离发射机 1 m 后信号强度的衰减值
RSSI	40	95	信号强度
X、Y	0	63.75	坐标

其中，射频参数 A 和 N 用于描述网络操作环境。射频参数 A 被定义为用 dBm 表示的距发射端 1 m 处接收到的信号强度的绝对值。如信号强度为 −40 dBm，那么参数 A 被定义为 40。定位引擎的期望参数 A 为 30.0～50.0，精度为 0.5。参数 A 用无符号定点数值给出，最低位为小数位，而其余各位为整数位。A 的一个典型值为 40.0。

射频参数 N 被定义为路径损失指数，它指出了信号能量随着到收发器距离的增加而衰减的值。参数 N 将[0，31]之间的整数索引写入定位引擎，索引用整数表示。如 $N=7$ 写入为 000000111，N 的典型值是 13。

RSSI 的理论值可以由式(7-1)表示，即

$$\text{RSSI}=-(10N\cdot \lg d+A) \tag{7-1}$$

衰减与 $d-N$ 成比例，这里 d 是发射器和接收器之间的距离。

当 CC2431 接收到一个数据包后，会自动将 RSSI 值添加到该数据包中。RSSI 值为数据包接收的前 8 个周期的平均值，用 1 个字节表示。当一个数据包从 CC2431 的 FIFO 中读出时，倒数第 2 个字节包含 RSSI 值，这个值在接收到实际数据包的 8 个符号后测量得到。RSSI 寄存器并不锁定，因此寄存器值不能用于进一步的计算。只有与接收到的数据相关的被锁定的 RSSI 值才能认为是接收数据时获得的正确的 RSSI 测量值。

一般来说，参考节点越多越好。要得到一个可靠的定位坐标至少需要 3 个参考节点。如果盲节点位于参考节点网格外部，很可能得到的结果与实际使用位置差别很大。因此，不应该跟踪位于网格之外的目标。

3. 初始化设计

首先基于 IAR EW 平台新建一个工程，并在工程选项页面完成针对 CC2430 的必要的参数设置。

系统在软硬件初始化成功后，需要执行网络参数配置程序来完成加入网络、绑定节点的操作，然后循环执行其各自的应用程序，如瓦斯传感器数据采样、环境数据报告，传输节点的监听和报告，瓦斯气体监控分站的监听以及周期查询传感器网络的检测数据等。加入

网络和绑定节点的具体操作如下：

加入网络：上电启动后，首先要用 osalInitTasks(函数)进行任务初始化，此函数完成的设置包括分配任务 ID 地址，初始化端点描述符，设定绑定标志，AF(应用)层注册和关闭其描述符，注册 LED 灯，注册按键，注册网络地址，注册匹配描述符响应时间等。初始化完成后，通过建立 SAPI(全称是 The Microsoft Speech API，软件中的语音技术包括两方面的内容，一方面是语音识别(Speech Recognition)，另一方面是语音合成(Speech Synthesis)，这两个技术都需要语音引擎的支持)层加入事件来进入操作系统轮询。传感器节点的加入网络与瓦斯监控分站的新建网络流程是一致的，它们都属于进入事件，可通过配置启动选项、节点类型来判别是新建网络还是加入网络。瓦斯检测终端执行入网操作，通过一些设置和配置参数后，开始执行入网操作。

绑定节点：发送绑定请求前，瓦斯监控分站应首先设置为允许绑定，否则，其整个网络内的设备无法进行绑定。瓦斯监控分站是通过在 AF 层设置匹配描述符来设置允许绑定状态的。

4. 传感器节点监测系统主程序的设计

矿井瓦斯监测报警定位系统的主程序的功能是完成系统的初始化后，进行数据采集与处理，收集并确定节点地址，超限报警并定位等。其主流程图如图 7-44 所示。

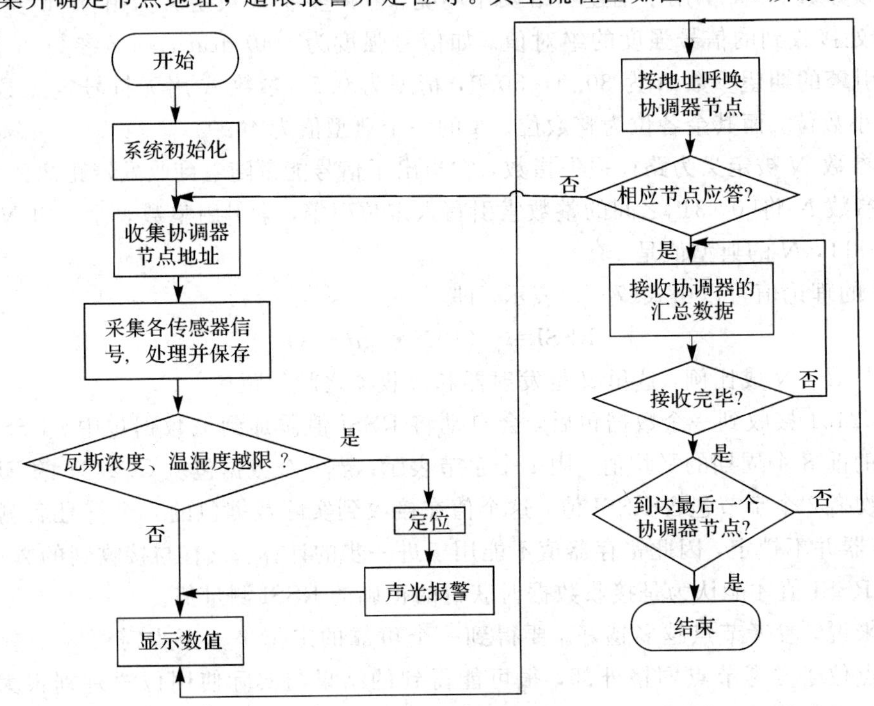

图 7-44　传感器节点监测系统主流程图

当开始执行程序后，首先对整个系统进行初始化并收集协调器节点地址和采集各个传感器的信号并加以处理，检测瓦斯浓度和温湿度传感器是否越限，若越限则定位并报警，若不越限则只显示数值，再逐一呼唤各协调器节点地址，相应节点收到呼唤后发出应答信号，将协调器收集到的各个节点信息汇总，直到最后一个协调器才结束此循环。只要系统上电后就一直循环以上过程，实时监测矿井瓦斯浓度及井下环境的温湿度并显示它们的数值。

5. 定位模块程序设计

图 7-45 所示是 CC2431 定位引擎流程图。可见，定位节点(移动节点)会首先读取所有参考节点的坐标(X，Y)值，然后再读取其他标准参数(A，N，RSSI)值。其中 A 值为距离发射机(CC2430/CC2431)1 m 远的 RSSI 的绝对值，N 值为距离发射机每增加 1 m 衰减的 RSSI 绝对值，RSSI 为 CC2430/CC2431 的信号强度，单位为 dBm。

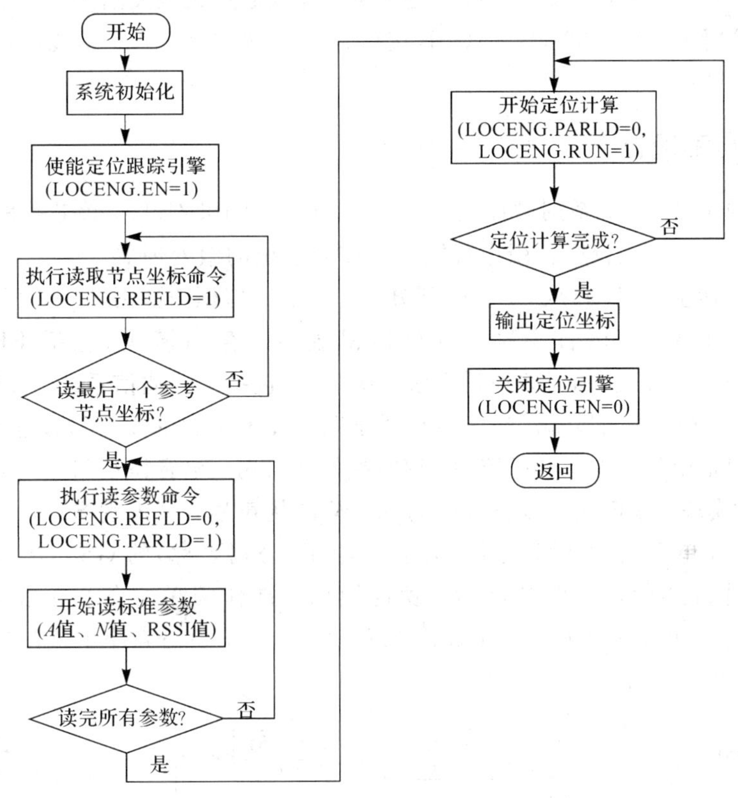

图 7-45　CC2431 定位引擎流程图

当 CC2431 把所有必要的参考节点位置读取之后，便调用某种定位算法，然后将定位坐标输出给上位机。

瓦斯浓度及温湿度传感器采集系统程序、液晶显示屏驱动和串口通信程序在此不做详细介绍。

7.5　智能家居控制系统设计

随着我国的发展，人们的生活条件也发生了越来越多的变化，从以前最简单的衣食住行，到现在追求舒适、高雅、愉悦的外部环境。而随着物联网的发展，智能家居的发展也达到了一个新的高度。

7.5.1　系统设计要求

智能家居控制器设计要求以单片机为控制核心，实现家用电器的语音遥控开关控制、电器工作状态监测、安防报警等功能。本设计要达到以下几个指标：

（1）主机通过语音进行人机交换，语音控制电灯、窗帘、电视等家具，并且可以反馈相关声音。

（2）一般情况下，液晶显示器显示所有参数。在特殊情况下，可通过 GSM 发送短信通知主人。

（3）从机可以采集温度、湿度、燃气等数据，并且通过无线发送到主机。

（4）系统扩展了 RS-232 串口、USB 接口、TTL 串口和 CAN 总线接口，使其通用性增强，可拓展性增高。

7.5.2 总体方案设计

系统采用的是 STM32 系列微控制芯片——STM32F103ZET6，该芯片的高集成度大大简化了外围电路设计，比较适合用作智能家居控制系统的微处理器。

系统设计包括主 CPU 和从 CPU 两部分，其系统原理框图如图 7-46 所示。主 CPU 包括 GSM 模块、触摸屏、语音识别、LCD 液晶显示、存储模块（包括 EEPROM 存储、FLASH 存储、SD 卡存储）和无线通信系统。从 CPU 包括无线通信系统、各传感器子系统、驱动控制系统和 LCD 液晶显示。各个传感器子系统拟有温度采集、湿度采集、燃气采集，驱动控制系统包括电灯控制、电视控制、窗帘控制等部分。语音识别采用具有语音识别、校准、发声的 YS 模块，该模块可以直接驱动 0.5W 的扬声器，可识别 SD 卡，可以进行二次开发，开发流程简单方便。GSM 模块采用正点原子（公司名称）的 GSM 模块，该模块与单片机通过串口进行通信，可接打电话、发送短信，操作简单方便。无线通信接口采用 YL-100IL 通信，LCD 液晶显示采用 TFT2.8 寸、240×320 分辨率的液晶显示器，既可以用于显示字符，也可以显示图片。

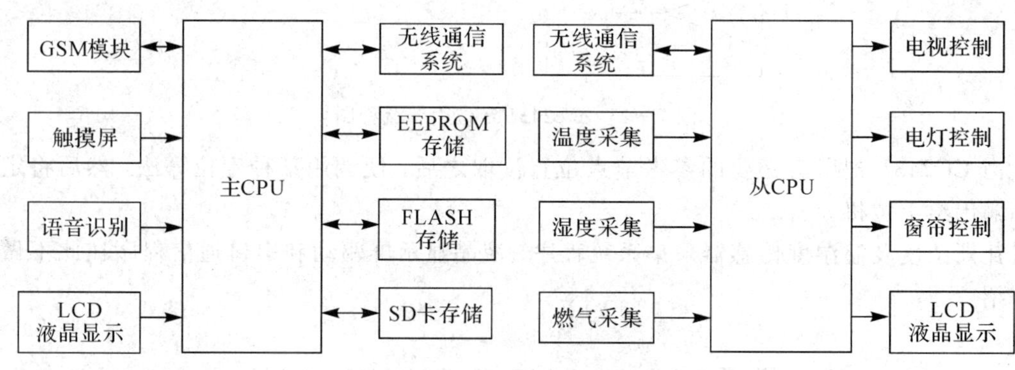

图 7-46　系统原理框图

7.5.3 硬件电路设计

1. GSM 模块设计

系统采用 ALIENTEK 推出的一款高性能工业级 GSM/GPRS 模块 ATK-SIM900A-V12。ATK-SIM900A-V12 模块支持 RS-232 串口和 TTL 串口，并带硬件流控制，支持 5～24 V 的超宽工作范围。

该模块通过主 CPU 的串口 2 通信，通过 AT 指令控制。在室内参数发生异常的情况下，通过短信将消息发送到指定手机号。为了简化说明电路图，STM32 引脚定义如图 7－47 所示。采用 RS－232 接口电路，芯片 MAX3232CSE 是 ATK－SIM900A－V12 模块，其连接的电路图如图 7－48 所示。

U1
PA0 34 PA0-WKUP/USART2_CTS/ADC123_IN0/TIM5_CH1/TIM2_CH1_ETR/TIM8_ETR
PA1 35 PA1/USART2_RTS/ADC123_IN1/TIM5_CH2/TIM2_CH2
PA2 36 PA2/USART2_TX/TIM5_CH3/ADC123_IN2/TIM2_CH3
PA3 37 PA3/USART2_RX/TIM5_CH4/ADC123_IN3/TIM2_CH4
PA4 40 PA4/SPI1_NSS/DAC_OUT1/USART2_CK/ADC12_IN4
PA5 41 PA5/SPI1_SCK/DAC_OUT2/ADC12_IN5
PA6 42 PA6/SPI1_MISO/TIM8_BKIN/ADC12_IN6/TIM3_CH1
PA7 43 PA7/SPI1_MOSI/TIM8_CH1N/ADC12_IN7/TIM3_CH2
PA8 100 PA8/USART1_CK/TIM1_CH1/MCO
PA9 101 PA9/USART1_TX/TIM1_TX/TIM1_CH2
PA10 102 PA10/USART1_RX/TIM1_CH3
PA11 103 PA11/USART1_CTS/CANRX/TIM1_CH4/USBDM
PA12 104 PA12/USART1_RTS/CANTX/TIM1_ETR/USBDP
PA13 105 PA13/JIMS-SWDIO
PA14 109 PA14/JIMS-SWCLK
PA15 110 PA15/JIDI/SP13_NSS/I2S3_WS
PB0 46 PB0/ADC12_IN8/TIM3_CH3/TIM8_CH2N
PB1 47 PB1/ADC12_IN9/TIM3_CH4/TIM8_CH3N
PB2 48 PB2/BOOT1
PB3 133 PB3/JTDO/TRACESWO/SP13_SCK/I2S3_CK
PB4 134 PB4/JNTRST/SH3_MISO
PB5 135 PB5/I2C1_SMBAI/SH3_MOSI/I2S3_SD
PB6 136 PB6/I2C1_SCL/TIM4_CH1
PB7 137 PB7/I2C1_SDA/FSMC_NADV/TIM4_CH2
PB8 139 PB8/TIM4_CH3/SDIO_D4
PB9 140 PB9/TIM4_CH4/SDIO_D5
PB10 69 PB10/I2C2_SCL/USART3_TX
PB11 70 PB11/I2C2_SDA/USART3_RX
PB12 73 PB12/SIP2_NSS/I2S2_WS/I2C2_SMBAI/USART3_CK/TIM1_BKIN
PB13 74 PB13/SIP2_SCK/I2S2_CK/USART3_CTS/TIM1_CH1N
PB14 75 PB14/SPI2_MISO/USART3_RTS/TIM1_CH2N
PB15 76 PB15/SPI2_MOSI/I2S2_SD/TIM1_CH3N
PC0 26 PC0/ADC123_IN10
PC1 27 PC1/ADC123_IN11
PC2 28 PC2/ADC123_IN12
PC3 29 PC3/ADC123_IN13
PC4 44 PC4/ADC12_IN14
PC5 45 PC5/ADC12_IN15
PC6 96 PC6/I2S2_MCK/TIM8_CH1/SDIO_D6
PC7 97 PC7/I2S3_MCK/TIM8_CH2/SDIO_D7
PC8 98 PC8/TIM8_CH3/SDIO_D0
PC9 99 PC9/TIM8_CH4/SDIO_D1
PC10 111 PC10/USART4_TX/SDIO_D2
PC11 112 PC11/USART4_RX/SDIO_D3
PC12 113 PC12/USART5_TX/SDIO_CK
PC13 7 PC13-TAMPER-RTC
PC14 8 PC14-OSC32_IN
PC15 9 PC15-OSC32_OUT
PD0 114 PD0/FSMC_D2
PD1 115 PD1/FSMC_D3
PD2 116 PD2/TIM3_ETR/USART5_RX/SDIO_CMD
PD3 117 PD3/FSMC_CLK
PD4 118 PD4/FSMC_NOE
PD5 119 PD5/FSMC_NWE
PD6 122 PD6/FSMC_NWAIT
PD7 123 PD7/FSMC_NE1/FSMC_NCE2
PD8 77 PD8/FSMC_D13
PD9 78 PD9/FSMC_D14
PD10 79 PD10/FSMC_D15
PD11 80 PD11/FSMC_A16
PD12 81 PD12/FSMC_A17
PD13 82 PD13/FSMC_A18
PD14 85 PD14/FSMC_D0
PD15 86 PD15/FSMC_D1
BOOT0 138 BOOT0
NC 106
PE0/TIM4_ETR/FSMC_NBL0 141 PE0
PE1/FSMC_NBL1 142 PE1
PE2/TRACECK/FSMC_A23 1 PE2
PE3/TRACED0/FSMC_A19 2 PE3
PE4/TRACED1/FSMC_A20 3 PE4
PE5/TRACED2/FSMC_A21 4 PE5
PE6/TRACED3/FSMC_A22 5 PE6
PE7/FSMC_D4 58 PE7
PE8/FSMC_D5 59 PE8
PE9/FSMC_D6 60 PE9
PE10/FSMC_D7 63 PE10
PE11/FSMC_D8 64 PE11
PE12/FSMC_D9 65 PE12
PE13/FSMC_D10 66 PE13
PE14/FSMC_D11 67 PE14
PE15/FSMC_D12 68 PE15
PF0/FSMC_A0 10 PF0
PF1/FSMC_A1 11 PF1
PF2/FSMC_A2 12 PF2
PF3/FSMC_A3 13 PF3
PF4/FSMC_A4 14 PF4
PF5/FSMC_A5 15 PF5
PF6/ADC3_IN4/FSMC_NIORD 18 PF6
PF7/ADC3_IN5/FSMC_NREG 19 PF7
PF8/ADC3_IN6/FSMC_NIOWR 20 PF8
PF9/ADC3_IN7/FSMC_CD 21 PF9
PF10/ADC3_IN8/FSMC_INTR 22 PF10
PF11/FSMC_NIOS16 49 PF11
PF12/FSMC_A6 50 PF12
PF13/FSMC_A7 53 PF13
PF14/FSMC_A8 54 PF14
PF15/FSMC_A9 55 PF15
PG0/FSMC_A10 56 PG0
PG1/FSMC_A11 57 PG1
PG2/FSMC_A12 87 PG2
PG3/FSMC_A13 88 PG3
PG4/FSMC_A14 89 PG4
PG5/FSMC_A15 90 PG5
PG6/FSMC_INI2 91 PG6
PG7/FSMC_INI3 92 PG7
PG8 93 PG8
PG9/FSMC_NE2/FSMC_NCE3 124 PG9
PG10/FSMC_NCE4_1/FSMC_NE3 125 PG10
PG11/FSMC_NCE4_2 126 PG11
PG12/FSMC_NE4 127 PG12
PG13/FSMC_A24 128 PG13
PG14/FSMC_A25 129 PG14
PG15 132 PG15
VBAT 6 VBAT
OSC_IN 23
OSC_OUT 24
NRST 25 RESET
Vref+ 32 +3.3V
Vref− 31
VDDA 33
VSSA 30

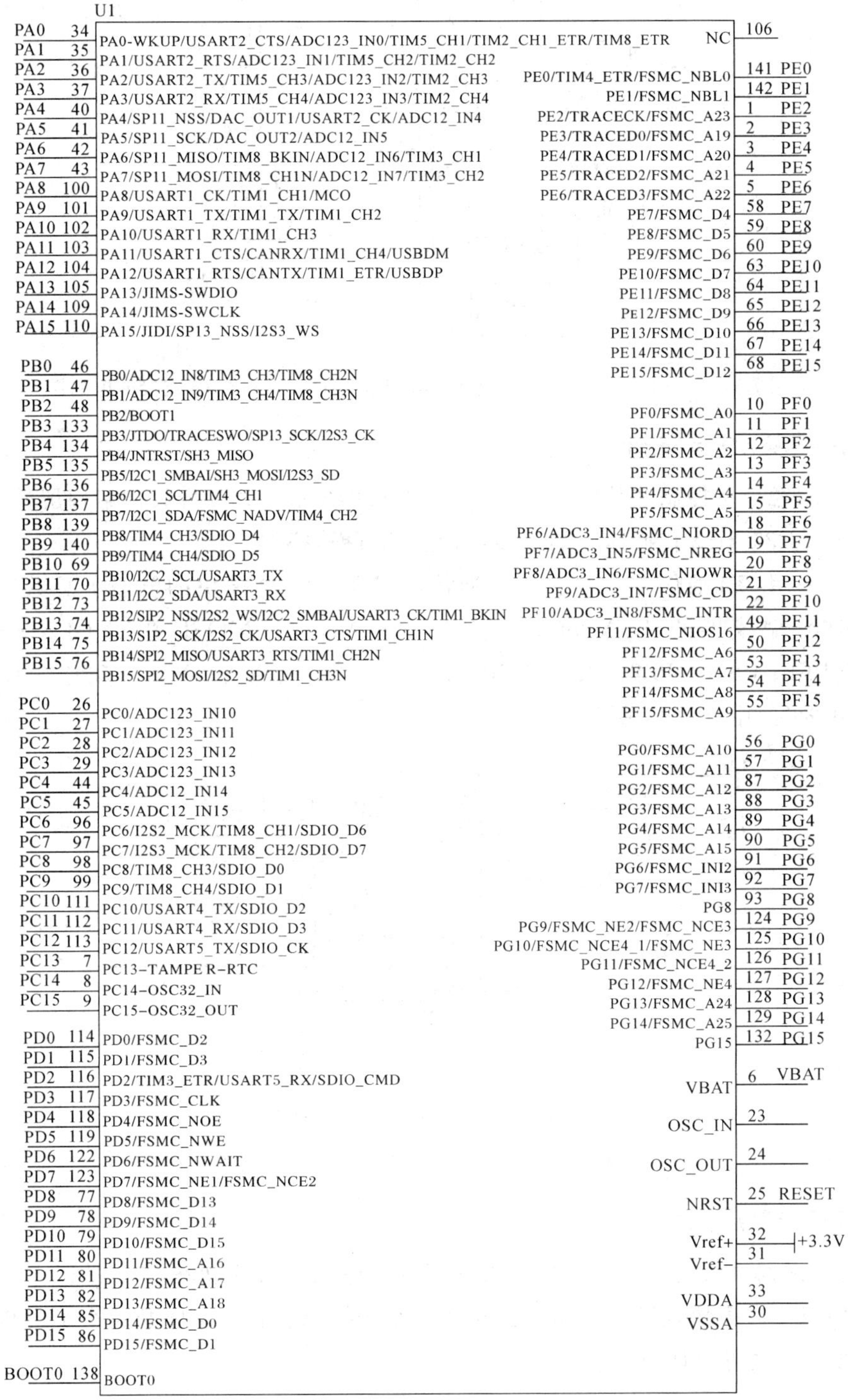

图 7－47　STM32 引脚定义图

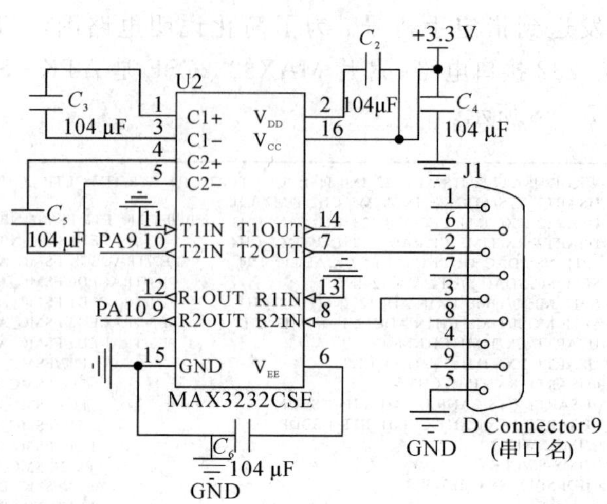

图 7-48 ATK-SIM900A-V12 模块通过串口与 STM32 连接的电路图

2. 触摸屏驱动模块设计

本设计的触摸屏控制芯片为 XPT2046。XPT2046 是一款 4 导线制触摸屏控制器，内含 12 位分辨率、125 kHz 转换速率的逐步逼近型 A/D 转换器。

本设计采用 SPI 通信方式与触摸屏通信，TFT-LCD 模块的触摸屏总共有 5 根线与 STM32 连接。触摸屏的 T_MISO、T_PEN、T_CS、T_MOSI 和 T_CLK 分别连接在 STM32 的 PF8、PF10、PB2、PF9 和 PB1 上。X+、Y+、X-、Y-与 TFT-LCD 引脚连接，连接电路图如图 7-49 所示。

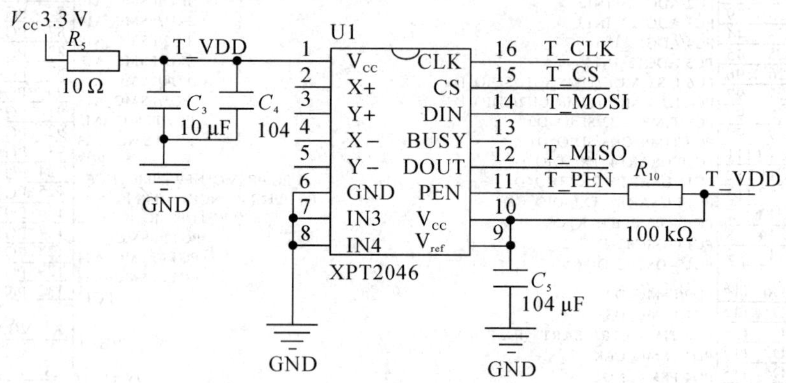

图 7-49 触摸屏与 STM32 连接原理图

3. YS 语音识别模块设计

YS 语音识别模块为可二次开发的开源模块，通信通过主机串口 2 进行。模块的 MP3 功能通过串口 2 向模块发送播放指令。该模块外接有源音箱，这样既减小了对核心模块的电源电量要求，也可以调节音量。

4. 无线通信模块设计

本设计的主 CPU 通过串口 1 与无线模块相连，从 CPU 也通过串口 1 与无线模块相连，物理连接方式为双交叉连接方式，通信波特率为 9600 Baud，采用 TTL 电平接口，无线通信选用 YL－100IL 模块。YL－100IL 模块是一款高稳定性、低功耗、高性价比的采用 GFSK 调制方式的无线透明数据收发模块，具有传输距离远、稳定性高、传输速度快、通信协议自由的特点。

5. TFT－LCD 液晶显示模块设计

TFT－LCD 为薄膜晶体管液晶显示器。该液晶控制芯片为 ILI9320，ILI9320 液晶控制器自带显存，其显存总大小为 172820(240×320×18/8)，即 18 位模式(26 万色)下的显存量。液晶屏接口电路图如图 7－50 所示。

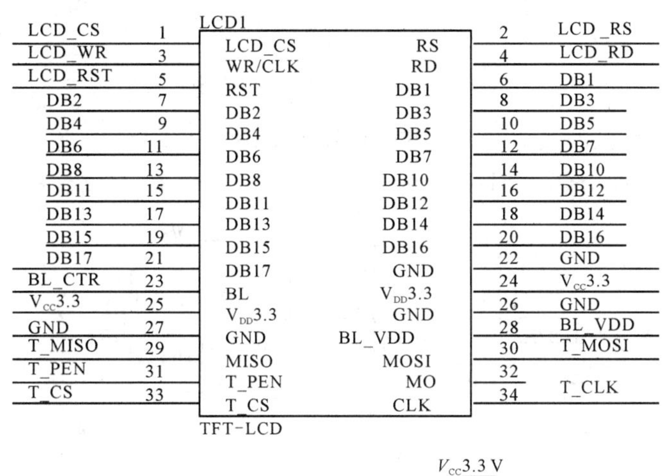

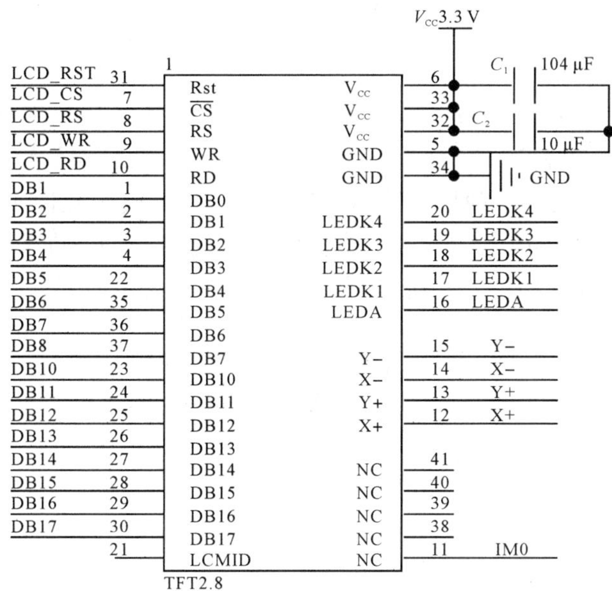

图 7－50　液晶屏接口电路图

6. EEPROM 存储模块设计

本设计采用的是 AT24C02 芯片，该芯片作为 EEPROM，用来存储触摸屏的校准数据。EEPROM(电可擦写可编程只读存储器)是可用户更改的只读存储器(ROM)，其可通过高于普通电压的作用来擦除和重编程(重写)。

AT24C02 是串行 EEPROM，采用 I^2C 通信协议，能储存 8 KB 的数据，引脚图如图 7-51 所示。

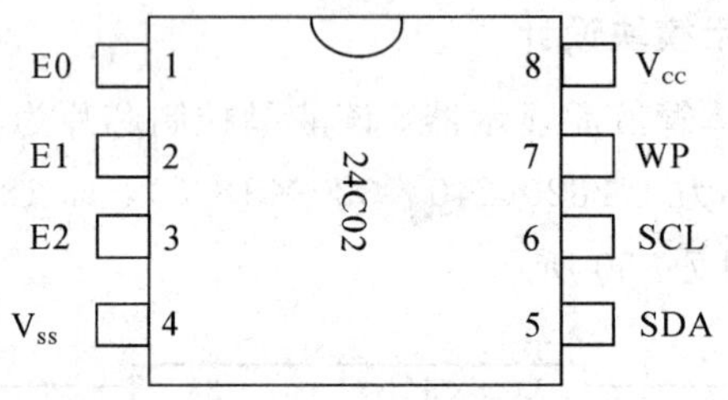

图 7-51　AT24C02 引脚图

AT24C02 与单片机的接口非常简单，接线图如图 7-52 所示。E0、E1、E2 为器件地址线，WP 为写保护引脚，SCL、SDA 为两线串行接口，符合 I^2C 总线协议。

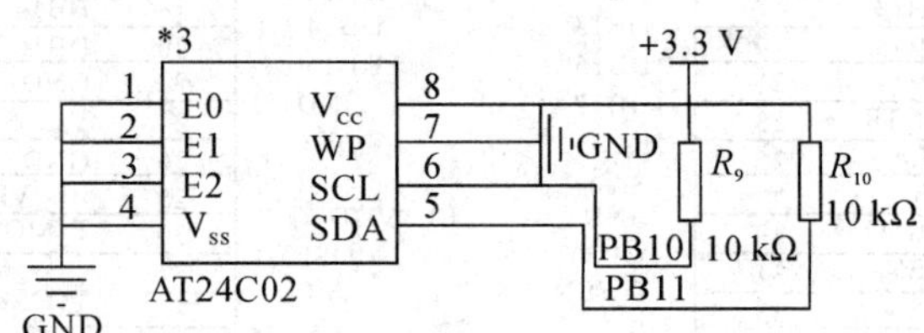

图 7-52　AT24C02 与单片机接线图

7. SD 卡存储模块设计

Micro SD Card，原名为 Trans-Flash Card(TF 卡)，Micro SD 卡是一种极细小的快闪存储器卡。SD 卡一般支持 SD 卡(通过 SDIO 通信)和 SPI 两种操作模式。

主机可以选择以上任意一种模式同 SD 卡通信，SD 卡模式允许 4 线的高速数据传输。SPI 模式允许简单地通过 SPI 接口来和 SD 卡通信，这种模式同 SD 卡模式相比就是牺牲了速度。SD 卡的引脚排序如图 7-53 所示。SD 卡引脚功能描述如表 7-2 所示。

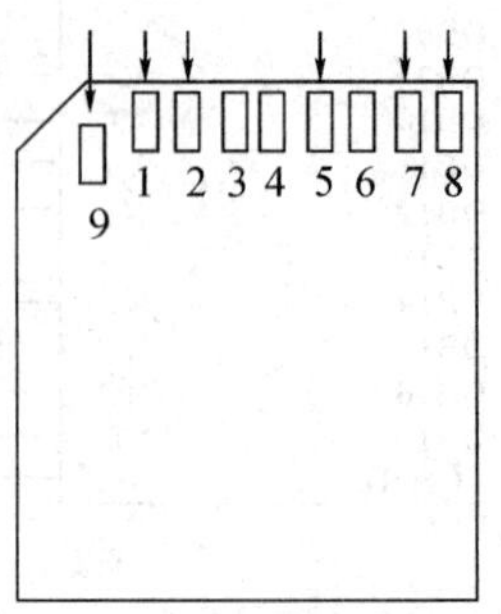

图 7-53　SD 卡引脚图

表 7-2　SD 卡引脚功能表

针脚	1	2	3	4	5	6	7	8	9
SD 卡模式	CD/DAT3	CMD	V_{SS}	V_{CC}	CLK	V_{SS}	DAT0	DAT1	DAT2
SPI 模式	CS	MOSI	V_{SS}	V_{CC}	CLK	V_{SS}	MISO	NC	NC

SD 卡只能使用 3.3 V 的 IO 电平，所以 MCU 一定要能够支持 3.3 V 的 IO 端口输出。在 SPI 模式下，CS/MOSI/MISO/CLK 都需要加 10～100 kΩ 的上拉电阻，其电路原理图如图 7-54 所示。

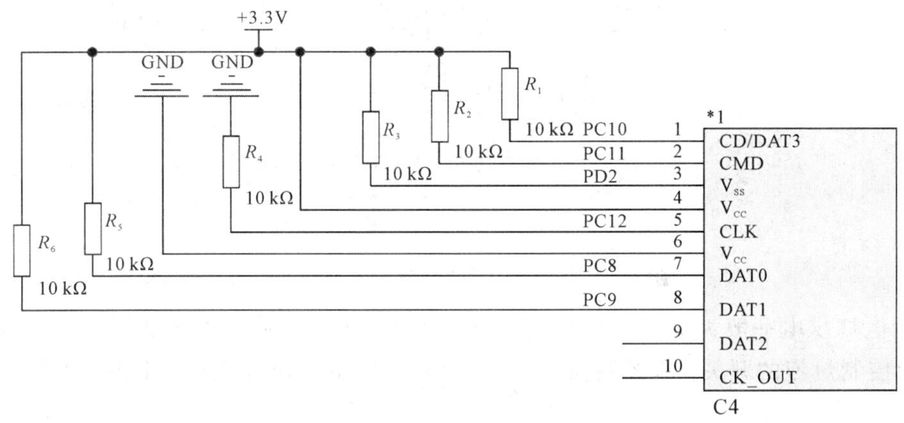

图 7-54　SD 卡电路原理图

8. FLASH 存储模块设计

系统采用 W25Q64 储存字体大小为 12 和 16 的二级字库。W25Q65 用于系统中文显示，在需要显示的时候从 FLASH 字库中读取。硬件原理图如图 7-55 所示。

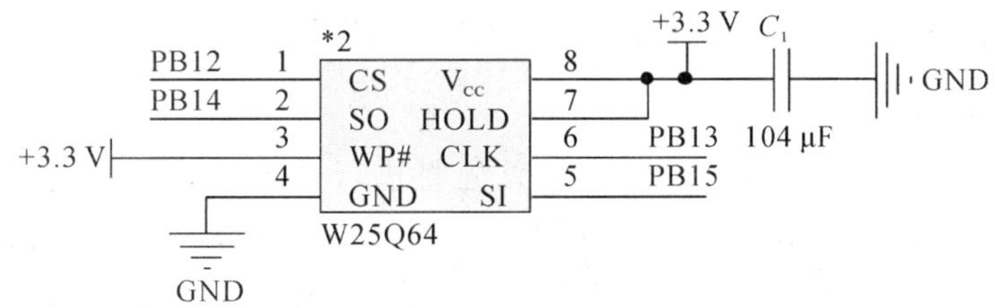

图 7-55　W25Q64 硬件原理图

9. 传感器子系统

温度采集采用 DS18B20 采集室内温度，其采集量为数字量，直接送从 CPU；湿度采集选用 HR202 湿敏电阻，采集量为模拟量电压值，经过信号滤波放大送至 CPU 的 A/D 口；燃气采集采用测量模块，输出开关量送至 CPU 的输入端口。

10. 驱动控制系统

窗帘控制模块拟采用直流电机控制窗帘，通过机械结构拖动窗帘运动。单片机通过 L298N 放大电流驱动直流电机，L298N 使能端 EN A 和 EN B 与 CPU 的 PB6 连接，IN1 与单片机 PB7 相连，IN2 与单片机 PB8 相连，接线如图 7－56 所示。

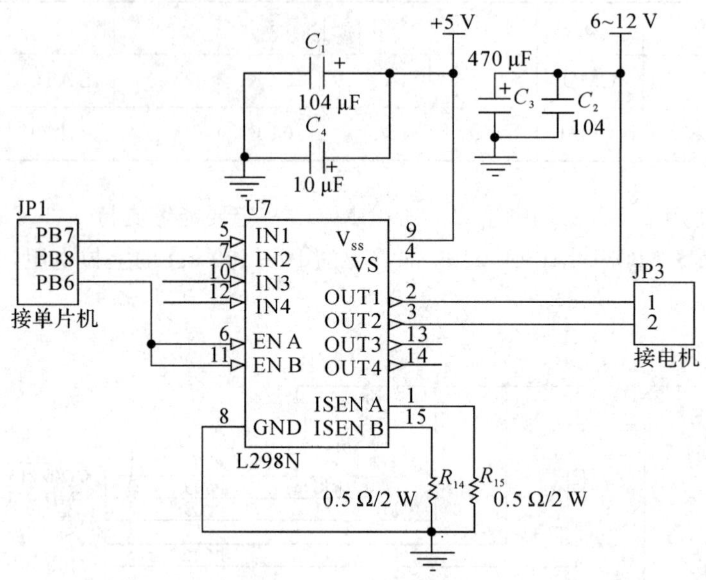

图 7－56　L298N 模块原理图

家用电灯供电一般为交流 220 V/50 Hz。智能家居灯泡控制器可通过继电器来控制火线，继而控制灯泡的开关。该控制器可以直接与 CPU 的输出端连接，本系统采用输出引脚直接模拟控制。

一般家用电视为红外遥控控制，即通过红外线发射和接收，以控制电视。在本设计中，通过无线发送主机对电视的控制信号，从机接收到相关数据，以控制电视。我们用 LCD12864 来模拟电视，LCD12864 通过串行方式与从 CPU 相连。

7.5.4　软件设计

软件设计工具选择 keil 软件，采用 C 语言进行程序设计。

1. 主机软件设计

主机是系统的核心。主机在开机以后，首先将进行系统硬件的初始化，主要包括延时初始化、NVIC(Nested Vectored Interrupt Controller)中断初始化、串口初始化、LED 初始化、LCD 初始化、按键初始化、Usmart(由 ALIENTEK 公司开发的一种调试组件)初始化、内存池初始化、RTC 初始化、SD 卡初始化、Flash 初始化、触摸屏初始化等；然后，随机检查相关数据是否存在，检查内容主要包括触摸屏校准数据、字库数据、SD 卡根目录、音频文件数据、图片参数、内存数据等。当一切数据准备完毕之后，系统开始正式工作。

系统开始工作后，通过循环结构不断检测语音输入和触摸输入。当有输入时，将数据存入缓存数组。同时，在检测语音和触摸输入时，会有串口中断接收从机发送来的数据，也将它们存入缓存数组。当检测到缓存数据和实际数据不一样时，软件会将缓存数组的数据转存到实际数组中，并将与从机相关的数据发送到从机。数据更新以后，相关显示程序将有变化的数据显示在液晶屏上，如果同时检测到有异常数据，应及时驱动 GSM 模块发短信通知主人。主机软件简要流程图如图 7－57 所示。

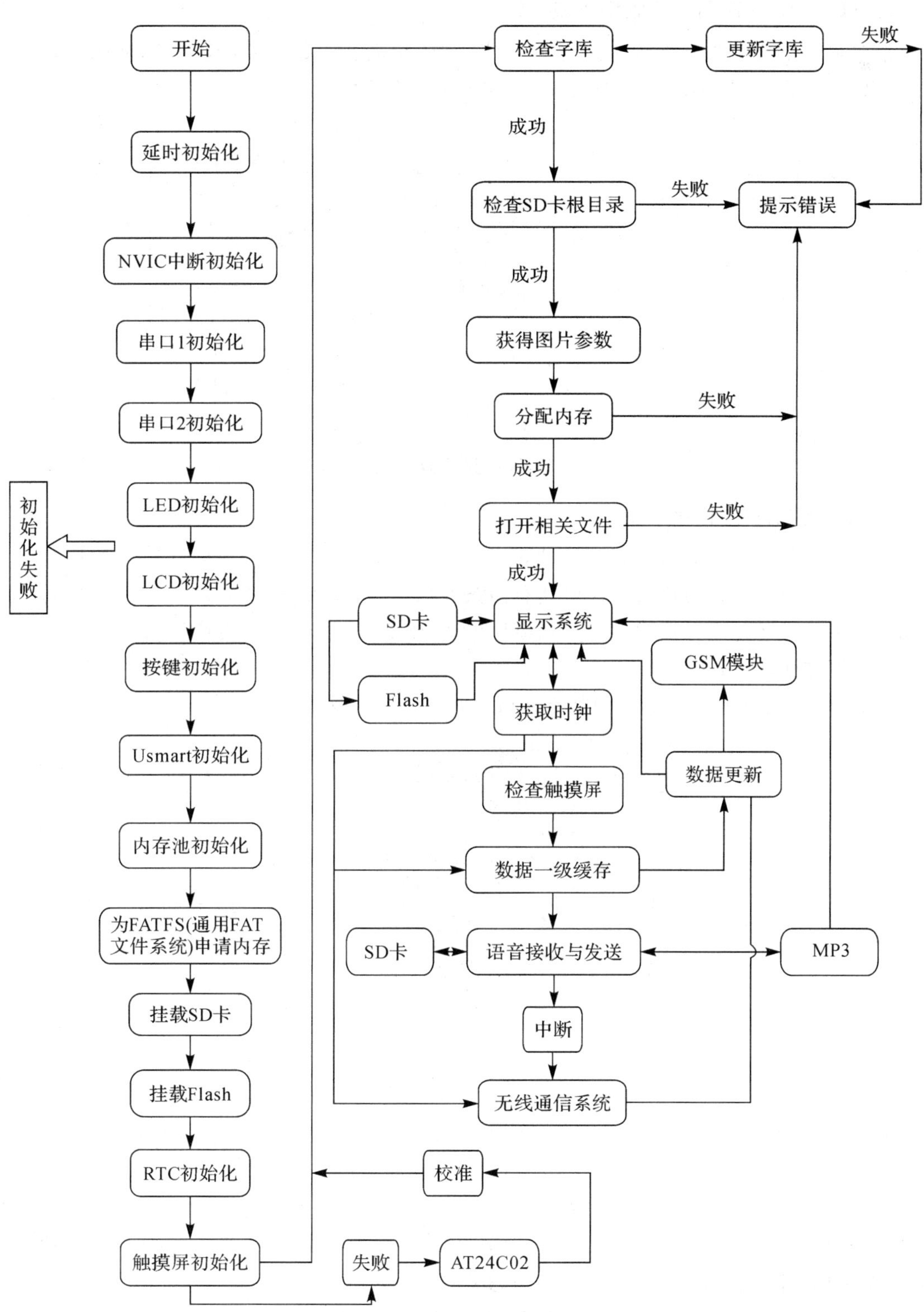

图 7－57　主机软件简要流程图

2. TFT－LCD 液晶显示驱动程序设计

液晶显示器要经过软件的初始化才能用。初始化之后，使用异步模式 A(Mode A)方式来控 TFT－LCD。液晶显示器的软件操作如图 7－58 所示。

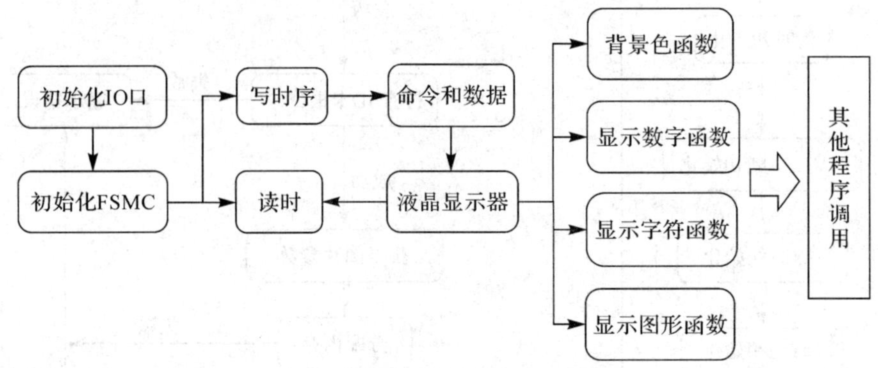

图 7－58　液晶显示器的软件操作

3. 语音识别和通信程序设计

本设计的语音识别模块通过与主机的单片机 1 的串口 2 通信，达到处理器和外部语音交换的目的。语音识别模块与单片机共有两条通信协议，分别为语音输入与 CPU 之间的通信协议，单片机通过串口控制语音识别模块发声的协议。语音识别模块提供了关键词配置文件，操作方法如下：

打开 SD 卡中的配置文件，做如下修改，如图 7－59 所示。

```
文件(F) 编辑(E) 格式(O) 查看(V) 帮助(H)
0:A1 00 00 00 C2:xiao jie:收到.mp3
1:A1 00 00 01 C2:kai deng:开灯.mp3
2:A1 00 00 02 C2:guan deng:关灯.mp3
3:A1 00 00 03 C2:da kai chuang lian:打开窗帘.mp3
4:A1 00 00 04 C2:guan bi chuang lian:关闭窗帘.mp3
5:A1 00 00 05 C2:da kai dian shi:打开电视.mp3
6:A1 00 00 06 C2:guan bi dian shi:关闭电视.mp3
7:A1 00 00 07 C2:zhong yang dian shi tai:
8:A1 00 00 08 C2:he bei dian shi tai:
9:A1 00 00 09 C2:bei jing dian shi tai:
10:A1 00 00 10 C2:zeng da yin liang:
11:A1 00 00 11 C2:jian xiao yin lian:
12:A1 00 00 12 C2:nuan nuan:暖暖.mp3
13:A1 00 00 13 C2:qin ai de:亲爱的.mp3
14:A1 00 00 14 C2:peng you:朋友.mp3
15:A1 00 00 15 C2:xi huan ni:喜欢你.mp3
16:A1 00 00 16 C2:ke xi bu shi ni:可惜不是你.mp3
```

图 7－59　配置文件

现以序号为 1 的指令为例进行讲解，指令 1 为“1：A1 00 00 01 C2：kai deng：开灯.mp3”。

针对本条指令，从左至右逐位进行说明。1：序号，序号的顺序可以任意的排列，范围在 0～99 之间；A1 00 00 01 C2：5 位识别码，即每条指令都对应一条自定义的识别码，该识别码将通过串口打印输出，没有特定的意义，只供客户扩展利用；kai deng：识别的命令，对应汉字拼音为“开灯”，即本模块具备识别“开灯”这一命令的功能，该命令可以存放最多 72 个拼音(10 个汉字)的内容，每个拼音用空格隔开；开灯.mp3：反馈声音，即识别成功该命令后，模块将播放相应的 MP3 文件。在这条命令中，4 个部分的内容，都是独立存在互

不影响的，例如识别码可以随意更改为 0～99 的数字。值得注意的是，

① 每条指令的序号必须不重复；

② 在编辑完该配置文件后，必须在最后一条关键词后按下回车换行，使光标占一空行，不可以使用鼠标点击。

语音识别模块还支持 MP3 模式。MP3 点播功能是结合串口通信实现的。在加载的 SD 卡数据中，可以看到“MP3_1. mp3”，这些以 MP3_ 开头的 MP3 文件，即为可以点播的 MP3。设计时，只需要通过串口发送一位十六进制码即可播放，例如要播放“MP3_1. mp3”，只需要通过串口发送十六进制数 FA 5F A5 01 即可播放该文件，又例如要播放“MP3_17. mp3”，只需要发送指令 FA 5F A5 17 即可播放该文件。到这里，我们可以看出 MP3_xx. mp3 的文件名中，xx 即为我们要发送的十六进制码，“FA 5F A5”为帧头，格式为“帧头＋序号”的形式，这样便可对应播放。

通信协议为语音识别模块收到外部语音指令后，向串口发送的相关数据指令，单片机收到数据指令后，通过对协议的解析，产生相应的动作。现以序号为 1 的指令为例进行讲解，指令 1 为“1：A1 00 00 01 C2：kai deng：开灯. mp3”。在本条指令中，从左至右逐位进行说明，1：序号，序号的顺序可以任意的排列，范围在 0～99 之间；A1 00 00 01 C2：5 位识别码，即每条指令都对应一条自定义的识别码，该识别码将通过串口打印输出，单片机收到指令 A1 00 00 01 C2 后首先判断帧头和帧尾是否为 A1、C2。如果收到的帧头和帧尾正确，则读取协议中的 00 00 01，通过判断该协议内容，单片机软件便读到了开灯指令，进而根据开灯指令进行相关动作。语音识别模块识别该指令后，会从 SD 卡中搜索“kai deng”文件，通过音响播放该文件，实现收到指令的反馈。系统的语音指令和 MP3 功能都是通过该协议实现的。语音输入与主机通信软件示意图如图 7－60 所示。

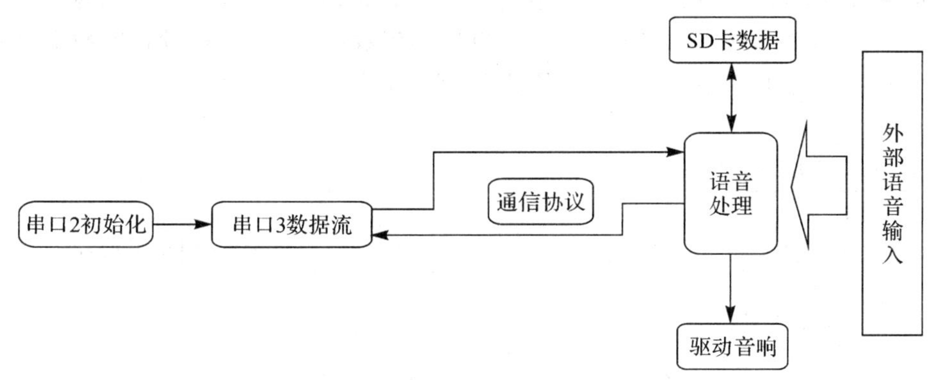

图 7－60　语音输入与主机通信软件示意图

通信协议能使得单片机通过串口控制语音识别模块的发声，该功能主要应用于触摸屏触摸发声的实现。下面分析软件的实现方法。通过串口发送十六进制数 FA 5F A5 01 即可播放 SD 卡中的相关文件，其中 FA 5F A5 为帧头，01 为要播放的文件的特有名称。例如，要播放“MP3_17. mp3”，需要发送 FA 5F A5 17 即可播放该文件。触摸屏检测到有触摸输入时，根据触摸的位置和相关的状态，通过该协议发送相关指令，这样实现了触摸的语音反馈。主机控制语音识别模块软件示意图如图 7－61 所示。

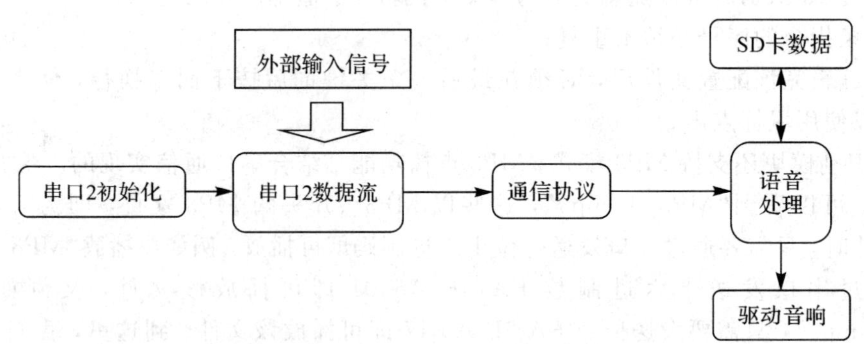

图 7-61　主机控制语音识别模块软件示意图

4. TTL 无线通信模块设计

本系统是采用 TTL 电平与单片机的串口 1 直接相连的。单片机的串口将数据送到发送端，当发送端接收到数据时，触发串口中断进行数据的采集。数据从主机发往从机的通信协议为 FF 01 03 12 00 01 EE，其中，FF 为帧头，EE 为帧尾。该通信协议的第 2 位数据代表电视状态，00 表示电视关闭，01 代表电视打开；第 3 位数据 03 代表电视频道，其值为 01、02、03 时，分别为中央电视台、北京电视台、河北电视台；第 4 位数据 12 代表电视音量；第 5 位数据 00 表示电灯状态，其中 00 表示关闭，01 表示打开；第 6 位数据 01 代表窗帘状态，其中 01 表示窗帘打开，00 表示窗帘关闭。当系统检测到缓存数据和实际数据不一致时，表明外界状态发生了变化，则进行一次数据传输。

主机接收数据同样是按照数据帧接收的。从机发送的数据帧格式为 DD 16 14 01 CC。其中，DD 和 CC 为帧头和帧尾，第 2 位数据表示从机传回的温度，第 3 位数据表示从机传回的湿度，第 4 位数据表示燃气状态。当主机接收到数据之后，通过软件对数据进行处理分析，做出相应的反应。主机无线通信软件示意图如图 7-62 所示。

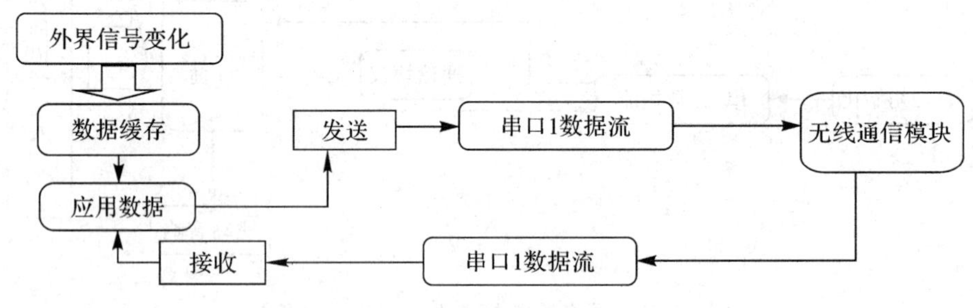

图 7-62　主机无线通信软件示意图

5. 内存管理程序设计

内存管理，是指软件运行时，对计算机内存资源的分配和使用的技术。其最主要的目的是如何高效、快速地分配，并且在适当的时候释放和回收内存资源。内存管理的实现方法有很多种。然而，归根到底它们其实最终都是要实现两个函数：malloc 和 free。malloc 函数用于内存申请，free 函数用于内存释放。本系统设计采用分块式内存管理来实现，其实现原理图如图 7-63 所示。

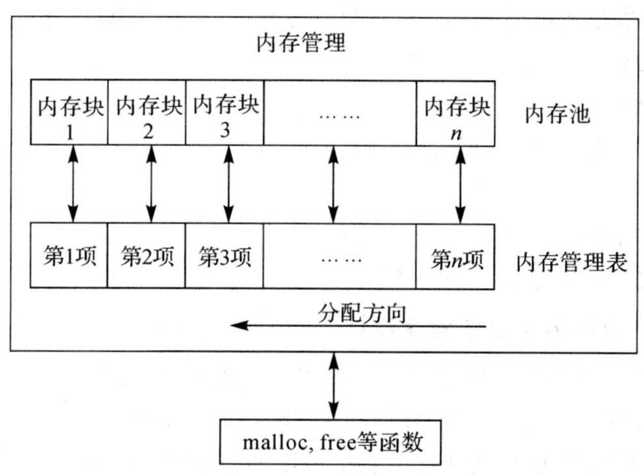

图 7-63　分块式内存管理原理图

从图 7-63 可以看出，分块式内存管理由内存池和内存管理表两部分组成。内存池被等分为 n 块，对应的内存管理表的大小也为 n，内存管理表的每一个项对应内存池的一块内存。内存管理表的项值代表的意义为：当该项值为零的时候，代表对应的内存块未被占用；当该项值非零的时候，代表该项对应的内存块已经被占用，其数值则代表被连续占用的内存块数。

6. SD 卡驱动模块程序设计

系统设计应用两张 SD 卡(TF 卡)，一张是用在主机储存图片、文件及相关数据，用于更新字库；另一张用于语音识别模块，主要提供语音识别模块配置文件、语音识别文件、语音反馈文件等。两张 SD 卡的底层驱动和 FATFS 文件管理系统都是相似的，SD 卡的典型初始化过程如下：

(1) 初始化与 SD 卡连接的硬件条件(MCU 的 SPI 配置，IO 口配置)。

(2) 上电延时(延时大于 74 个 CLK)。

(3) 复位卡(CMD0)，进入 IDLE(空闲)状态。

(4) 发送 CMD8，检查是否支持 2.0 协议。

(5) 根据不同协议检查 SD 卡(命令包括：CMD55、CMD41、CMD58 和 CMD1 等)。

(6) 取消片选，发送多 8 个 CLK，结束初始化。

SD 卡的初始化末尾发送的 8 个 CLK 用来提供 SD 卡额外的时钟，完成某些操作。通过 SD 卡初始化，我们可以知道 SD 卡的类型(V1、V2、V2HC 或者 MMC)，在完成了初始化之后，就可以开始读写数据了。

SD 卡读取数据通过 CMD17 来实现，具体过程如下：

(1) 发送 CMD17。

(2) 接收卡响应 R1。

(3) 接收数据起始令牌 0xFE。

(4) 接收数据。

(5) 接收 2 个字节的 CRC，如果不使用 CRC，这 2 个字节在读取后可以丢掉。

(6) 禁止片选之后，发送多 8 个 CLK。

SD 卡的写数据与读数据差不多。只不过，写数据通过 CMD24 来实现，具体过程如下：

(1) 发送 CMD24。

(2) 接收卡响应 R1。

(3) 发送写数据起始令牌 0xFE。

(4) 发送数据。

(5) 发送 2 个字节的伪 CRC。

(6) 禁止片选之后，发送多 8 个 CLK。

7. 外部 Flash 与汉字显示系统程序设计

本系统设计支持中文界面。由于汉字需要量大，所需字体繁多，需将汉字做成字库，储存在 Flash(W25Q64)中。为此需要制作一个 GBK 字库，制作好的字库放在 SD 卡里面，然后通过 SD 卡，将字库文件复制到外部 Flash 芯片 W25Q64 里。这样，W25Q64 就相当于一个汉字字库芯片了。只要得到了汉字的 GBK 码，就可以显示这个汉字，从而实现汉字在液晶屏上的显示。

程序开始运行会自动检测字库，如果没有字库，必须先找一张 SD 卡，把相关字库拷贝到 SD 卡根目录 SYSTEM 下，然后重启程序。重启后，程序会自动将字库刷新到 Flash 中，然后就可以开始更新字库了。以后，在应用时就可以不必每次都刷新字库了。

8. EEPROM 通信程序设计

AT24C02 在系统中充当 EEPROM，储存触摸屏校准数据。通过读写时序，可以将触摸屏校准数据存入和写出 AT24C02。当系统运行时，会自动检测触摸屏，并从 AT24C02 中读取相关数据。如果需要校正，则会将新的校正数据重新写入指定位置。

9. 触摸屏驱动模块设计

本设计采用四线电阻屏作为触摸输入，通过触摸达到控制电灯和窗帘的目的。触摸屏软件驱动主要包含两个方面，一个是触摸屏的校准，另一个是触摸屏触摸数据的采集。

触摸数据的采集通过芯片 XPT2046，并且可通过 SPI 总线直接可以读到触摸的原始 AD 值。经过校准后，数据就可以在程序中应用。

10. 图片解码程序设计

本设计所显示的界面系统是通过解码图片得到的。系统通过软件可以解码三种格式的图片，即：JPEG(或 JPG)、BMP 和 GIF。其中，JPEG(或 JPG)和 BMP 是静态图片，而 GIF 则是动态图片。

开机的时候，先检测字库，然后检测 SD 卡是否存在，如果 SD 卡存在，则开始查找 SD 卡根目录下的 PICTURE 文件夹，如果找到则显示该文件夹下面的图片文件(支持 BMP、JPG、JPEG 或 GIF 格式)，然后显示相关的图片。如果未找到 PICTURE 文件夹或任何图片文件，则提示错误。

11. 从机软件设计

从机开机以后，进行系统初始化，包括延时初始化、NVIC 中断初始化、串口初始化、LED 初始化、LCD12864 初始化、AD 初始化等。初始化完成以后，进行温度和湿度的采集，将采集的数据存到缓存数组中，然后转入实际数组中，最后将数据通过无线发送出去。

当从机收到主机的数据时，根据收到的数据进行电灯、电视、窗帘控制。从机软件流程图如图 7－64 所示。

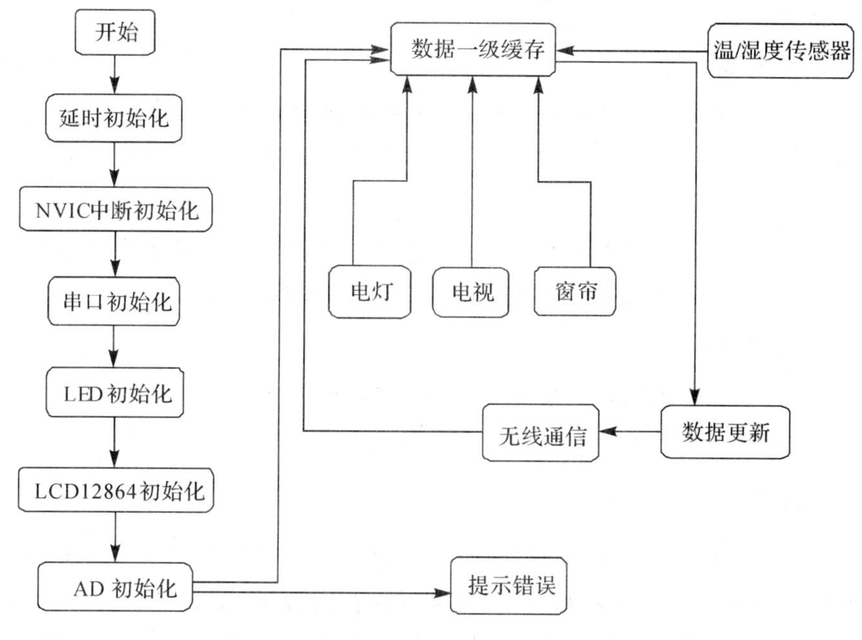

图 7－64　从机软件流程图

12．窗帘电机驱动软件

本设计中，窗帘是通过直流电机拖动的。当系统检测到有打开或者关闭窗帘的指令时，通过 IO 口操作 L298N 来驱动直流电机正反运行，以实现窗帘的打开和关闭。由于直流电机是恒速运行的，故系统操作比较简单。窗帘电机驱动软件示意图如图 7－65 所示。

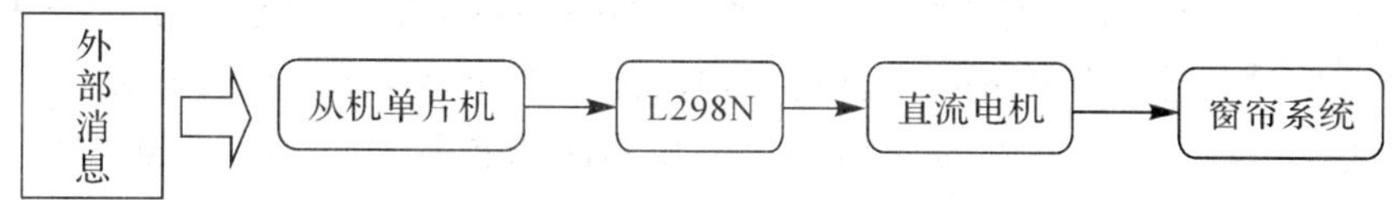

图 7－65　窗帘电机驱动软件示意图

13．电灯控制驱动程序设计

本设计中，通过继电器控制家用电灯。当收到与灯有关的指令(开灯或者关灯)时，单片机通过向外输出低电平，驱动三极管放大电路带动继电器，而继电器与火线相连，从而达到控制电灯的目的。电灯控制驱动程序软件示意图如图 7－66 所示。

图 7－66　电灯控制驱动程序软件示意图

14．电视控制驱动程序设计

本设计中，从机和电视通信是通过红外线进行的。我们通过发射遥控信号控制电视，通过串行通信方式控制液晶显示，而驱动程序是通过控制 LCD12864 实现的。系统会在液晶屏上显示电视状态、电视频道、音量等相关信息。当相关数据发生变化时，通过更新液晶数据改变电视状态。

15. 温度驱动程序设计

温度采集系统采用分布式温度采集方式，将温度传感器分布于室内各个部位，将采集到的数据发送到主机。系统设计采用 DS18B20 温度传感器作为温度采集传感器。

16. 湿度驱动程序设计

湿度采集系统采用分布式湿度采集方式，将湿度传感器分布于室内各个部位，将采集到的数据经运算放大器后输入单片机 A/D 通道，实现湿度的采集。

17. 通信模块程序设计

YL－100IL 无线通信模块在从机中是采用 TTL 电平和单片机的串口 1 直接相连的。数据从主机发往从机的通信协议为 DD 16 14 CC。

7.5.5 系统调试

本系统调试主要通过 J－link 在线调试、SMART 串口调试组件调试。其中，J－link 在线调试主要负责在程序编写遇到逻辑错误时进行的在线调试，SMART 串口调试组件调试主要是负责系统协调性和完善性方面的调试，可实现不频繁擦写程序而调试软件，能延长单片机寿命。

1. 主机调试

1）主机核心板串行通信硬件调试

主机核心板制作好之后，在测试单片机硬件异步串行口时，出现了数据传输错误。

在实际测试中，PC 机接收到的数据和系统发送的数据出现偏差，用逻辑分析仪测试串口 RXD 和 TXD 的传输数据电平时，发现传输时序没有出现异常，但传输数据为错误数据，部分应该为低电平状态的数据变成高电平。初步判断为单片机的串口发送端出现异常。通过进一步用万用表测试发现，单片机发送端 RXD 引脚与相邻的引脚因焊接问题出现间歇性短路故障，导致发送电平错误。

通过万用表测试以后，用电烙铁对芯片焊接进行修复，将 RXD 引脚和相邻引脚之间残存的焊锡碎屑清除干净，之后用酒精清洗电路板。用万用表再次测试后，确认没有短路问题，重新烧写测试程序，在 PC 机端会接收到正确的数据。

焊接错误经常会导致系统故障，尤其是对于一些引脚很密的芯片，这些故障不易察觉。在此次设计中，有不少问题都是因为焊接产生的，主要有焊接短路、虚焊、漏焊等问题。

2）语音识别系统识别问题软件调试

语音识别系统主要通过单片机的串行口 2 与之通信，发送相关协议。语音识别模块向单片机发送数据基本上没有问题，但是单片机向语音识别模块发送相关指令时，经常出现识别不到、识别错误等问题。通过串口调试助手发送的数据也是正常的，语音识别系统接收到的数据也是正常的，之后检测硬件也未见异常，连接线路通信也正常。

通过 J－link 在线调试实时仿真，设置断点、观测变量、显示通信位置、查看内存信息等方法，观测到单片机向语音识别模块发送数据一段时间后，相关变量会出现异常值，有时异常值又可以恢复正常值，语音识别模块的指令在异常值时出现了乱码和系统跑飞的情况。

综合上述情况，可以判定系统可能出现了逻辑错误，因为逻辑混乱产生语音识别模块收到指令紊乱的问题。我们在系统中设计了相关的标志位和相关的变量提示，通过逻辑梳理最后重新书写软件，通过多次的调试，使系统一步一步走向正常。最终通过调整逻辑单片机系统和语音识别模块之间的通信实现了正常通信。系统工作正常以后，通过 J-link 在线调试再次观测相关数据和设置的标志位断点，系统显示和预期吻合，数据未发生错误。

系统软件逻辑错误在本设计中出现多次，这些错误很难发现，从程序字符表面很难看出，但是程序运行时就会出错，通过软件编译也不会报错或者警告。它不同于语法错误，不经过实际运行很难发现错误。

3）无线通信系统问题调试

系统最初是通过 NRF24L01 设计的。该无线模块为 SPI 通信方式，传输频段为 2.4 GHz。系统在初期联合调试时，通信虽然能够成功，但是通信距离短，只能达 10 m，而且该模块在数据发送失败之后会陷入无限死循环，必须重新配置模块参数。在实际测试中，20 次就有 3 次为通信模块死循环。由于本设计并没有引入操作系统，无法实现多少线程运行，不能处理死循环等待，并且系统传输数据时效性较强，也不能适应数据终端，故我们没有选择 NRF2401 模块。

通过不断测试其他模块，最终选定了 YL-100IL 模块。该模块在实际应用中数据发送稳定，不会陷入死循环等待，而且数据传输为 1000 m 左右，并且可以穿透墙面等物体，完全符合智能家居的设计要求。通过更换器件，通信成功率达到 98%，完全符合设计最初的功能要求。因此我们用 YL-100IL 模块代替了 NRF24L01 模块。

在本系统设计中，很多情况都是通过更换元件、器件和模块达到目的的。无线模块的更换，就是一个典型的例子。

4）GSM 系统调试

系统的 GSM 模块可以实现紧急情况下与预定手机通信，通过发送短信通知主人进行处理的功能。在模块调试过程中，利用电脑观测 AT 通信数据，数据显示没有错误。但是通信模块并没有发送短信到指定的手机上，通过调试读取发送过去的数据后反馈回来的信号，在发送短信内容代码时，出现返回 ERROR 的错误反馈。经调试发现是通信协议在软件中延时太短，没有达到预期的通信时序长度所致。

通过调整程序时序图，加大延时时间，GSM 模块成功给手机发送了相关短信。系统采用的接口和通信协议非常多，有串口、SPA、I^2C 和单总线等。其中通信协议出现问题大多是通信时序有问题造成的，因此修改通信协议可以达到正常通信目的。

2. 从机调试

1）温度系统软件问题调试

从机的温度采集系统使用的是 DS18B20 温度传感器。在采集的数据中，刚开机时，系统传回的温度是 85℃，但是系统接收 85℃时会自动报警，所以此时的室内温度并不是此温度。通过软件调试、硬件调试、电脑仿真，均未发现问题。

在仔细研读器件的使用手册后，发现该元件上电后会返回 85℃。所以，采用了软件滤波，剔除了异常数据，并通过软件对数据进行平滑滤波，增大了系统的抗干扰性。

系统设计中，因为硬件先天条件不足引起的系统异常，可以通过软件修复，弥补硬件系统不足所产生的问题。在本系统设计中多次采用软件算法，修复硬件不足。例如触摸屏校准软件算法、图片软件解码等，都是通过软件修复硬件的。

2）电机驱动系统调试

本系统的窗帘是通过直流电机控制的，直流电机通过放大装置驱动。在第一次测试中，电机转动异常；测试中，经常出现电机不转，或者转动异常。通过示波器观察系统电源可以看到，当电机启动时电源电压被拉低到很低的水平。

通过更换电机供电电源，采用大容量充电电池，使得放电电流增大，电压稳定。本系统的 GSM 模块也因为启动电流大，导致系统启动失败，也可通过更换电源增大供电电流。电源经过几次调整，最终使得系统供电正常，系统工作稳定。

3. 主机、从机实物

主机实物图片如图 7-67 所示，从机实物图片如图 7-68 所示。

图 7-67　主机实物图片

图 7-68　从机实物图片

本章小结

本章节中列举了四个设计实例，包括基于 51 单片机的温度检测系统的设计、通用仪表测试仪的设计和矿井瓦斯监测报警定位系统的设计以及基于 STM32 设计的智能家居控制系统，控制系统由简单到复杂。

基于单片机的智能仪表首先需要设计最小系统，主要包括电源电路、晶振电路和复位电路的设计。电源模块的稳定可靠是系统平稳运行的前提和基础。晶振电路的作用是为系统提供基本的时钟信号，也是通信系统的时钟信号。单片机复位电路作用是将寄存器以及存储设备装入厂商预设的一个值，复位电平的持续时间必须大于单片机的两个机器周期。

系统设计首先要明确系统设计要求，制定设计方案并绘制系统原理框图，选择微处理器，设计合适的人机交互电路、输入输出电路和通信接口电路。依据模块化设计原则，分析主程序和各子程序功能，编写程序。最后完成实物设计和软硬件调试。本章仅完成系统功能的基本测试，离产品化和批量化还有一定的距离，需要大量的实际工作。

思　考　题

1. 单片机最小系统一般包括哪几部分？
2. 单片机晶振的作用是什么？
3. 外接的晶振时钟电路分哪两部分？
4. 系统硬件电路设计主要包括哪几部分？
5. 系统初始化一般包括哪些方面？
6. 常用的软件滤波方法有哪些？
7. 简述基于 ZigBee 的定位原理。
8. 分别简述 SD 卡支持哪两种操作模式？
9. 如何选择仪表的通信接口？

参 考 文 献

[1] 戴焯. 传感器原理与应用[M]. 北京：北京理工大学出版社，2010.

[2] 凌志浩. 智能仪表原理与设计技术[M]. 2 版. 上海：华东理工大学出版社，2008.

[3] 王祁. 智能仪器设计基础[M]. 北京：机械工业出版社，2010.

[4] 程德富. 智能仪器[M]. 2 版. 北京：机械工业出版社，2009.

[5] 王先培. 测控总线与仪器通信技术[M]. 北京：机械工业出版社，2007.

[6] 武奇生. 基于 ARM 的单片机应用及实践[M]. 北京：机械工业出版社，2014.

[7] 周慈航. 智能仪器原理及设计[M]. 北京：北京航空航天大学出版社，2004.

[8] 孟祥旭，李学庆. 人机交互技术原理及应用[M]. 北京：清华大学出版社，2004.

[9] 李昌禧. 智能仪表[M]. 北京：化学工业出版社，2005.

[10] 乔瑞萍. TMS320C54x DSP 原理及应用[M]. 西安：西安电子科技大学出版社，2005.

[11] 赵茂泰. 智能仪表原理及应用[M]. 4 版. 北京：电子工业出版社，2015.

[12] 荆轲，李芳. 单片机原理及应用——基于 Keil C 与 Proteus[M]. 北京：机械工业出版社，2016.

[13] 张玮. 嵌入式机车校验系统的研制[D]. 北京：北京交通大学，2007.

[14] 李同松. 基于 ZigBee 技术的室内定位系统研究与实现[D]. 大连：大连理工大学，2008.

[15] 马钢. 基于 ZigBee 的井下人员跟踪定位系统设计与实现[D]. 大连：大连理工大学，2008.

[16] 马群刚. TFT - LCD 原理与设计[M]. 北京：电子工业出版社，2011.

[17] 串行接口 8 位 LED 数码管及 64 键键盘智能控制芯片 HD7279 说明书. 深圳：深圳伟隆达电子，2012.

[18] MzL728 - 240128 LCD 模块编程手册. 北京：北京铭正同创科技有限公司技术资料，2008.

[19] T6963C 控制器图形液晶显示模块使用手册. 南京：南京奥雪有限公司，2003.

[20] LMYS07 语音模块说明书. 秦皇岛：秦皇岛蓝马科技有限公司，2013.